普通高等教育"十一五"国家级规划教材
第二届山东省高等学校优秀教材一等奖

电工学（电子技术）

第2版

主编 董传岱
参编 白 明 李震梅 刘雪婷 牛轶霞
　　　孙 霞 刘玉滨
主审 刘润华 宋吉江

机械工业出版社

本书第一版为普通高等教育"十一五"国家级规划教材,2011 年 12 月获得第二届山东省高等学校优秀教材一等奖。

本书是作者在多年从事电子技术教学及研究工作的基础上,依据教育部教学指导委员会的最新教学基本要求编写而成的。主要包括半导体器件的基本知识,放大电路的原理和分析基础,集成运算放大器及其应用,正弦波振荡电路,直流电源电路,基本逻辑门电路与组合逻辑电路,触发器与时序逻辑电路,555 集成定时器及其应用电路,数据的采集、存储与转换,电子技术应用电路举例和 Multisim 9、PLD 等内容。本书文字叙述详细,概念阐述清楚、通俗易懂,简化理论推导,突出应用,可作为普通本科层次非电类专业学生电子技术课程的教材,也可作为非电类工程师以及其他有关专业人员的培训教材和参考书。

图书在版编目(CIP)数据

电工学/董传岱主编. —2版. —北京:机械工业出版社, 2013.10(2022.1 重印)

普通高等教育"十一五"国家级规划教材
ISBN 978 – 7 – 111 – 44273 – 8

Ⅰ.①电… Ⅱ.①董… Ⅲ.①电工学 – 高等学校 – 教材 Ⅳ.①TM

中国版本图书馆 CIP 数据核字(2013)第 235906 号

机械工业出版社(北京市百万庄大街 22 号 邮政编码 100037)
策划编辑:贡克勤 责任编辑:贡克勤 徐 凡
版式设计:霍永明 责任校对:任秀丽
封面设计:张 静 责任印制:单爱军
河北宝昌佳彩印刷有限公司印刷
2022年 1 月第 2 版 · 第 5 次印刷
184mm × 260mm · 16.75印张 · 412千字
标准书号:ISBN 978 – 7 – 111 – 44273 – 8
定价:34.00 元

电话服务 网络服务
客服电话:010-88361066 机 工 官 网:www.cmpbook.com
010-88379833 机 工 官 博:weibo.com/cmp1952
010-68326294 金 书 网:www.golden-book.com
封底无防伪标均为盗版 机工教育服务网:www.cmpedu.com

第 2 版前言

"电工学（电子技术）"课程是高等学校本科非电类专业的一门技术基础课程。本课程的作用与任务是：使学生通过本课程的学习，获得电子技术必要的基本理论、基本知识和基本技能，了解电子技术应用和我国电子事业发展的概况，为今后学习和从事与本专业有关的工作打下一定的基础。

本书作者具有多年从事电子技术课程教学及研究工作的经验，主编主持完成了山东省改革试点课程"电工学（电子技术）"，并建设成为了山东省精品课程、获得了多项省级教学研究成果。本书第 1 版为普通高等教育"十一五"国家级规划教材，2011 年 12 月获得第二届山东省高等学校优秀教材一等奖。作者依据国家教育部电子信息科学与电气信息类基础课程教学指导分委员会最新制订的电工学（电子技术）课程的基本要求，结合普通院校本科学生的实际情况，按照下列原则进行编写：

1）精选教学内容、深浅适度、主次分明、详略恰当，在内容的阐述方面，以物理概念为主，突出实践性、实用性，力求做到文字通顺流畅，通俗易懂，以便学生学习。

2）在保留传统基本内容的基础上，突出集成电路的应用和现代电子技术内容。

本书体现了新技术、新知识、新工艺、新器件的应用，主要注意以下几个方面：①从分立元器件电路为主转到以集成电路为主；②从以器件内部分析为主转向以器件外部特性和应用为主；③把以模拟电路为主转到模拟电路和数字电路比例协调、相互兼顾上来，即适当减少模拟电路而增添数字电路内容；④重视新技术、新知识、新工艺、新器件的应用，如可编程逻辑器件（PLD）和电子仿真软件 Multisim 等。

3）本书构建了新颖的教材结构体系，按照先模拟后数字的传统排序，最后是现代内容的顺序编写，但在模拟和数字的主要内容顺序编排上又按照先基础后应用分章讲解。

模拟部分基础内容包括半导体器件的基本知识、基本放大电路；模拟部分应用内容包括几种常用放大电路、运算放大电路的应用和正弦波振荡电路、直流电源电路等。数字部分基础内容包括门电路和组合逻辑电路、触发器和时序逻辑电路；数字部分应用内容包括常用组合逻辑器件及其应用，常用时序逻辑器件及其应用，数据的存储、采集与转换（A/D、D/A），555 集成定时器及其应用，实用电子电路举例。新器件部分教学内容包括：可编程器件与编程技术及 Multisim 简介等。

"卓越工程师教育培养计划"是教育部为贯彻落实党的十七大提出的走中国特色新型工业化道路、建设创新型国家、建设人力资源强国等战略部署，贯彻落实《国家中长期教育改革和发展规划纲要（2010—2020 年）》而率先启动的一项高等教育重大改革计划。为落实教育部"卓越工程师教育培养计划"，培养具有良好的思想品质、职业道德和宽厚扎实的基础知识，具备较强的社会适应能力、工程实践能力、组织领导能力与创新创业能力，富有进取精神和国际视野，"强实践、能管理、善创新"的高级工程技术和管理人才，我们在第 1 版的基础上进一步加强了实用性，增添修改了大量习题等；电子技术发展迅速，所以在第 2 版中更新了部分集成芯片应用，将 Multisim 7 更新为 Multisim 9；根据我校及有关院校 5 届学生的使用情况，修改了部分不尽人意的内容叙述等。

特别说明的是，应用内容各章均按照"模块化"方式编写，突出了本书的实践性和针对性，在学习了基础章节内容的基础上，任意组合应用章节的内容，都不影响本书的系统性和知识的前后联系，比如在讲授完门电路后，可以把集成定时器555内容提前讲授等；可以按照不同专业、不同学时灵活组织教学内容，既满足宽基础的要求，又适应弹性教学、培养多样化专门人才的需要。其中，第13～15章的内容可以让学生自学，只要任课老师在讲述前面教学内容时简单介绍相关内容即可。本教材适于48～64学时的教学计划。

山东理工大学董传岱教授组织了本书的编写，制定了详细的编写提纲，并负责了全书的统稿。全书共15章，其中第1、2、3、4、7、9章由董传岱编写；第5、6、15章由白明编写；第8、10、11、14章由李震梅编写；第12、13章由李震梅和刘雪婷合作编写；牛轶霞参加了第1、9章的编写；孙霞参加了第2、4章的编写；刘玉滨和白明合作编写了全部习题。

本书由教育部高等学校电子信息与电气学科教学指导委员会电子电气基础课程教学指导分委员会委员，中国高等学校电工学研究会常务理事，山东省高等学校电工学研究会理事长，中国石油大学（华东）刘润华教授主审，他提出了许多建设性意见和建议。山东理工大学的宋吉江教授也给出了许多宝贵意见和建议。本书的编写还得到了山东理工大学电工电子教研室和实验教学中心全体老师的大力支持，编者在这里一并向他们表示感谢。在编写过程中参阅或引用了部分参考资料，对这些作者，我们也表示衷心的感谢。

本书与魏佩瑜主编的《电工学（电工技术）（第2版）》一书配套使用，也可以单独使用。限于编者的水平，本书中不妥和错误之处在所难免，望读者及同行老师们给予批评指正。

编　者

第1版前言

电工学（电子技术）课程是高等学校本科非电类专业的一门技术基础课程。目前，电子技术应用十分广泛，可以说："无所不用，无处不在"，电子技术发展迅速，并且日益渗透到其他学科领域，促进其发展，在我国社会主义现代化建设中具有重要的作用。本课程的作用与任务是：使学生通过本课程的学习，获得电子技术必要的基本理论、基本知识和基本技能，了解电子技术应用和我国电子事业发展的概况，为今后学习和从事与本专业有关的工作打下一定的基础。

本书作者都有从事多年电子技术课程教学工作的经验，本书也是作者于2005年完成的山东省改革试点课程的总结。在本书的编写过程中，作者依据国家教育部电子信息科学与电气信息类基础课程教学指导分委员会最近制定的电工学（电子技术）课程的基本要求，结合普通本科院校本科学生的实际情况，本着下列原则编写的：

（1）精选教学内容，深浅适度、主次分明、详略恰当，在内容的阐述方面，以物理概念为主，突出实践性、实用性，力求做到文字通顺流畅，通俗易懂，以便学生学习。

（2）在保留传统的基本内容基础上，突出集成电路的应用和现代电子技术内容。

本书体现了新技术、新知识、新工艺、新器件的应用，主要注意以下几个方面：①从分立元件电路为主转到以集成电路为主；②从以器件内部分析为主转向以器件外部特性和应用为主；③把以模拟电路为主转到模拟电路和数字电路比例协调、相互兼顾，适当减少模拟电路而增添数字电路内容；④重视新技术、新知识、新工艺、新器件的应用，如可编程逻辑器件 PLD 和电子仿真软件 Multisim 等。

（3）本书构建了新颖的教材结构体系，全书按照先模拟后数字的传统排序，最后是现代内容的顺序编写，但在模拟和数字的主要内容顺序编排上又按照先基础后应用分章讲解。

模拟部分包括：基础内容有半导体器件的基本知识、基本放大电路；应用内容有几种常用放大电路、运算放大电路的应用和正弦波振荡电路、直流电源电路等。数字部分包括：基础内容有门电路和组合逻辑电路、触发器和时序逻辑电路；应用内容有常用组合逻辑器件及其应用，常用时序逻辑器件及其应用，数据的存储、采集与转换（A/D、D/A），555集成定时器及其应用，实用电子电路举例。现代部分教学内容包括：可编程器件与编程技术，Multisim 简介等。

特别说明的是，应用内容各章均按照"模块化"方式编写，突出了教材的实践性和针对性，在学习了基础章节内容的基础上，任意组合应用章节的内容，都不影响本书的系统性和知识的前后联系，可以按照不同专业、不同学时灵活组织教学内容，既满足宽基础的要求，又适应弹性教学、培养多样化专门人才的需要。其中，第13~15章的内容可以以自学为主，任课老师在讲述前面教学内容时可以灵活引入简单介绍相关内容。本书中有些图形符号由于是开发软件中的符号，故不宜改动。本教材适于48~64学时的教学计划。

山东理工大学董传岱教授组织了本书的编写，制定了详细的编写提纲，并负责了全书的统稿。全书共15章，其中第1、2、3、4、7、9章由董传岱编写；第8、10、11、14章由李震梅编写；第5、6章由房华玲编写；第15章由白明编写；第12、13章由李震梅和刘雪婷合作编写；李领华参加了第1、6章的编写；白明还编写了第1~6章的习题等。

　　本书由教育部高等学校电子信息科学与电气信息类基础课程教学指导分委员会委员、中国高等学校电工学研究会常务理事、山东省高等学校电工学研究会理事长、中国石油大学（华东）刘润华教授主审，他提出了许多建设性的意见和建议；济南大学的成谢锋教授也给出了许多宝贵的意见和建议；本书的编写还得到了山东理工大学电工电子实验教学中心全体老师的大力支持。编者在这里一并向他们表示感谢。在编写过程中参阅或引用了部分参考资料，对这些作者，我们也表示衷心的感谢。

　　本书与魏佩瑜主编的《电工学（电工技术）》一书配套使用，也可以单独使用。

　　限于编者的水平，本书中不妥和错误之处在所难免，望读者及同行老师们给予批评指正。

编　者

目　　录

第1章 半导体器件的基本知识

半导体器件是电子电路中最基本的组成部分，是电子技术中最基本的知识。本章在简要说明半导体的导电规律以及 PN 结的单向导电特性后，分别介绍了常用半导体器件二极管、稳压管、晶体管的工作特性及主要参数等。此外，对绝缘栅场效应晶体管的结构、工作原理、特性曲线及主要参数也进行了简单介绍。

1.1 半导体基本知识

所谓半导体，顾名思义，就是它的导电能力介于导体和绝缘体之间。如硅、锗、硒以及大多数金属氧化物和硫化物都是半导体。

下面介绍半导体物质的内部结构和导电机理。

1.1.1 本征半导体及其导电特性

纯净的、不含杂质的半导体称为本征半导体。其中锗和硅使用较多，它们都是四价元素，最外层的轨道上有 4 个价电子，图 1-1 是锗和硅的原子结构图。将锗和硅提纯（去掉无用杂质）并形成单晶体后，所有原子基本上整齐排列，硅原子共价键结构如图 1-2 所示。本征半导体一般都具有这种晶体结构，所以也称之为晶体，而晶体管的名称也由此而来。

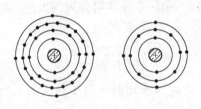

图 1-1　锗和硅的原子结构

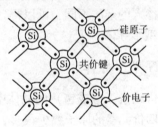

图 1-2　硅原子共价键结构

在本征半导体的晶体结构中，每一个原子与相邻的 4 个原子结合。每一原子的一个价电子与另一原子的一个价电子组成一个电子对。这个电子对是两个相邻原子共有的，它们把相邻的原子结合在一起，构成所谓共价键结构。

在共价键结构中，原子最外层虽然具有 8 个电子而处于较为稳定的状态，但是共价键中的电子并不像绝缘体中的价电子被束缚的那样紧，在获得一定能量（温度增高或受光照）后，即可挣脱原子核的束缚（电子受到激发而常称为热激发），成为自由电子。通常温度愈高，晶体中产生的自由电子数目就愈多。

在某些价电子挣脱共价键的束缚成为自由电子后，共价键中就留下一个空位，这种空位称为空穴。在本征半导体中，电子和空穴是成对产生的，因此称为电子-空穴对。另外；原子本来是中性的，但是当电子挣脱共价键的束缚成为自由电子后，原子的中性便被改变，形成正离子而带正电。

有空穴的原子可以吸引相邻原子的价电子来填补这个空穴，称为电子和空穴复合。显然，此时失去了一个价电子的相邻原子的共价键中将会出现一个空穴，而这个空穴也可以由它相邻原子中的价电子来填补，这样又将产生一个空穴，这个过程如图1-3所示。在这个过程中，电子的逐次递补就如同空穴向反方向运动一样，因此可认为空穴运动相当于正电荷的运动，即一个空穴相当于一个单位的正电荷。

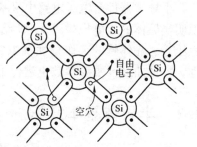

自由电子和空穴统称为载流子，电子带负电，空穴带正电，它们定向移动都能形成电流。因此，当半导体两端外加电压时，半导体中将出现两部分电流：一部分是自由电子移动所形成的电子电流；另一部分是由电子递补空穴移动所形成的空穴电流。同时存在着电子和空穴导电，这是半导体导电方式的最显著的特点。

图1-3　空穴和自由电子的形成

本征半导体中的自由电子和空穴总是成对出现、成对复合、不断产生、不断复合。在一定条件下，电子空穴对的总数目也一定，形成一种动态的平衡。本征半导体虽然有自由电子和空穴两种载流子，但由于数量极少，导电能力仍然很低。如果在其中掺入微量的杂质（某种元素），这将使掺杂后的半导体（杂质半导体）的导电能力大大增强。另外，半导体还具有热敏性和光敏性。有些半导体对温度的反应特别灵敏，环境温度增高时，它的导电能力要增强很多，利用这种特性可以制作各种热敏元件。有些半导体受到光照时，它的导电能力变得很强，当无光照时，又变得如同绝缘体那样不导电，利用这种特性则可以制作各种光电元件。

因此，半导体具有热敏性、光敏性和掺杂性3个主要导电特性。

根据掺入的杂质不同，可以得到不同的杂质半导体。杂质半导体可分为两大类：N型半导体和P型半导体。

1.1.2　N型半导体

在四价元素（硅或锗）的晶体中掺入五价元素（磷或砷等）时，由于掺入的五价元素原子数比四价元素的原子数少很多，因此整个晶体结构基本上不变，只是某些位置上的四价元素原子被五价元素原子取代。而五价元素原子参加共价键结构只需4个价电子，那么多余的第五个价电子很容易挣脱原子核束缚而成为自由电子，五价元素原子则成为正离子（见图1-4）。这样半导体中的自由电子数量将大大增加，自由电子导电成为这种杂质半导体的主要导电方式，故称为电子型半导体或N型半导体。在N型半导体中，自由电子数目远多于空穴的数目，因此自由电子被称为多数载流子（简称多子），而空穴被称为少数载流子（简称少子）。

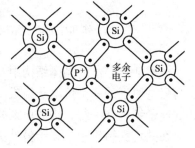

图1-4　硅晶体中掺磷出现自由电子

1.1.3　P型半导体

在四价元素（硅或锗）的晶体中掺入三价元素（硼或镓等）时，由于掺入的三价元素原子数比四价元素的原子数少很多，因此整个晶体结构基本上不变，只是某些位置上的四价元素原子被三价元素原子取代。而三价元素原子参加共价键结构只有 3 个价电子，那么缺少的一个空位就成为空穴（见图 1-5）。因此，空穴导电成为这种杂质半导体的主要导电方式，故称它为空穴型半导体或 P 型半导体。在 P 型半导体中，空穴数目远多于自由电子的数目，因此空穴被称为多数载流子（简称多子），而自由电子被称为少数载流子（简称少子）。

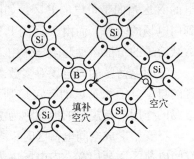

图 1-5　硅晶体中掺硼出现空穴

　　显然，多数载流子的数目取决于掺杂的多少，而少数载流子的数目取决于热激发，一般情况下温度越高，少数载流子的数目也就越多。应当注意，不论是 N 型半导体还是 P 型半导体，虽然它们都有一种载流子占多数，但是考虑到原子核中带电的质子，整个晶体仍是不带电的。

　　很奇妙的是将不同掺杂类型和浓度的 N 型杂质半导体和 P 型半导体用各种方式结合到一起时，能制作出功能各异、品种繁多的半导体器件。

1.2　半导体二极管

1.2.1　PN 结的形成及单向导电特性

1. PN 结的形成

　　当 P 型半导体和 N 型半导体连接为一体时，在交界的地方就必然发生由于浓度不均匀分布而引起的多数载流子的扩散运动，如图 1-6a 所示。由于 P 区有大量的空穴（浓度大），而 N 区的空穴较少（浓度小），因此空穴要从浓度大的 P 区向浓度小的 N 区扩散，同样 N 区的自由电子要向 P 区扩散。在扩散过程中，空穴和电子不断地复合消失，在交界面附近的 P 区就会留下一些带负电的离子，形成负空间电荷区。在交界面附近的 N 区留下带正电的离子，形成正空间电荷区。这样，在 P 型半导体和 N 型半导体交界面的两侧就形成了一个空间电荷区（或离子层），如图 1-6b 所示，这个空间电荷区就是 PN 结。

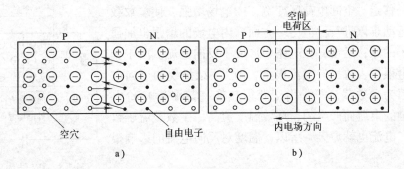

图 1-6　PN 结的形成
a）多数载流子的扩散　b）空间电荷区的形成

　　形成空间电荷区的正负离子虽然带电，但是它们不能移动，不参与导电，而在这个区域内载流子极少，所以空间电荷区的电阻率很高。此外，这个区域的多数载流子已扩散到对方并复合掉了，或者说消耗尽了，故空间电荷区也叫耗尽层。

PN 结形成后，正负空间电荷在交界面两侧形成一个电场，称为内电场，其方向从带正电的 N 区指向带负的 P 区，如图 1-6b 所示。由 P 区向 N 区扩散的空穴在空间电荷区将受到内电场的阻力，而由 N 区向 P 区扩散的自由电子也将受到内电场的阻力，即内电场对多数载流子的扩散运动起阻挡作用，所以空间电荷区又称为阻挡层。

空间电荷区的内电场对多数载流子的扩散运动起阻挡作用，但内电场对少数载流子（P区的自由电子和 N 区的空穴）则可推动它们越过空间电荷区，进入对方。少数载流子在内电场的作用下有规则的运动称为漂移运动。

在开始形成空间电荷区时，多数载流子的扩散运动占优势。但在扩散运动进行过程中，空间电荷区逐渐加宽，内电场逐步加强，于是，在一定条件下，多数载流子的扩散运动逐渐减弱，而少数载流子的漂移运动则逐渐增强。最后，扩散运动和漂移运动达到动态平衡，也就是 P 区的空穴（多子）向 N 区扩散的数量与 N 区的空穴（少子）向 P 区漂移的数量相等，对自由电子来讲也是这样。达到动态平衡后，空间电荷区的宽度基本上稳定下来，PN 结就处于相对稳定的状态。

2. PN 结的单向导电性

如果在 PN 结上加正向电压，即外电源的正极接 P 区，负极接 N 区（见图 1-7）。可见外电场与内电场方向相反，因此扩散与漂移运动的平衡被破坏。

外电场驱使 P 区的空穴进入空间电荷区抵消一部分负空间电荷，同时 N 区的自由电子进入空间电荷区抵消一部分正空间电荷。于是，整个空间电荷区变窄，内电场被削弱，多数载流子的扩散运动加强，形成较大的扩散电流。至于漂移

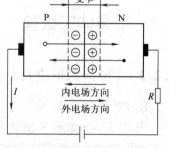

图 1-7　PN 结加正向电压

运动，本来就是少数载流子的运动形成的，数量很少，故对总电流的影响可以忽略。所以正向接法的 PN 结为导通状态，耗尽层变窄，呈现的电阻很低。

如果在 PN 结上加反向电压，即外电源正极接 N 区，负极接 P 区，如图 1-8 所示，则外电场与内电场方向一致，也破坏了扩散与漂移运动的平衡。外电场驱使空间电荷区两侧的空穴和自由电子移走，空间电荷区变宽，内电场增强，使多数载流子的扩散运动难以进行。但另一方面，内电场的增强也加强了少数载流子的漂移运动，在电路中形成了反向电流。由于少数载流子数量很少，故反向电流很小，即 PN 结呈现的反向电阻很高。又因为少数载流子是由于获得热能（热激发）价电子挣脱共价键的束缚而产生的，环境温度愈高，少数载流子数量愈多，反向电流也就愈大。所以，温度对反向电流的影响很大。

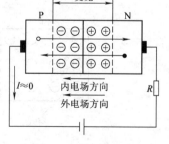

图 1-8　PN 结加反向电压

综上所述，PN 结具有单向导电性，即在 PN 结上加正向电压时，PN 结变窄，电阻很低，两端压降较小，PN 结处于导通状态；加反向电压时，PN 结变厚，电阻很高，反向电流很小（常被忽略不计），PN 结处于截止状态。

1.2.2 二极管的基本结构

将 PN 结加上电极引线和管壳并封装起来，就成为半导体二极管。按结构分，二极管有点接触型和面接触型两类。点接触型二极管的特点是 PN 结的面积小，因此管子中不允许通过较大的电流，但其高频性能好，适用于高频和小功率的工作。面接触型二极管由于 PN 结的结面积大，故允许流过较大的电流，但只能在较低频率下工作，可用于整流电路。图 1-9a 示出了一些常见二极管的外形图。图 1-9b 是二极管的图形符号，其中阳极从 P 区引出，阴极从 N 区引出。

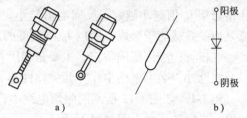

图 1-9　半导体二极管的外形及符号
a）外形图　b）符号

1.2.3 二极管的伏安特性

在二极管的两端加上电压 U，然后测出流过管子的电流 I，电流与电压之间的关系曲线 $I = f(U)$ 即是二极管的伏安特性，如图 1-10 所示。由图可见，当外加正向电压很低时，由于外电场还不能克服 PN 结内电场对多数载流子扩散运动的阻力，故正向电流很小，几乎为零。当正向电压超过一定数值后，内电场被大大削弱，电流增长很快。这个定值被称为死区电压，其大小与材料及环境温度有关。通常，硅管的死区电压约为 0.5V，锗管约为 0.2V。管子导通后，正向电流在较大范围内变化时，管子的电压降变化很小，称为管子的导通压降，硅管约为 0.6V，锗管约为 0.3V。

在二极管上加反向电压时，由于少数载流子的漂移运动，形成很小的反向电流。反向电流有两个特点：一是它受温度影响大，随温度的上升增长很快，二是在温度一定、反向电压不超过某一范围时，反向电流的大小基本不变，而与反向电压的高低无关，故通常称它为反向饱和电流，用符号 I_S 表示。而当外加反向电压过高时，超过 $U_{(BR)}$ 以后，反向电流将急剧增大，这种现象称为击穿，$U_{(BR)}$ 称为反向击穿电压。二极管击穿以后，不再具有单向导电性。

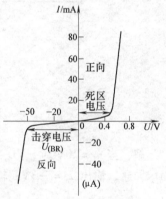

图 1-10　2CP10 硅二极管的伏安特性

必须说明一点，发生击穿并不意味着二极管被损坏。实际上，当反向击穿时，只要控制反向电流的数值不过大而使二极管过热烧坏，则当反向电压降低时，二极管的性能就可以恢复正常。

1.2.4 二极管的主要参数

电子器件的参数是其特性的定量描述，也是实际工作中根据要求选用器件的主要依据。二极管的主要参数有以下几个：

1. 最大整流电流 I_F

I_F 是指二极管长期运行时，允许通过管子的最大正向平均电流。I_F 的数值是由二极管允许的温升所限定。使用时，管子的平均电流不得超过此值，否则可能使二极管过热而损坏。

2. 最高反向工作电压 U_R

U_R 是指工作时加在二极管两端的反向电压的极限值，否则二极管可能被击穿。为了留有余地，通常将击穿电压 $U_{(BR)}$ 的一半定为 U_R。

3. 反向电流 I_R

I_R 系指在室温条件下，二极管两端加上规定的反向电压时，流过管子的反向电流值。通常希望 I_R 值越小越好。反向电流越小，说明管子的单向导电性越好。此外，由于反向电流是由少数载流子形成，所以 I_R 受温度的影响很大。

二极管的应用范围很广，主要是利用它的单向导电性。它可用于整流、检波、元件保护以及在脉冲与数字电路中作为开关器件等。

例 1-1 如图 1-11 所示的限幅电路中，已知输入电压 u_i 的波形，试画出输出电压 u_o 的波形，二极管正向电阻忽略不计。

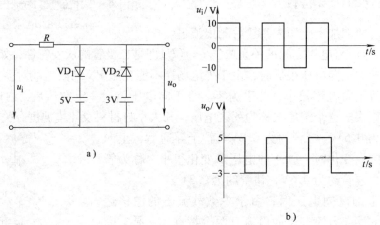

图 1-11 例 1-1 的图
a) 电路图 b) 输入输出波形图

解： 当 $u_i = 10V$ 时，VD_1 导通，VD_2 截止，输出 $u_o = 5V$；当 $u_i = -10V$ 时，VD_1 截止，VD_2 导通，输出 $u_o = -3V$；输出波形如图 1-11 所示。

1.2.5 稳压二极管

稳压管是一种特殊的面接触型半导体硅二极管。由于它在电路中与适当数值的电阻配合后能起稳定电压的作用，故称为稳压管，其表示符号、外形图和伏安特性如图 1-12 所示。

稳压管工作于反向击穿区。从反向特性上可以看出，反向电压在一定范围内变化时，反向电流很小。当反向电压增高到击穿电压时，反向电流突然剧增，稳压管反向击穿。此后，电流虽然在很大范围内变化，但稳压

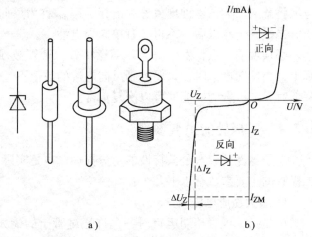

图 1-12 稳压管的符号和伏安特性
a) 符号及外形 b) 伏安特性

管两端的电压变化很小。利用这一特性，稳压管在电路中能起稳压作用。稳压管与一般二极管不一样，它的反向击穿是可逆的，当去掉反向电压之后，稳压管又恢复正常。但是，若反向电流超过允许范围，稳压管将会发生热击穿而损坏。

稳压管的主要参数有

1. 稳定电压 U_Z

U_Z 是稳压管在正常工作下管子两端的电压。半导体器件手册中所列的都是在一定条件（工作电流、温度）下的数值，即使是同一型号的稳压管，由于工艺方面和其他原因，稳压值也有一定的分散性。例如 2CW18 稳压管的稳压值为 10 ~ 12V。这就是说，如果把一个 2CW18 稳压管接到电路中，它可能稳压在 10.5V；再换一个 2CW18 稳压管，则可能稳压在 11.8V。

2. 电压温度系数 a_v

这个系数说明稳压值受温度变化影响的大小。例如 2CW18 稳压管的电压温度系数是 0.095% / ℃，这是说温度每增加 1℃，它的稳压值将升高 0.095%，假设在 20℃时的稳压值是 11V，那么在 50℃时的稳压值将是

$$\left[11 + \frac{0.095}{100} \times (50 - 20) \times 11 \right] V \approx 11.3V$$

一般来说，低于 6V 的稳压管，它的电压温度系数是负的；高于 6V 的稳压管，电压温度系数是正的；而在 6V 左右的管子，稳压值受温度的影响就比较小。因此，选用 6V 左右的稳压管，可得到较好的温度稳定性。

3. 动态电阻 r_Z

动态电阻是指稳压管工作在反向击穿稳压区时，管子两端电压的变化量与相应的电流变化量的比值，即

$$r_Z = \frac{\Delta U_Z}{\Delta I_Z} \tag{1-1}$$

稳压管的反向伏安特性曲线愈陡，则动态电阻 r_Z 愈小，稳压性能也就愈好。

4. 稳定电流 I_Z

稳压管的稳定电流值是一个参考数值，若工作电流低于 I_Z，则管子的稳压性能变差，如果工作电流高于 I_Z，只要不超过额定功耗，稳压管可以正常工作。一般来说，工作电流较大时稳压性能较好。

5. 最大允许耗散功率 P_{ZM}

管子不致发生热击穿所允许的最大功率损耗为

$$P_{ZM} = U_Z I_{Zmax}$$

为保证稳压管工作于稳压区且电流不至于过大而使功耗超过 P_{ZM} 而损坏，需串联一个电阻一起使用。

例 1-2　在图 1-13 中，通过稳压管的电流等于多少？R 是限流电阻，其值是否合适？

解：由图 1-13 可知，稳压管被击穿稳压，通过稳压管的电流为

$$I_Z = \frac{20 - 12}{1.6} mA = 5mA$$

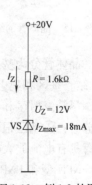

图 1-13　例 1-2 的图

所以

$$I_Z < I_{Zmax} = 18\text{mA} \qquad 说明 R 阻值合适$$

1.3 晶体管

双极型晶体管（Bipolar Junction Transistor，BJT）简称晶体管，是组成各种电子电路的核心器件，比如利用它的放大特性可组成各种放大电路，利用它的开关特性可组成逻辑电路等。本节主要介绍半导体晶体管的基本结构、工作原理、特性曲线和主要参数等。

1.3.1 晶体管的基本结构

晶体管的种类很多，按照工作频率分，有高频管、低频管；按照功率分，有小功率管、大功率管；按照使用材料分，有硅管和锗管等。我国生产的晶体管，目前最常见的有平面型和合金型两类（见图1-14）。硅管主要是平面型，锗管多是合金型。

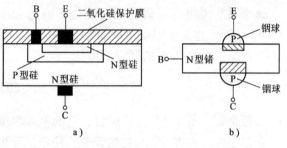

图 1-14 晶体管的结构

不论平面型还是合金型，都有 N、P、N 或 P、N、P 三层。因此按照结构分，晶体管有 NPN 型和 PNP 型两类，其结构示意图和表示符号如图1-15所示。常见晶体管的外形如图1-16所示。当前国内生产的硅晶体管多为 NPN 型（3D 系列），锗晶体管多为 PNP 型（3A 系列）。

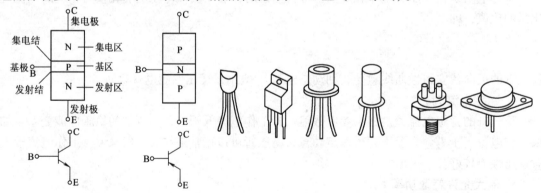

图 1-15 晶体管的结构示意图和符号　　　　　　图 1-16 常见晶体管的外形

晶体管分为基区、发射区和集电区，分别引出基极 B、发射极 E 和集电极 C。它有两个 PN 结，基区和集电区之间的 PN 结称为集电结，而基区和发射区之间的 PN 结称为发射结。

尽管发射区和集电区杂质半导体类型相同，但集电极和发射极是不能互换使用的，因为制造时：①基区很薄，掺杂少；②发射区掺杂多；③集电结面积大。以上结构特点决定了晶体管具有电流放大作用等特性。

NPN 型和 PNP 型晶体管的工作原理类似，仅在使用时电源极性连接不同而已。下面以 NPN 型晶体管为例来分析讨论。

1.3.2　晶体管的电流分配与放大原理

有关晶体管放大作用的实验电路和各极电流分配，如图 1-17 所示。把晶体管接成两个回路：基极回路和集电极回路。发射极是公共端，因此这种接法称为晶体管的共发射极接法。如果用的是 NPN 型晶体管，电源 E_B 和 E_C 的极性如图 1-17 所示。外加电源的极性使发射结处于正向偏置状态，而集电结处于反向偏置状态。

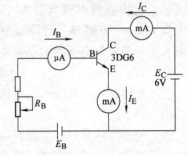

改变可变电阻 R_B，则基极电流 I_B、集电极电流 I_C 和发射极电流 I_E 都发生变化。测量结果见表 1-1。

由此实验及测量结果可得出如下结论：

1）观察实验数据中的每一列，可得

$$I_E = I_C + I_B$$

此结果符合基尔霍夫电流定律。

图 1-17　晶体管电流放大的实验电路

表 1-1　晶体管电流测量数据

I_B/mA	0	0.02	0.04	0.06	0.08	0.10
I_C/mA	<0.001	0.70	1.50	2.30	3.10	3.95
I_E/mA	<0.001	0.72	1.54	2.36	3.18	4.05

2）I_C 和 I_E 都比 I_B 大得多。从第三列和第四列的数据可知，I_C 与 I_B 的比值分别为

$$\frac{I_C}{I_B} = \frac{1.50\text{mA}}{0.04\text{mA}} = 37.5 \quad 及 \quad \frac{I_C}{I_B} = \frac{2.3\text{mA}}{0.06\text{mA}} = 38.3$$

这就是晶体管的电流放大作用。电流放大作用还体现在基极电流的少量变化 ΔI_B 可以引起集电极电流较大的变化 ΔI_C。还是比较第三列和第四列的数据，可得出

$$\frac{\Delta I_C}{\Delta I_B} = \frac{(2.3 - 1.5)\text{mA}}{(0.06 - 0.04)\text{mA}} = 40$$

3）当 $I_B = 0$（将基极开路）时，$I_C = I_{CEO}$，表中 $I_{CEO} < 0.001\text{mA} = 1\mu\text{A}$

下面用载流子在晶体管内部的运动规律来解释上述结论：

1. 发射区向基区扩散电子形成发射极电流 I_E

发射区掺杂浓度比较高，由于发射结又处于正向偏置，所以，大量的自由电子不断扩散到基区，并不断从电源补充进电子，形成发射极电流 I_E。

2. 电子在基区的扩散和复合形成基极电流 I_B

从发射区扩散到基区的大量自由电子起初都聚集在发射结附近，靠近集电结的自由电子很少，形成了浓度上的差别，因而自由电子将向集电结方向继续扩散。在扩散过程中，自由电子不断与空穴（P 型基区中的多数载流子）相遇而复合。由于基区接电源 E_B 的正极，基区中受激发的价电子不断被电源拉走，这相当于不断补充基区中被复合掉的空穴，形成基极电流 I_B。

由于基区做得很薄，掺杂浓度也很少，所以，由发射区扩散到基区的电子，只有少数被复合，其绝大部分自由电子扩散到了集电结附近。

3. 集电结收集从发射区扩散过来的电子形成集电极电流 I_C

由于集电结反向偏置，集电结内电场增强，其集电结面积做得又大，这将更有利于收集

从发射区扩散到基区并达到集电结附近的自由电子拉入集电区，从而形成集电极电流 I_C。

此外，由于集电结反偏，在内电场的作用下，集电区的少量载流子（空穴）和基区的少量载流子（电子）将发生漂移运动，形成反向电流 I_{CBO}。这个电流数值很小，它构成集电极电流 I_C 和基极电流 I_B 的一小部分，但受温度影响很大，并与外加电压的大小基本无关。

上述晶体管中的载流子和电流分配如图 1-18 所示。

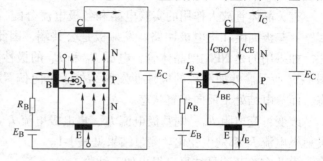

图 1-18　晶体管中的电流

如上所述，从发射区扩散到基区的电子只有很小一部分在基区复合，绝大部分到达集电区。即构成发射极电流 I_E 的两部分中，I_B 部分所占比例是很小的，而 I_C 部分所占比例是很大的。这个比值用 β 表示，则

$$\beta = \frac{I_{CE}}{I_{BE}} = \frac{I_C - I_{CBO}}{I_B + I_{CBO}} \approx \frac{I_C}{I_B} \tag{1-2}$$

β 表征晶体管的电流放大能力，称为电流放大系数。

从前面的电流放大实验还知道，在晶体管中，不仅 I_C 比 I_B 大得多，而且当调节可变电阻 R_B 使 I_B 有一微小的变化时，将会引起 I_C 比 I_B 大得多的变化。

此外，从晶体管内部载流子的运动规律，也就理解了要使晶体管起电流放大作用时，发射结必须要正向偏置，集电结反向偏置。图 1-19 所示的是 NPN 型晶体管和 PNP 型晶体管中电流方向和各极电压极性。

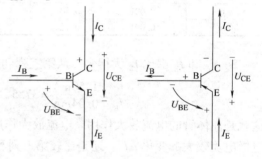

图 1-19　电流方向和各极极性

1.3.3　伏安特性曲线

晶体管的特性曲线是用来表示该晶体管各极电压和电流之间相互关系的，它反映出晶体管的性能，是分析放大电路的重要依据。最常用的是共发射极接法时的输入特性曲线和输出特性曲线。这些特性曲线可用晶体管特性图示仪直观地显示出来，也可以通过图 1-20 的实验电路进行测绘。

1. 输入特性

当 U_{CE} 不变时，输入回路中的电流 I_B 与电压 U_{BE} 之间的关系曲线 $I_B = f(U_{BE})$，称为输入特性，如图 1-21 所示。

当 $U_{CE} \geq 1\text{V}$ 时，U_{CE} 对输入特性的影响极小，而实用上一般大都有 $U_{CE} > 1\text{V}$，所以通常只画出 $U_{CE} \geq 1\text{V}$ 对应的那一条输入特性曲线。可见，输入特性曲线类似于 PN 结的伏安特性，

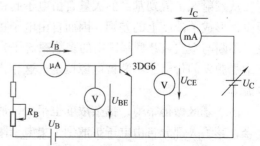

图 1-20　晶体管共射特性曲线的测试电路

发射结的死区电压硅管约为 0.5V，而锗管不超过 0.2V，在正常工作情况下，硅管的发射结导通压降为 0.6~0.8V，而锗管的发射结导通压降为 0.2~0.4V。

2. 输出特性

当 I_B 不变时，输出回路中电流 I_C 与电压 U_{CE} 之间的关系曲线 $I_C = f(U_{CE})$ 称为输出特性。在不同的 I_B 下，可得出不同的曲线，可以测得晶体管 3DG6 的输出特性曲线如图 1-22 所示。

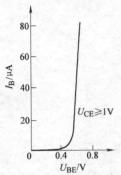

图 1-21 3DG6 的输入特性曲线

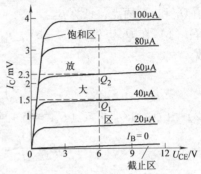

图 1-22 3DG6 的输出特性曲线

通常把晶体管的输出特性曲线划分为 3 个工作区，如图 1-22 所示。

（1）放大区 输出特性曲线近于水平部分是放大区。在放大区，$I_C = \beta I_B$。放大区也称为线性区，因为 I_C 和 I_B 成正比的关系。如前所述，晶体管工作于放大状态时，发射结处于正向偏置，集电结处于反向偏置，对 NPN 型管而言，应使 $U_{BE} > 0$，$U_{BC} < 0$。

（2）截止区 $I_B = 0$ 的曲线以下的区域称为截止区。$I_B = 0$ 时，$I_C = I_{CEO}$，如表 1-1 中，$I_{CEO} < 0.001\text{mA}$。对 NPN 型硅管而言，当 $U_{BE} < 0.5\text{V}$ 时，即已开始截止，但是为了可靠截止，常使 $U_{BE} \leqslant 0$。截止时集电结也处于反偏，3 个极的电流都近似为零，集-射极之间可视为开路。

（3）饱和区 当 $U_{CE} < U_{BE}$ 时，发射结和集电结都处于正向偏置，晶体管工作于饱和状态。在饱和区，I_B 的变化对 I_C 的影响较小，两者不成正比，放大区的 β 不能用于饱和区。饱和时，集-射极之间电压降较小，称为管子的饱和导通压降（硅管 0.3V 左右、锗管 0.1V 左右），忽略此值不计时可视为集-射极之间短路。

晶体管工作于不同的区域，相应的称晶体管工作于放大状态、截止状态和饱和状态。放大电路中晶体管应处于放大状态，而截止状态和饱和状态也称为开关状态（因晶体管截止时相当于开路，开关断开，饱和时相当于短路），常见于数字逻辑电路中。

1.3.4 晶体管的主要参数

晶体管的参数是设计电路时选用晶体管的依据，主要有

1. 电流放大系数 $\bar{\beta}$、$\tilde{\beta}$

当晶体管接成共发射极电路时，在静态（无输入信号）时集电极电流 I_C 与基极电流 I_B 的比值称为共发射极直流电流放大系数

$$\bar{\beta} = \frac{I_C}{I_B}$$

此即前述的式（1-2）。

当晶体管工作在动态（有信号输入）时，基极电流的变化量为 ΔI_B，它引起集电极电流的变化量为 ΔI_C。ΔI_C 与 ΔI_B 的比值称为交流电流放大系数

$$\tilde{\beta} = \frac{\Delta I_\mathrm{C}}{\Delta I_\mathrm{B}} \tag{1-3}$$

例 1-3 试从图 1-22 所给出的 3DG6 晶体管的输出特性曲线上。（1）计算 Q_1 点处的 $\overline{\beta}$；（2）由 Q_1 和 Q_2 两点，计算 $\tilde{\beta}$。

解：（1）在 Q_1 点处，$U_\mathrm{CE} = 6\mathrm{V}$，$I_\mathrm{B} = 40\mu\mathrm{A} = 0.04\mathrm{mA}$，$I_\mathrm{C} = 1.5\mathrm{mA}$。

故

$$\overline{\beta} = \frac{I_\mathrm{C}}{I_\mathrm{B}} = \frac{1.5\mathrm{mA}}{0.04\mathrm{mA}} = 37.5$$

（2）由 Q_1 和 Q_2 两点（$U_\mathrm{CE} = 6\mathrm{V}$）得

$$\tilde{\beta} = \frac{\Delta I_\mathrm{C}}{\Delta I_\mathrm{B}} = \frac{(2.3 - 1.5)\mathrm{mA}}{(0.06 - 0.04)\mathrm{mA}} = 40$$

由上述可见，$\overline{\beta}$ 和 $\tilde{\beta}$ 的含义是不同的，但在输出特性曲线近于平行等距并且 I_CEO 较小的情况下，两者数值较为接近。今后在估算时，常用 $\overline{\beta} = \tilde{\beta} = \beta$ 这个近似关系。

由于晶体管的输出特性曲线是非线性的，只有在特性曲线的近似水平部分，I_C 随 I_B 成正比地变化，β 值才可以认为是基本恒定的。由于制造工艺的分散性，即使是同一型号的晶体管，β 值也有很大差别。常用晶体管的 β 值在 20 ~ 100 之间。

2. 集-基极之间的反向饱和电流 I_CBO

表示当发射集开路时，集电极和基极之间的反向电流值。测量电路如图 1-23 所示。在室温下，小功率锗管的 I_CBO 约为几微安到几十微安，小功率硅管在 $1\mu\mathrm{A}$ 以下。I_CBO 越小越好。因为 I_CBO 是少数载流子的运动形成的，大约温度升高 $10^\circ\mathrm{C}$ 时 I_CBO 翻番，所以受温度的影响非常大。硅管的温度稳定性好于锗管。

3. 集-射极之间的穿透电流 I_CEO

当基极开路时，集电极和发射极之间的电流，称为集-射极之间的穿透电流 I_CEO。测量电路如图 1-24 所示。

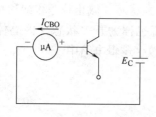

图 1-23　测量 I_CBO 的电路

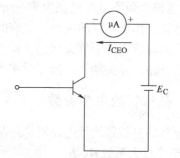

图 1-24　测量 I_CEO 的电路

可以证明 I_CEO 和 I_CBO 的关系为

$$I_\mathrm{CEO} = \beta I_\mathrm{CBO} + I_\mathrm{CBO} = (1 + \beta)I_\mathrm{CBO} \tag{1-4}$$

而集电极电流 I_C 则为

$$I_C = \beta I_B + I_{CEO} \tag{1-5}$$

由于 I_{CBO} 对温度非常敏感，当温度升高时，I_{CBO} 增高很快，即 I_{CEO} 增加得也很快，I_C 也就相应增加。所以晶体管的温度稳定性较差，这是它的一个主要缺点。I_{CBO} 越大、β 越高的管子，稳定性越差。因此，在选管时，要求 I_{CBO} 尽可能小些，而 β 以不超过 100 为宜。

4. 集电极最大允许电流 I_{CM}

集电极电流 I_C 超过一定值时，晶体管的 β 值要下降。当 β 值下降到正常数值的 2/3 时的集电极电流，称为集电极最大允许电流 I_{CM}。因此，在使用晶体管时，I_C 超过 I_{CM} 并不一定会使晶体管损坏，但以降低 β 值为代价。

5. 集-射反向击穿电压 $U_{(BR)CEO}$

基极开路时，加在集电极和发射极之间的最大允许电压。当晶体管的集-射极电压 U_{CE} 大于 $U_{(BR)CEO}$ 时，晶体管就会被击穿而损坏。晶体管在高温下，$U_{(BR)CEO}$ 的值将要降低，使用时应特别注意。

6. 集电极最大允许耗散功率 P_{CM}

由于集电极电流在流经集电结时将产生热量，使结温升高，从而会引起晶体管参数变化。当晶体管因受热而引起晶体管参数变化不超过允许值时，集电极所消耗的最大功率称为集电极最大允许耗散功率 P_{CM}。

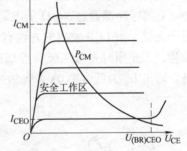

P_{CM} 主要受结温的限制，一般来说，锗管允许的结温约为 70~90℃，硅管约为 150℃ 左右，根据管子的 P_{CM} 值，有

$$P_{CM} = I_C U_{CE}$$

由上式可在晶体管的输出特性曲线上做出 P_{CM} 曲线，它是一条反比例曲线，称为最大允许功耗线。

图 1-25　晶体管的安全工作区

由 I_{CM}、$U_{(BR)CEO}$、P_{CM} 三者共同确定晶体管的安全工作区，如图 1-25 所示。

以上所讨论的几个参数，其中 β 和 I_{CEO}、I_{CBO} 是表明晶体管优劣的主要指标；I_{CM}、$U_{(BR)CEO}$ 和 P_{CM} 都是极限参数，用来说明晶体管的使用限制。

1.4　光电器件

1.4.1　发光二极管

发光二极管（简称 LED）是一种特殊的二极管，它能将电能转换为光能，即正向导通时可以发光，其外形和符号如图 1-26 所示。它的伏安特性与普通二极管基本相同，但导通压降要大一些，一般为 1.5~2V。发光二极管常采用砷化镓、磷化镓、磷砷化镓等化合物半导体制成，其发光颜色主要取决于所使用的材料，可以发出红、黄、绿等色的可见光，也可以发出不可见的红外光。其发光亮度与流过 LED 的电流成正比，一般工作电流为几毫安到几十毫安。实际应用中要串联一个限流电阻，不能为了追求亮度而忽视了安全性。此外，发光二极管 LED 具有体积小、发光均匀、响应速度快、使用寿命长、稳定性能好等特点，获得了广泛的应用。发光二极管除单独使用外，还可用多个 PN 结按分段方式制成数码管或阵列显示器。

1.4.2　光敏二极管

　　光敏二极管又称光电二极管，也是一种特殊的二极管，它是一种受光器件，它能将光能转换为电信号，其外形和符号如图 1-27 所示。

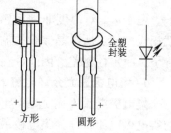

图 1-26　发光二极管

　　光敏二极管其基本结构也是一个 PN 结，它的管壳上开有一个嵌着玻璃的窗口，以便于光线射入。光敏二极管工作于反相偏置状态，其反向电流随光照强度的增加而上升。无光照时，光敏二极管的反相电流很小，一般小于 $0.1\mu A$，该电流叫暗电流，此时光敏二极管的反相电阻高达几十兆欧；当有光照时，少数载流子数目大大增多，形成比暗电流大得多的反相电流，此电流称为光电流，此时光敏二极管的反相电阻下降至几千欧。利用光敏二极管可以测量光的强度，且有可见光和红外光两类，如计算机上的光盘驱动器和激光打印机中的打印头上就使用了小功率红外光敏二极管。常用的光敏二极管有 2AU 和 2CU 等系列。

　　发光二极管与光敏二极管通过光缆耦合组成光电传输系统，如图 1-28 所示。在发射端，$0\sim5V$ 的脉冲源通过 500Ω 的电阻加到发光二极管的两端，LED 便产生一间断光信号，并作用于光缆，由 LED 发出的光约有 20% 耦合到光缆。在接收端，约有 80% 的光耦合到发光二极管，无光照时光敏二极管近似开路，输出 $U_\circ$ 为高电平 5V，有光照时光敏二极管近似短路，输出 $U_\circ$ 为低电平 0V，光敏二极管便可以在输出端还原为 $0\sim5V$ 的电脉冲信号。

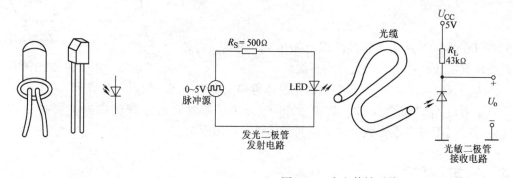

图 1-27　光敏二极管　　　　　　　　图 1-28　光电传输系统

1.4.3　光敏晶体管

　　如图 1-29 所示是光敏晶体管的外形、符号和输出特性曲线。可以看出，其输出特性曲线与普通晶体管相似，只是普通晶体管是基极电流控制集电极电流，而光敏晶体管是用光照度 E 的强弱来控制集电极电流的。当无光照时，集电极电流 I_{CEO} 很小，称为暗电流。有光照时的集电极电流称为光电流，一般为零点几毫安到几毫安。常用的光敏晶体管有 3AU 和 3DU 等系列。

　　光耦合器亦称光电隔离器，简称光耦，结构如图 1-30 所示。图中的 LED 是发光二极管，V 是光敏晶体管，两者光电耦合；V_1 是输出晶体管。当输入端加电信号时，发光二极管 LED 发出光线，光敏晶体管 V 接收光线而产生光电流，从而实现了"电-光-电"转换，或者说电信号的隔离。

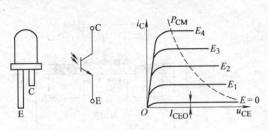

图 1-29　光敏晶体管

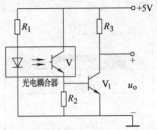

图 1-30　光电耦合开关电路

1.5　绝缘栅场效应晶体管

场效应晶体管是利用电场效应来控制电流的半导体器件，其外形与普通晶体管相似，但由于它只有一种载流子参与导电，故也称为单极型晶体管（简称 FET）。

场效应晶体管按其结构的不同分为结型和绝缘栅型两类，绝缘栅型场效应晶体管又有增强型与耗尽型两种；按导电通道类型又有 N 沟道和 P 沟道之分。本书只介绍绝缘栅型场效应晶体管。

1.5.1　增强型绝缘栅场效应晶体管

如图 1-31 所示电路是 N 沟道增强型绝缘栅场效应晶体管的结构示意图。用一块杂质浓度较低的 P 型薄硅片作为衬底，其上扩散两个相距很近的高掺杂浓度的 N 区，并在硅片表面生成一层薄薄的二氧化硅绝缘层。在两个 N 区之间二氧化硅的表面及两个 N 区的表面分别放置 3 个电极：栅极 G、源极 S 和漏极 D。由图可见，栅极和其他电极及硅片之间是绝缘的，所以称为绝缘栅场效应晶体管，或称为金属—氧化物—半导体场效应晶体管，简称 MOS 场效应晶体管。由于栅极是绝缘的，栅极电流几乎为零，栅源电阻 R_{GS} 很高，可高达 $10^{14}\Omega$。

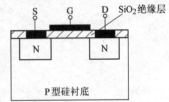

图 1-31　N 沟道增强型绝缘栅
场效应晶体管的结构

从图 1-31 可见，漏极和源极之间是两个背靠背的 PN 结，当栅-源电压 $U_{GS} = 0$ 时，不管漏极和源极之间所加电压的极性如何，其中总有一个 PN 结是反向偏置的，反向电阻很高，漏极电流 I_D 近似为零。

如果在栅极和源极之间加正向电压 U_{GS}，情况就会发生变化。在 U_{GS} 的作用下，产生了垂直于衬底表面的电场。由于二氧化硅绝缘层很薄，因此即使 U_{GS} 很小如只有几伏，也能产生很强的电场强度。P 型衬底中的电子受到电场力的吸引到达表层，除填补空穴形成的耗尽层外，还在表面形成一个 N 型层（见图 1-32），通常称它为反型层。它就是沟通源区和漏区的 N 型导电沟道（与 P 型衬底间被耗尽层绝缘）。U_{GS} 正值越高，导电沟道越宽。形成导电沟道后，在漏极电源 E_D 的作用下，将产生漏极电流 I_D，管子导通，如图 1-33 所示。

在一定的漏-源电压 U_{DS} 下，使管子由不导通变为导通的临界栅-源电压称为开启电压，用 $U_{GS(th)}$ 表示。

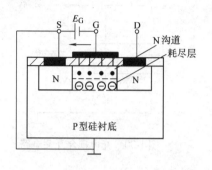

图 1-32　N 沟道增强型绝缘栅场效应
晶体管导电沟道的形成

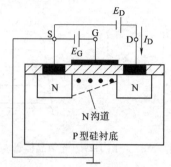

图 1-33　N 沟道增强型绝缘栅场效应
晶体管的导通

由上所述可知，当 $U_{GS} < U_{GS(th)}$ 时，漏源极间沟道尚未连通，$I_D \approx 0$；当 $U_{GS} > U_{GS(th)}$ 时，漏源极间形成导电沟道，在 U_{DS} 的作用下，便会形成漏极电流 I_D。在 U_{DS} 一定和有导电沟道的前提下，栅极电压 U_{GS} 变化，则导电沟道的宽窄发生变化，漏极电流 I_D 亦随着相应发生变化，这就是栅源极间电压的控制作用。电压的变化即是电场强度的变化，故称为场效应晶体管。图 1-34a 和图 1-34b 分别是管子的转移特性曲线和漏极特性曲线。所谓转移特性，就是输入栅源电压对输出漏极电流的控制作用。

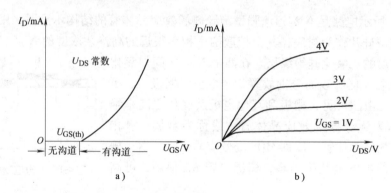

a)　　　　　　　　　　　　　b)

图 1-34　N 沟道增强型 MOS 管特性曲线
a）转移特性曲线　b）漏极特性曲线

1.5.2　绝缘栅场效应晶体管的 4 种基本类型

在如图 1-31 所示的 MOS 管中，当 $U_{GS} = 0$ 时不存在导电沟道，只有在 U_{GS} 增加到一定数值后，才有导电沟道产生，我们把这种类型的 MOS 管称做增强型 MOS 管。与此相反，也可以做出在 $U_{GS} = 0$ 时就有导电沟道存在的 MOS 管，如在 N 沟道 MOS 管的绝缘层中注入正电荷，即具有了原始的导电沟道，如图 1-35 所示。我们把这种类型的 MOS 管称做耗尽型 MOS 管。

N 沟道耗尽型 MOS 管在 $U_{GS} = 0$ 时具有导电沟道，所以，它的开启电压 $U_{GS(th)}$ 一定是一个负值。也就是说，在 U_{DS} 为某定值时，耗尽型的 MOS 管不论栅-源电压是正是负还是零，在一定范围内都能控制漏极电流 I_D 的大小。这个特点使它的应用具有较大的灵活性。

　　此外，也可以在 N 型衬底上做成 P 型导电沟道的 MOS 管，P 沟道 MOS 管的工作原理与 N 沟道 MOS 管是完全相同的，只不过需加的电压极性相反而已。

　　表1-2 给出了 4 种类型 MOS 管各自的符号及转移特性、漏极特性。在 N 沟道 MOS 管的符号中，衬底上的箭头是向内的，而 P 沟道 MOS 管符号中衬底上的箭头是向外的。在增强型 MOS 管的符号中，S、D 和衬底 B 之间是断开的，表示 U_{GS} =0 时导电沟道没有形成，而耗尽型 MOS 管的符号中 S、D、B 是连在一起的，表示在 U_{GS} =0 时导电沟道已存在。

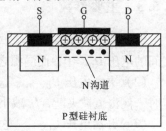

图 1-35　N 沟道耗尽型 MOS 管结构

表 1-2　MOS 管的 4 种类型

		符号	转移特性	漏极特性
绝缘栅型 N 沟道	增强型			
	耗尽型			
绝缘栅型 P 沟道	增强型			
	耗尽型			

1.5.3　主要参数

（1）饱和漏极电流 I_{DSS}　这是耗尽型场效应晶体管的一个重要参数。它的定义是当栅源之间的电压 $U_{GS} = 0$，而漏源之间的电压 U_{DS} 大于夹断电压时对应的漏极电流。

（2）夹断电压 $U_{GS(off)}$　这也是耗尽型场效应晶体管的一个重要参数。其定义是当 U_{DS} 一定时，使沟道被夹断，I_D 减小到某一个微小电流时所需的 U_{GS} 值。

（3）开启电压 $U_{GS(th)}$　这是增强型场效应晶体管的一个重要参数。它的定义是当 U_{DS} 一定时，使管子由不导通变成导通的临界栅-源电压 U_{GS} 的值。

（4）直流输入电阻 R_{GS}　即栅源之间加的电压与栅极电流之比。由于场效应晶体管的栅极几乎不取电流，所以 MOS 管的输入电阻一般大于 $10^{10}\Omega$。

（5）低频跨导 g_m　跨导是衡量场效应晶体管栅-源电压对漏极电流控制能力的一个重要参数，它的定义是当 U_{DS} 一定时，I_D 与 U_{GS} 的变化量之比，即

$$g_m = \frac{\Delta I_D}{\Delta U_{GS}} \bigg|_{U_{DS} = 常数} \tag{1-6}$$

跨导的单位是 $\mu A/V$ 或 mA/V。手册中所列的跨导多是在低频（1000Hz）小信号（电压幅度不超过 100mV）情况下测得的，并且管子做共源极连接，故称为共源极小信号低频跨导。从转移特性曲线上看，跨导就是特性曲线上工作点处切线的斜率。

（6）漏源击穿电压 $U_{(BR)DS}$　这是在场效应晶体管的漏极特性曲线上，当漏极电流 I_D 急剧上升产生雪崩击穿时的 U_{DS}。工作时外加在漏源之间的电压不得超过此值。

（7）栅源击穿电压 $U_{(BR)GS}$　使栅极电流由零开始剧增时的 U_{GS} 为栅源击穿电压。当 U_{GS} 过高时，可能将二氧化硅绝缘层击穿，使栅极与衬底发生短路。这种击穿不同于一般的 PN 结击穿，属于破坏性击穿。栅源间发生击穿，MOS 管即被破坏。

（8）最大允许耗散功率 P_{DM}　场效应晶体管的漏极耗散功率等于漏极电流与漏源之间电压的乘积，即 $P_D = I_D U_{DS}$。这部分功率将转化为热能，使管子的温度升高。漏极最大允许耗散功率决定于场效应晶体管允许的温升。

使用 MOS 管时除注意不要超过它的极限参数外，还特别要注意可能出现栅极感应电压过高而造成绝缘层的击穿问题。为了避免这种损坏，在保存时，必须将 3 个电极短接；在电路中栅、源间应有直流通路；焊接时应使电烙铁有良好的接地。

1.5.4　晶体管和场效应晶体管的比较

我们在了解了场效应晶体管的一般性能以后，下面把它和晶体管进行比较。

1）场效应晶体管是电压控制器件，而晶体管则是电流控制器件，所以只允许从信号源取极少量电流的情况下，应该用场效应晶体管；而在信号电压较弱但又允许取一定电流的情况下，可用晶体管。

2）场效应晶体管中即参与导电的只有一种极性的载流子（例如 N 沟道中为电子），故称为单极型晶体管；而晶体管则是既利用多数载流子又利用少数载流子，两种不同极性的载流子（电子和空穴）同时参与导电，故称为双极型晶体管。少数载流子的数目容易受温度或核辐射等外界因素的影响，因此在环境条件变化剧烈的情况下，采用场效应晶体管比较合适。

3）场效应晶体管的噪声系数比晶体管小，所以在低噪声放大器的前级常用场效应晶体管。

4）有些场效应晶体管的源极和漏极可以互换，栅源电压可正可负，灵活性比晶体管更强。

5）场效应晶体管的输入电阻很高（$10^9 \sim 10^{14}\,\Omega$），而晶体管的输入电阻较低（$10^2 \sim 10^4\,\Omega$）。

6）场效应晶体管能在小电流、低电压条件下工作，故适用于作为小功率无触点开关和由电压控制的可变电阻，而且它的制造工艺便于集成化，因此在电子设备中得到广泛的应用。

习　　题

1-1　若使用万用表的欧姆档来测量二极管的正向电阻时，用 ×100 档测出的阻值和用 ×1k 档测出的阻值是否相同？如果阻值不相同，请说明理由。

1-2　有两个晶体管，一只晶体管的 $\beta = 80$，$I_{\mathrm{CBO}} = 0.4\mu\mathrm{A}$；另一只晶体管的 $\beta = 120$，$I_{\mathrm{CBO}} = 2\mu\mathrm{A}$。若管子其他的参数一样，选用哪一只管子较好？请说明理由。

1-3　电路如图 1-36 所示，试计算各个电路的输出电压（设二极管导通电压 $U_{\mathrm{D}} = 0.6\mathrm{V}$）。

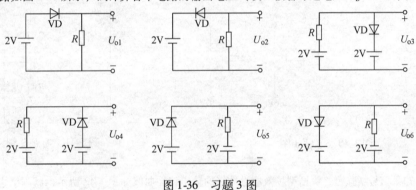

图 1-36　习题 3 图

1-4　已知稳压管的稳定电压 $U_{\mathrm{Z}} = 5\mathrm{V}$，试计算图 1-37 所示电路中 U_{o1} 和 U_{o2} 各为多少。

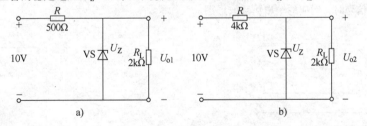

图 1-37　习题 4 图

1-5　分别测得两个放大电路中晶体管的各个电极的电位如图 1-38 所示。试识别出其管脚并分别标上 E、B、C，并说明这两个晶体管的结构类型和材料类型。

1-6　分别测得两个放大电路中晶体管的两个电极的电流如图 1-39 所示，试识别它们的管脚并分别标上 E、B、C；判断这两个晶体管是 NPN 型，还是 PNP 型；指出未测量的电极的电流大小及其方向；分别计算两个晶体管的电流放大系数 β。

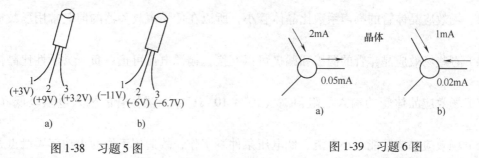

图 1-38　习题 5 图　　　　　　　图 1-39　习题 6 图

1-7　已知两个稳压管，其稳定电压 U_{Z1}、U_{Z2} 分别为 5.5V 和 8.5V，正向导通压降都是 0.5V。若要得到 1V、3V、6V、9V 和 14V 这 5 种稳定电压，这两个稳压管（包括必要的限流电阻）应如何连接，并画出各个电路。

1-8　测得某电路中几个 NPN 型晶体管的各个电极的电位如图 1-40 所示。试分析各晶体管分别工作在截止区、放大区还是饱和区？

1-9　如图 1-41 所示电路中，已知直流电源为 20V，$R_1 = 900\Omega$，$R_2 = 1100\Omega$。稳压管 VS 的稳定电压 $U_Z = 10V$，最大稳定电流 $I_{Zmax} = 8mA$。试计算稳压管中通过的电流 I_Z 并判断是否超过其最大允许电流 I_{Zmax}？如果超过 I_{Zmax}，应如何处理。

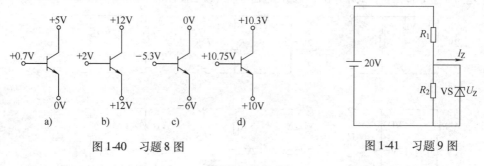

图 1-40　习题 8 图　　　　　　　图 1-41　习题 9 图

1-10　已知某型号增强型绝缘栅型场效应晶体管的输出特性曲线如图 1-42 所示，试画出它的转移特性曲线。

1-11　二极管整流电路如图 1-43 所示，若不考虑二极管导通压降，试画出当输入信号为峰值 10V、频率 50Hz 的正弦波信号时，对应的输出信号波形图。

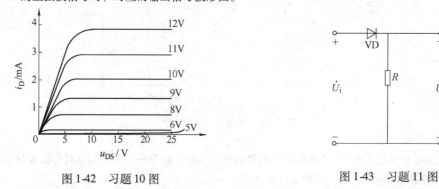

图 1-42　习题 10 图　　　　　　　图 1-43　习题 11 图

第2章 基本放大电路

放大电路是模拟电子电路中最基本、最重要的一种单元电路,其主要作用是不失真地增大电信号的幅度或者功率。放大电路在工业、农业、国防和日常生活中应用都极为广泛。比如在温度控制系统中,需要先将温度这个非电量通过温度传感器变为微弱的电信号,经过电子电路放大以后,才能推动执行元件以实现温度的自动调节。再比如在扩音器中,拾音头将声音转变为微弱的电信号,然后经过电子电路放大才能推动扬声器发出较大的声音。本章所讨论的微小电压信号放大电路等内容是整个电子电路的重要内容,也是以后进一步学习电子电路所必需的基础。

2.1 基本放大电路的组成

图 2-1 所示电路中,因晶体管发射极是输入回路和输出回路的公共端,故称为共发射极放大电路。其基本组成部分为:输入端接交流信号源 e_S,电阻 R_S 表示信号源的内阻;放大元件是晶体管 V,居中起控制作用;直流电源 E_C 通过电阻 R_C 向晶体管 V 提供集电极静态电流;直流电源 E_B 通过电阻 R_B 向晶体管 V 提供基极静态电流;输出端接负载电阻 R_L,负载两端电压为输出电压;还有耦合电容 C_1 和 C_2。各元器件的作用如下:

1)晶体管 V 是电路的核心器件,起控制作用,利用其电流放大作用,用较小的基极电流控制较大的集电极电流,故 V 为放大器件。

2)基极电源 E_B 和基极电阻 R_B 其作用是给晶体管发射结提供正向电压以及合适的基极电流 I_B,称基极回路为偏置电路,称 R_B 为偏置电阻,一般 R_B 为几十千欧至几百千欧。

3)集电极电源 E_C。一方面给晶体管集电结施加反向电压,另一方面作为输出信号的能源。一般 E_C 为几伏至几十伏。

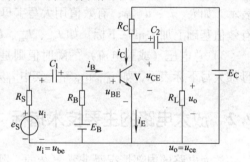

图 2-1 基本放大器

4)集电极负载电阻 R_C 简称集电极电阻,它的主要作用是将集电极电流的变化转换为电压的变化输出,以实现电压信号的放大。R_C 的阻值一般为几千欧到几十千欧。

5)耦合电容 C_1 和 C_2 的作用是"隔直通交"。对于直流分量来说,电容是开路的,C_1 隔断信号源与放大器的直流联系,C_2 则隔断放大器与负载的直流联系。对于交流信号分量来说,C_1、C_2 的容抗值较小,其交流压降可忽略不计,可将 C_1、C_2 视为短路。电容的容量越大,则容抗值就越小,因此,需将其容量取得大些,一般为几微法至几十微法,常用的是极性电容器,其正极必须接高电位,连接时一定注意极性不要接反。

共射极放大电路中电压信号的放大过程如下:首先,具有合适的直流回路参数让晶体管 V 工作在放大状态,以保证输入信号和输出信号间的线性放大关系。然后,输入的交流信号

u_i 通过电容 C_1 直接耦合到晶体管发射结上，从而引起基极电流的变化。基极电流的变化经过晶体管放大后，引起集电极电流产生较大的变化量，最终在集电极电阻 R_C 产生较大的电压变化量。另外从集电极回路（即输出回路）可以看出，电阻 R_C 上的电压与晶体管集电极和发射极之间的电压之和恒等于电压源 E_C。因此，在集电极和发射极之间就有一个与 R_C 上等大反相的电压变化量，该变化量经电容 C_2 耦合输出，在输出端负载上就得到了放大的电压信号 u_o。

由上分析可知，组成电压放大电路的基本原则为

1）晶体管 V 要工作于合适的放大状态。

2）输入信号能引起控制量——基极电流的变化。

3）能将集电极电流的变化转换为电压的变化而输出。

如图 2-1 所示电路中使用了两个直流电源，其中可以将 E_B 省去，再设电源负极为参考"地"电位，便得到该电路的习惯画法如图 2-2 所示，其中 $U_{CC} = E_C$。

由图 2-2 所示电路可知，由于电路中既有直流电源又有交流信号源，所以电路中既有直流分量也有交流分量，电压和电流的名称较多，符号不同，容易混乱，为此规定如下，以便区别。

1）直流分量用大些字母加大写下标表示，如 I_B、I_C、U_{CE} 等。

2）交流分量的瞬时值用小写字母加小写下标

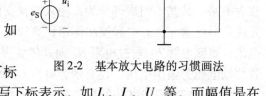

图 2-2　基本放大电路的习惯画法

表示，如 i_b、i_c、u_{ce} 等；有效值用大写字母加小写下标表示，如 I_b、I_c、U_{ce} 等，而幅值是在有效值基础上加"m"下标，如 I_{bm}、I_{cm}、U_{cem} 等。

3）总电压（或总电流）的瞬时值则是某时刻的交流瞬时值和直流量的叠加，用小写字母加大写下标表示，如 i_B、u_{CE} 等，其中 $i_B = I_B + i_b$，$u_{CE} = U_{CE} + u_{ce}$。

2.2　放大电路的主要技术指标

放大电路的内部情况是非常复杂的，既有作为基础来保证器件工作在放大状态的直流分量，又有叠加其上而被放大的交流分量，因此常用一些指标来对其进行评价。放大电路的技术指标是为了衡量放大电路的性能而规定的。放大电路的技术指标很多，这里主要介绍常用的性能指标，包括电压放大倍数 A_u、输入电阻 r_i、输出电阻 r_o、通频带 BW 和最大输出幅度 U_{om} 等。

1. 电压放大倍数（也叫增益）A_u

电压放大倍数表示放大电路的电压放大能力，它等于输出波形不失真的输出电压与输入电压的比值，即

$$A_u = \frac{U_o}{U_i} \tag{2-1}$$

其中 U_o 和 U_i 分别是输出电压和输入电压的正弦有效值。当考虑其附加相移时，可用复数值之比来表示。

放大倍数也称增益，也可以用"分贝"（dB）来表示

$$A_u(\mathrm{dB}) = 20\lg A_u \tag{2-2}$$

2. 输入电阻 r_i

输入电阻是从放大电路的输入端看进去的交流入端电阻，相当于信号源的负载电阻。如图 2-3 所示，即

$$r_i = \frac{U_i}{I_i} \tag{2-3}$$

设信号源内阻为 R_S、电压为 U_S，则放大电路输入端所获得的信号电压即输入电压为

$$U_i = \frac{r_i}{r_i + R_S} U_S \tag{2-4}$$

因此，考虑信号源内阻 R_S 时放大电路的电压放大倍数即源电压放大倍数为

$$A_{uS} = \frac{U_o}{U_S} = \frac{U_i}{U_S}\frac{U_o}{U_i} = \frac{r_i}{r_i + R_S} A_u \tag{2-5}$$

可见，r_i 愈大，放大电路从信号源获得的电压愈大，同时从信号源获取的电流愈小，输出电压也

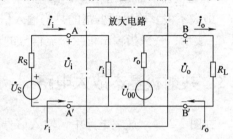

图 2-3　放大电路的输入、输出电阻

将愈大。一般情况下，特别是测量仪表用的第一级放大电路中，r_i 越大越好。若信号源为电流信号源，则 r_i 小了为好。

3. 输出电阻 r_o

输出电阻 r_o 是从放大电路的输出端看进去的交流入端电阻值。放大电路对于负载而言是一个有源二端网络，根据戴维南定理，可用开路电压 U_{00} 与输出电阻 r_o 等效替代，如图2-3所示。

输出电阻 r_o 的大小直接影响放大电路的负载能力，r_o 愈小，输出电压 U_o 随负载电阻 R_L 的变化就愈小，负载能力就愈强。输出电阻 r_o 可通过实测电压后由下式求得

$$r_o = \frac{U_{00} - U_o}{U_o} R_L = \left(\frac{U_{00}}{U_o} - 1\right) R_L \tag{2-6}$$

式中，U_{00} 为负载开路时放大电路的输出电压（即开路电压）；U_o 为放大电路接入负载电阻 R_L 时的输出电压。

式（2-6）可由图 2-3 所示电路推出。

4. 通频带 BW

由于放大电路中存有电抗元件（见图 2-2 所示电路中的耦合电容 C_1、C_2）以及晶体管极间存有极间电容等，放大电路的电压放大倍数将随着信号频率的高低而有所不同。一般情况是当频率过高、过低时放大倍数都下降，在中间一段频率范围内，放大倍数基本不变。放大倍数随频率的变化规律称为频率响应，放大倍数的大小随频率的变化规律叫幅频响应，放大倍数的相位随频率的变化规律叫相频响应，图 2-2 所示放大电路的幅频响应特性曲线如图 2-4 所示。

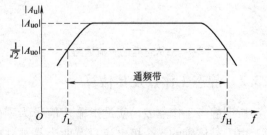

图 2-4　放大电路的幅频响应

在中频段的放大倍数为 A_{uo}，它与频率无关。随着频率的升高或降低，电压放大倍数 A_u 都要减小。当放大倍数下降为 $A_{uo}/\sqrt{2}$ 时所对应的两个频率，分别为下限截止频率 f_L 和上限截止频率 f_H。f_H 与 f_L 之差值称为放大电路的通频带，或叫带宽，用 BW 表示，即

$$BW = f_H - f_L \tag{2-7}$$

在电子电路中常遇到的信号往往不是单一频率的信号，而是在一段频率范围内，例如广播中的音频信号，其频率范围通常在几十赫至几十千赫之间，要使放大后的信号不失真，放大电路应有足够宽的通频带。规定音频范围为 20Hz ~ 20kHz。

5. 最大不失真输出幅度 U_{om}

最大不失真输出幅度指的是当输入信号增大，使输出波形不失真时的最大输出幅度，常以 U_{om} 表示，一般指输出正弦交流信号的最大值。

2.3 共射极基本放大电路

在图 2-2 所示放大电路中，输入信号 u_i 和输出信号 u_o 具有一个公共极——发射极，所以被称为共射极基本放大电路。本节以该放大电路为例来介绍放大电路的有关概念和分析方法等。

2.3.1 直流通路和交流通路

放大电路中既有直流电源 U_{CC} 又有输入的交流信号源 e_S，所以说放大电路是一个交流直流共存的非线性的复杂电路，其中直流分量所通过的路径叫直流通路，而交流分量所通过的路径则叫交流通路。

下面分别画出图 2-2 所示基本放大电路的直流通路和交流通路。

直流电源 U_{CC} 单独作用时，交流电源 e_S 作用为零视为短路，C_1、C_2 视为开路，由图 2-2 可得其直流通路如图 2-5 所示。

交流电源 e_S 单独作用时，C_1、C_2 视为短路，直流电源作用为零视为短路，由图 2-2 可得其交流通路如图 2-6 所示。

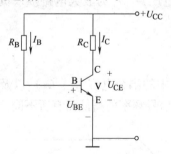

图 2-5　放大电路的直流通路

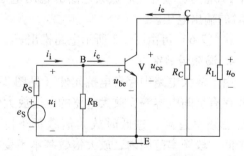

图 2-6　放大电路的交流通路

2.3.2 静态工作点及其估算

所谓静态工作点 Q，就是指输入信号为零的条件下，晶体管 V 各极电流和各极间电压值。由于晶体管的 3 个极电流只有两个是独立的，所以通常只求基极电流 I_B 与集电极电流

I_C 的值。而晶体管的 3 个极间电压也是有两个是独立的，且因发射结正向偏置而导通压降基本不变（硅管 0.6V 左右，锗管 0.3V 左右），所以只求一个集-射电压值即可。因此，静态工作点 Q，就是指输入信号为零时，晶体管 V 的基极电流，集电极电流和集-射间的电压值。

显然，图 2-2 所示放大电路的静态工作点可由其直流通路即图 2-5 所示电路求出。

由输入回路（基极回路）有

$$I_{BQ} = \frac{U_{CC} - U_{BE}}{R_B} \approx \frac{U_{CC}}{R_B} \qquad (U_{CC} \gg U_{BE}) \qquad (2-8)$$

由晶体管特性有

$$I_{CQ} = \beta I_{BQ} \qquad (2-9)$$

由输出回路（集电极回路）有

$$U_{CEQ} = U_{CC} - I_{CQ}R_C \qquad (2-10)$$

由式（2-8）可以看出，当电路参数一定时，基极偏流 I_{BQ} 将基本不变，故也称图 2-2 所示基本放大电路为固定偏流式（或固定偏置式）放大电路。

如果已知电路参数，由式（2-8）～式（2-10）可以计算该放大电路的静态工作点 Q（I_{BQ}、I_{CQ}、U_{CEQ}）；反过来，如果要求设置其静态工作点 Q（I_{BQ}、I_{CQ}、U_{CEQ}）的大小，也可以由以上公式来确定电路的参数值。

2.3.3 放大电路的图解分析法

所谓电路的图解法，就是利用晶体管的特性曲线和已知的输入信号波形进行作图，对放大电路的静态和动态进行分析的一种方法。

2.3.3.1 静态分析

在图 2-2 所示放大电路的直流通路（见图 2-5）中，按输出回路（集电极回路）可列出

$$U_{CE} = U_{CC} - I_C R_C$$

或

$$I_C = -\frac{1}{R_C}U_{CE} + \frac{U_{CC}}{R_C} \qquad (2-11)$$

在 $I_C - U_{CE}$ 输出特性曲线坐标系中，这是一个直线方程，其斜率为 $-1/R_C$，可过两点做出，它在横轴上的截距为 U_{CC}，在纵轴上的截距为 U_{CC}/R_C。因为它是由直流通路得出的，且与集电极负载电阻 R_C 有关，故称为直流负载线。

用图解法确定静态工作点的步骤如下：

1）在直流通路中，由输入回路求出基极电流

$$I_{BQ} \approx \frac{U_{CC}}{R_C}$$

可知，所要求的静态工作点 I_{CQ}、U_{CEQ} 一定在 $I_B = I_{BQ}$ 所对应的那条输出特性曲线上。

2）作直流负载线

$$U_{CE} = U_{CC} - I_C R_C$$

即过 $(U_{CC}, 0)$、$\left(0, \dfrac{U_{CC}}{R_C}\right)$ 两点做直线。

可知，所要求的静态工作点（I_{CQ}、U_{CEQ}）一定在该直流负载线上。

3）按上所述，I_{BQ}所对应的输出特性曲线与直流负载线的交点即为所求静态工作点 Q，其纵、横坐标值即为所求 I_{CQ}、U_{CEQ} 值。

例 2-1　在图 2-2 所示电路中，已知 $U_{CC} = 12V$，$R_C = 4k\Omega$，$R_B = 300k\Omega$。晶体管的输出特性曲线已给出（见图 2-7），试用图解法确定静态值 Q（I_{BQ}、I_{CQ}、U_{CEQ}）。

解：（1）由式（2-8）有

$$I_{BQ} \approx \frac{U_{CC}}{R_B} = \frac{12}{300 \times 10^3}A = 40\mu A$$

（2）直流负载线为

$$U_{CE} = U_{CC} - I_C R_C = 12V - 4k\Omega I_C$$

可得出

$$I_C = 0 \text{ 时，} \qquad U_{CE} = U_{CC} = 12V$$

$$U_{CE} = 0 \text{ 时，} \qquad I_C = \frac{U_{CC}}{R_C} = 3mA$$

连接（12，0）和（0，3）两点即可得直流负载线。

（3）直流负载线与 $I_{BQ} = 40\mu A$ 的输出特性曲线的交点 Q 即为所求静态值，即

$$I_{BQ} = 40\mu A$$

$$I_{CQ} = 1.5mA$$

$$U_{CEQ} = 6V$$

由图 2-7 可以看出 Q 点对应了 3 个值（I_{BQ}、I_{CQ}、U_{CEQ}），这也就是静态工作点的由来。改变电路的参数，即可改变静态工作点。通常是改变 R_B 的阻值来调整偏流 I_{BQ} 的大小，从而实现静态值的调节，为保证在调节过程中管子的安全，通常用一个固定电阻和一个电位器串联使用来作为 R_B。

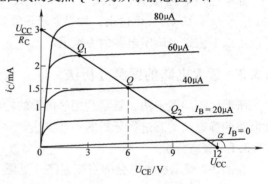

图 2-7　例 2-1 图

2.3.3.2　动态分析

利用晶体管的特性曲线在静态工作点的基础上，用作图的方法可以进行动态分析，即分析各个电压和电流交流分量之间的传输关系。

1. 交流负载线

放大电路动态工作时，电路中的电压和电流都是在静态值的基础上产生与输入信号相对应的变化，电路的工作点也将在静态工作点附近变化。对于交流信号来说，它们通过的路径为交流通路，如图 2-6 所示的交流通路，得

$$u_o = u_{ce} = -i_c R_L' \tag{2-12}$$

式中，R_L' 为集电极等效负载电阻，$R_L' = \dfrac{R_C R_L}{R_C + R_L}$。

式（2-12）是反映交流电压 u_{ce} 与 i_c 电流关系的，是一线性关系，故称为交流负载线，其斜率为 $-1/R_L'$。而当交流信号为零时，其电路的工作点一定是静态工作点，所以，交流负载线一定过静态工作点 Q。

由上分析可得出交流负载线的画法：过静态工作点 Q 作斜率为 $-1/R_L'$ 的直线。

　　因为直流负载线的斜率为 $-1/R_C$，而交流负载线的斜率为 $-1/R_L'$，故交流负载线比直流负载线要陡，如图 2-8 所示。容易理解，若负载开路时，交流负载线和直流负载线将会重叠在一起。

2. 图解分析步骤

　　在确定静态工作点、画出交流负载线的基础上，根据已知的电压输入信号 u_i 的波形，在晶体管特性曲线上，可按下列作图步骤画出有关电压电流波形。

　　1）在输入特性曲线上可由输入信号 u_i 叠加到 U_{BEQ} 上得到的 u_{BE} 而对应画出基极电流 i_B 的波形。

　　2）在输出特性曲线上，根据 i_B 的变化波形可对应得到集-射电压 u_{CE} 及集电极电流 i_C 的变化波形，如图 2-9 所示。

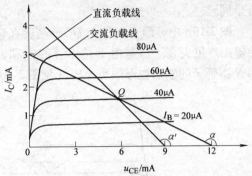

图 2-8　直流负载线与交流负载线

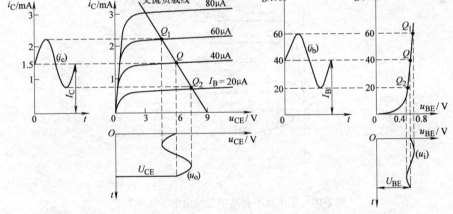

图 2-9　交流图解分析

　　由以上分析可以得出下述结论：

　　① 晶体管各极间电压和各极电流均有两个分量——直流分量和交流分量，且交流分量的极值不大于直流分量的值。

　　② 输出电压 $u_o(u_{ce})$ 与输入电压 $u_i(u_{be})$ 相位相反，即晶体管具有倒相作用，集电极电位的变化与基极电位的变化极性相反。

　　③ 负载电阻 R_L 愈小，交流负载线就愈陡直，输出电压就愈小，即接入 R_L 后使放大倍数降低，负载电阻 R_L 愈小，电压放大倍数也就愈小。

3. 非线性失真

　　所谓失真，是指输出信号的波形不同于输入信号的波形。显然，要求放大电路应该尽量的不发生失真现象。引起失真的主要原因是静态工作点选择不合适或者信号过大，使晶体管工作于饱和状态或截止状态。由于这种失真是因为晶体管工作于非线性区所致，所以通常称为非线性失真。

　　如图 2-10 所示为静态工作点 Q 不合适引起输出电压波形失真的情况。其中图 2-10a 表示静态工作点 Q_1 的位置太低，输入正弦电压时，输入信号的负半周进入了晶体管的截止区工作，使输出电压交流分量的正半周削平。这是由于晶体管的截止而引起的，故称为截止失真。发生截止失真时，NPN 型管子的输出波形削正半周（见图 2-10a），而 PNP 型管子则削负半周。

图 2-10b 中，静态工作点 Q_2 过高，在输入电压的正半周，晶体管进入了饱和区工作，使输出严重失真。这是由于晶体管的饱和而引起的，故称为饱和失真。发生饱和失真时，NPN 型管子的输出波形削负半周（见图 2-10b），而 PNP 型管子则削正半周。

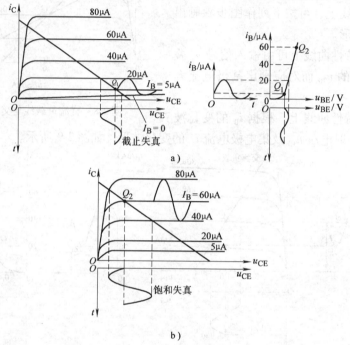

图 2-10　工作点不合适引起输出电压波形失真
a）截止失真　b）饱和失真

因此，要使放大电路不产生非线性失真，晶体管就必须有一个合适的静态工作点，一般设置在直流负载线的中点附近。当发生截止失真或饱和失真时可通过改变电阻 R_B 的大小来调整静态工作点，实用电路中常用一固定电阻和一电位器的串联作为偏置电阻，以实现静态工作点的调节，同时保证在调节静态工作点时管子的安全。另外，输入信号 u_i 的幅值不能太大，以免放大电路的工作范围超过特性曲线的线性范围，发生"双向"失真。在小信号放大电路中，一般不会发生这种情况。

2.3.4　放大电路的微变等效电路分析法

在放大电路中，交流信号是叠加在直流分量基础上而工作的，若交流信号比较小，电压电流的变化是在静态工作点附近的小范围内变化，这时可以将晶体管看为是一个线性器件。所谓放大电路的微变等效电路法，就是在小信号工作条件下，用一个线性等效电路来替代晶体管，从而得到一个放大电路的线性等效电路，然后按线性电路的分析理论对该等效电路进行分析求解，求出其电压放大倍数 A_u、输入电阻 r_i 和输出电阻 r_o 等交流性能指标等。

2. 3. 4. 1　晶体管的微变等效电路

如何把晶体管线性化，用一个什么样的线性模型（即等效电路）来代替，这是首先要讨论的问题。

晶体管的输入特性曲线是非线性的，但当输入信号很小时，在静态工作点 Q 附近的微小变化可视为直线，如图 2-11 所示，当 U_{CE} 为常数时，ΔU_{BE} 与 ΔI_B 之比

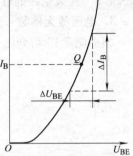

$$r_{be} = \frac{\Delta U_{BE}}{\Delta I_B} = \frac{u_{be}}{i_b} \qquad (2\text{-}13)$$

称为晶体管的输入电阻。小信号下 r_{be} 是一个常数，即晶体管的输入回路可用 r_{be} 等效替代，如图 2-12 所示。

低频小功率晶体管的输入电阻常用下式估算：

$$r_{be} = (100 \sim 300)\,\Omega + (1 + \beta)\frac{26\text{mV}}{I_E(\text{mA})} \qquad (2\text{-}14)$$

式中，I_E 为发射极静态电流值，近似等于静态电流 I_{CQ}；r_{be} 大约为几百欧至几千欧，它是一个交流等效电阻，手册中常用 h_{ie} 来表示。

图 2-11　从晶体管输入特性曲线求 r_{be}

由于晶体管工作于放大状态，所以对于交流而言，集电极电流 $i_c = \beta i_b$，受基极电流 i_b 控制，集电极电路便可用一个受控电流源替代，这样晶体管的微变等效电路就可用图 2-12b 所示电路替代。

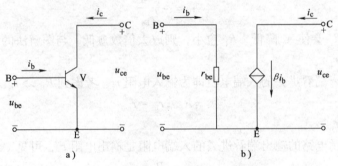

图 2-12　晶体管及其微变等效电路
a）晶体管　b）等效电路

此外，由于集射电压 U_{CE} 的大小对晶体管的放大能力也有影响，考虑此因素，可用一电阻 r_{ce}（称晶体管的输出电阻）与受控电流源并联来表示，该电阻一般为几十至几百千欧，由于 r_{ce} 阻值较大，故可视为开路，图 2-12 所示等效电路中便没考虑 r_{ce}。

对于 PNP 型的管子来讲，只是静态电压电流极性与 NPN 型的相反，对于交流而言均有正负半周，可以认为是相同的，所以，其微变等效电路与 NPN 型的相同，如图 2-12b 所示。

2. 3. 4. 2　放大电路的微变等效电路

求放大电路的微变等效电路的步骤有两个：首先得到放大电路的交流通路，然后再按图 2-12b 所示的电路等效代替晶体管。

如图 2-2 所示的放大电路中，将耦合电容 C_1、C_2 短路，直流电源 U_{CC} 作用为零也视为短

路，则得到交流通路如图 2-6 所示，再替换掉晶体管 V，则得到其微变等效电路如图 2-13 所示。电路中电压电流均为交流分量。

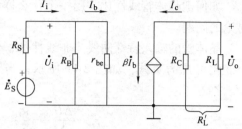

将放大电路等效为线性电路后便可按照线性电路理论，由图 2-13 求取电压放大倍数 A_u、输入电阻 r_i 和输出电阻 r_o 等参数了。

图 2-13　图 2-2 所示放大电路的微变等效电路

2.3.4.3　放大电路的性能指标

1. 电压放大倍数 A_u

根据图 2-13 可列出

$$u_i = i_b r_{be}$$

$$u_o = -i_c R_L' = -i_b \beta R_L'$$

式中

$$R_L' = \frac{R_C R_L}{R_C + R_L}$$

为集电极等效负载，故电压放大倍数

$$A_u = \frac{u_o}{u_i} = -\beta \frac{R_L'}{r_{be}} \tag{2-15}$$

式（2-15）中的负号表示输出电压 u_o 与输入电压 u_i 相位相反，与图解法的结论相同。当放大电路输出端开路（未接 R_L）时

$$A_u = -\frac{\beta R_C}{r_{be}} \tag{2-16}$$

可见，接入 R_L 会使 A_u 降低，R_L 愈小，则放大倍数愈低，与图解法的结论相同。

2. 输入电阻 r_i

由图 2-13 输入端看进去的入端电阻即为输入电阻 r_i，考虑到 $R_B \gg r_{be}$，有

$$r_i = R_B // r_{be} \approx r_{be} \tag{2-17}$$

3. 输出电阻 r_o

由图 2-13 所示电路的输出端看进去的入端电阻是输出电阻 r_o，可见

$$r_o \approx R_C \tag{2-18}$$

式（2-18）的近似是因为忽略了晶体管输出电阻 r_{ce} 的影响。

注意：输出电阻 r_o 不包括负载电阻 R_L。

例 2-2　图 2-2 所示的电路中，已知晶体管的 $\beta = 60$，$U_{CC} = 6\text{V}$，$R_C = R_L = 5\text{k}\Omega$，$R_B = 530\text{k}\Omega$，试完成：

（1）估算静态工作点；（2）求 r_{be} 的值；（3）求电压放大倍数 A_u、输入电阻 r_i 和输出电阻 r_o。

解：（1）$I_{BQ} = \dfrac{U_{CC} - U_{BE}}{R_B} = \dfrac{(6 - 0.7)\text{V}}{530\text{k}\Omega} = 10\mu\text{A}$

$I_{CQ} = \beta I_{BQ} = 0.6\text{mA}$

$U_{CEQ} = U_{CC} - I_{CQ} R_C = 6\text{V} - 0.6\text{mA} \times 5\text{k}\Omega = 3\text{V}$

（2）$r_{be} = \left[300 + (1 + \beta)\dfrac{26}{I_E}\right]\Omega \approx \left(300 + 61 \times \dfrac{26}{0.6}\right)\Omega \approx 2.9\text{k}\Omega$

（3）$A_u = -\dfrac{\beta R_L'}{r_{be}} = \dfrac{-60 \times 5 /\!/ 5}{2.9} \approx -52$

$r_i \approx r_{be} = 2.9\text{k}\Omega$

$r_o \approx R_C = 5\text{k}\Omega$

2.4 射极偏置放大电路

通过前面的分析可知，放大电路不设置静态工作点不行，静态工作点不合适不行，静态工作点不稳定也不行，当静态工作点不断变化时，将会引起输出的交流信号发生失真。那么，静态工作点为什么不稳定呢？

静态工作点不稳定的原因主要是因为温度变化使晶体管的参数发生变化，其次直流电源电压的波动和参数值的变化也会引起静态工作点发生变化。

可以证明，当温度升高时，晶体管的发射结导通压降 U_{BE} 降低，β 和 I_{CEO} 都将增大，这些参数的变化都将使 I_C 增大。反之，温度降低时，管子参数的变化将使 I_C 减小。

图 2-14a 为射极偏置放大电路，也是静态工作点稳定的放大电路，图 2-14b 为其直流通路。

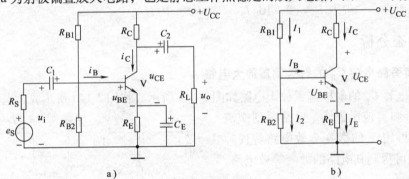

图 2-14 静态工作点稳定的放大电路

a）放大电路　b）直流通路

2.4.1 静态工作点的稳定

在图 2-14b 所示的直流通路中

$$I_1 = I_2 + I_B$$

选择电路参数，使

$$I_2 \gg I_B$$

则有晶体管基极电压

$$U_B \approx \frac{R_{B2}}{R_{B1} + R_{B2}} U_{CC} \tag{2-19}$$

由式（2-19）可见，基极电压由偏置电阻 R_{B1}、R_{B2} 分压所得，与晶体管的参数基本无关，不受温度影响，故也称该电路为分压式偏置放大电路或固定偏压式放大电路。

如图 2-14a 所示放大电路的静态工作点稳定的物理过程为

温度升高 $\rightarrow I_C \uparrow \rightarrow U_E \uparrow \rightarrow U_{BE} \downarrow (U_B - U_E \uparrow) \rightarrow I_B \downarrow \rightarrow I_C \downarrow$

即当温度升高晶体管参数变化而使 I_C（或 I_E）增大时，$U_E = I_E R_E$ 也增大。由于基极电压由 R_{B1}、R_{B2} 分压电路所固定，所以发射结正偏电压 U_{BE} 将减小，从而引起 I_B 减小，I_C 也自动下降，使静态工作点恢复到原来位置而基本不变。可见，R_E 愈大，U_E 随 I_E 的变化就会愈明显，稳定性能就愈好。那么，R_E 可无限大吗？答案是否定的，至于为什么，请读者自行分析。

2.4.2　静态工作点的估算

由如图 2-14b 所示直流通路不难列出下列各式：

$$U_B \approx \frac{R_{B2}}{R_{B1} + R_{B2}} U_{CC}$$

$$I_{CQ} \approx I_{EQ} = \frac{U_B - U_{BE}}{R_E} \approx \frac{U_B}{R_E} \tag{2-20}$$

$$I_{BQ} = \frac{I_{CQ}}{\beta} \tag{2-21}$$

$$U_{CE} = U_{CC} - I_{CQ} R_C - I_{EQ} R_E \approx U_{CC} - I_{CQ}（R_C + R_E） \tag{2-22}$$

对硅管而言，一般取 $I_2 = (5 \sim 10) I_B$，$U_B = (5 \sim 10) U_{BE}$。

2.4.3　动态分析

2.4.3.1　有旁路电容 C_E 的射极偏置放大电路

有旁路电容 C_E 的射极偏置放大电路如图 2-14a 所示。将图 2-14a 所示放大电路中的电容 C_1、C_2、C_E 和直流电源 U_{CC} 短路得到交流通路，然后再用 V 的微变等效电路替代掉晶体管 V 就可得到其电路的微变等效电路，如图 2-15 所示。

由等效电路可以看出，C_E 对于交流信号是短路的，即让其交流分量通过而使 R_E 对交流不起作用，所以通常称 C_E 为交流旁路电容，后面将会讨论。若没有 C_E，R_E 将对交流信号有抑制作用使放大倍数 A_u 减小等。

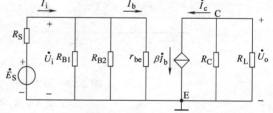

图 2-15　图 2-14a 所示放大电路的微变等效电路

其电压放大倍数、输入电阻和输出电阻求解如下：

由图 2-15 不难看出，它与图 2-2 所示固定偏置式放大电路的微变等效电路即图 2-13 所示电路相似，同样可求得

$$A_u = \frac{-\beta R_L'}{r_{be}} \tag{2-23}$$

$$r_i = R_{B1} // R_{B2} // r_{be} \approx r_{be} \tag{2-24}$$

$$r_o \approx R_C \tag{2-25}$$

例 2-3　如图 2-14 所示静态工作点稳定的放大电路中，已知晶体管 V 的 $\beta = 40$，$U_{CC} = 12V$，$R_C = 2k\Omega$，$R_E = 2k\Omega$，$R_{B1} = 20k\Omega$，$R_{B2} = 10k\Omega$，$R_L = 2k\Omega$。试求：

（1）估算静态值；（2）晶体管输入电阻 r_{be}；（3）电压放大倍数 A_u；（4）输入电阻 r_i 和输出电阻 r_o。

解：（1）由式(2-19)~式(2-22)可得

$$U_B \approx \frac{R_{B2}}{R_{B1} + R_{B2}} U_{CC} = \frac{10 \times 10^3 \Omega}{(20 + 10) 10^3 \Omega} \times 12V = 4V$$

$$I_{CQ} \approx \frac{U_B}{R_E} = \frac{4V}{2 \times 10^3 \Omega} = 2mA$$

$$I_{BQ} = \frac{I_{CQ}}{\beta} = 50\mu A$$

$$U_{CEQ} \approx U_{CC} - I_{CQ}(R_C + R_E) = 12V - 2mA \times (2 + 2)k\Omega = 4V$$

（2）由式(2-14)得

$$r_{be} = 300\Omega + (1 + \beta)\frac{26mV}{I_E(mA)} \approx \left(300 + 40 \times \frac{26}{2}\right)\Omega \approx 0.8k\Omega$$

（3）由式(2-23)得

$$A_u = \frac{-\beta R_L'}{r_{be}} = -\frac{40 \times 2 /\!/ 2}{0.8} = -50$$

（4）由式(2-24)、式(2-25)得

$$r_i \approx r_{be} = 0.8k\Omega$$

$$r_o \approx R_C = 2k\Omega$$

2.4.3.2 没有旁路电容 C_E 的射极偏置放大电路

在图2-14a所示放大电路中，去掉旁路电容 C_E 的电路如图2-16所示，其微变等效电路如图2-17所示。

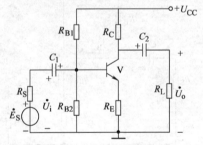
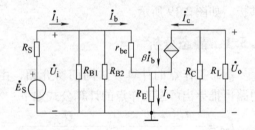

图 2-16 没有 C_E 的射极偏置放大电路   图 2-17 图 2-16 所示电路的微变等效电路

由图2-17不难列出

$$u_o = -i_C R_L' = -\beta i_b R_L'$$
$$u_i = i_b r_{be} + i_e R_E = i_b[r_{be} + (1 + \beta)R_E]$$

所以，电压放大倍数

$$A_u = \frac{u_o}{u_i} = \frac{-\beta R_L'}{r_{be} + (1 + \beta)R_E} \tag{2-26}$$

与式(2-23)相比，可见电压放大倍数降低了。

由图2-17不难求出当电阻 R_E 比较大时，其输入电阻 r_i 和输出电阻 r_o 分别为

$$r_i = R_{B1} /\!/ R_{B2} /\!/ [r_{be} + (1 + \beta)R_E] \tag{2-27}$$

$$r_o \approx R_C \tag{2-28}$$

由此可知，去掉旁路电容 C_E 以后，电压放大倍数下降了，输入电阻提高了。而实际上输出电阻也有所提高，在有旁路电容 C_E 情况下，输出电阻为 R_C 与晶体管输出电阻 r_{ce} 的并联，而没有旁路电容 C_E 情况下，则为 R_C 与比 r_{ce} 大的电阻并联了。

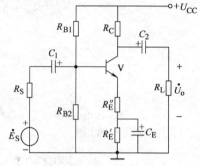

图 2-18　部分 R_E 有旁路电容 C_E 的射极偏置放大电路

2.4.3.3　部分 R_E 带有旁路电容 C_E 的射极偏置放大电路

由前面分析可知，射极电阻 R_E 越大，静态工作点越稳定，若无旁路电容 C_E 时，输入电阻 r_i 的增大对放大电路的输入信号的采取有利，r_i 可与信号源内阻 R_S 分得较大的输入信号 u_i，但是其放大倍数下降也很多。为了折中，常选用如图 2-18 所示的部分 R_E 有旁路电容 C_E 的射极偏置放大电路。

显然，直流通路中，两个射极电阻均起作用，计算静态工作点时要将 $R_E = R_E' + R_E''$ 代入式（2-20）～式（2-22）计算，而计算动态参数时只要将 $R_E = R_E''$ 代入式（2-23）～式（2-25）计算即可。

2.5　射极输出器

前面介绍的放大电路，其输入信号 u_i 接到基极，输出信号 u_o 由集电极输出，发射极为公共极，故称之为共射极基本放大电路。下面介绍射极输出器，也称为共集电极放大电路，信号从基极输入，从发射极输出，集电极为交流公共极，如图 2-19 所示。

2.5.1　静态分析

静态工作点的计算方法同前所介绍，由其直流通路可推导出静态工作点的计算公式如下：

$$I_{BQ} = \frac{U_{CC} - U_{BE}}{R_B + (1+\beta)R_E} \approx \frac{U_{CC}}{R_B + (1+\beta)R_E} \qquad (2-29)$$

$$I_{CQ} = \beta I_{BQ} \qquad (2-30)$$

$$U_{CEQ} \approx U_{CC} - I_{CQ}R_E \qquad (2-31)$$

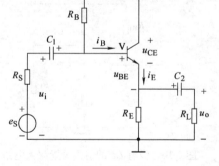

图 2-19　射极输出器

2.5.2　动态分析

对于交流信号来说，C_1、C_2 均可视为短路，直流电源 U_{CC} 也视为短路。由图 2-19 可知，输出电压 u_o 与发射结上的交流电压分量 u_{be} 的和为输入电压 u_i。也就是说，输出电压 u_o 小于输入电压 u_i，它们相差一个很小的交流电压值 u_{be}（注意：不是零点几伏的发射结直流压降 U_{BE}，而是很小的交流分量 u_{be}），故 u_o 小于而近似等于 u_i，且相位相同，即射极输出器的电压放大倍数

$$A_u \leqslant 1 \qquad (2-32)$$

通过运用微变等效电路分析法，可得出射极输出器的输入电阻 r_i 和输出电阻 r_o 的计算公式如下：

$$r_i = R_B /\!/ \left[r_{be} + (1 + \beta) R_E' \right] \tag{2-33}$$

式中，$R_E' = \dfrac{R_E R_L}{R_E + R_L}$ 称为射极等效负载电阻。

$$r_o \approx \frac{r_{be} + R_S'}{1 + \beta} \tag{2-34}$$

式中，$R_S' = \dfrac{R_S R_B}{R_S + R_B}$。

由上可以看出，射极输出器有如下特点：

1）电压放大倍数小于而近似等于 1，相位相同，即 $u_o \approx u_i$，具有电压跟随作用。

2）输入电阻 r_i 比较大，可达几十至几百千欧。因而常被用在电子测量仪表等多级放大器的输入级，以减少从信号源所吸取的电流值，同时，分得较多的输入电压 u_i 值。

3）输出电阻 r_o 较小，一般只有几十至几百欧。因此，射极输出器具有恒压输出特性，负载能力强，即输出电压 u_o 随负载的变化而变化很小，常用作多级放大器的输出级。

另外，射极输出器也常作为多级放大器的中间缓冲级，解决前一级输出电阻比较大，后一级输入电阻比较小，而造成阻抗不匹配的问题。射极输出器的应用极为广泛。

除以上介绍的共射极放大电路和共集电极放大电路外，还有共基极放大电路，有兴趣的读者可参考其他书籍，本书不作介绍。

2.6　场效应晶体管放大电路

场效应晶体管（FET）与双极型晶体管（BJT）在功能和应用上基本相同，它们都具有放大作用和开关作用。FET 与 BJT 具有一一对应关系：G 极对应 B 极，D 极对应 C 极，S 极对应 E 极；跨导 g_m 对应电流放大系数 β；FET 组成的放大电路也有 3 种组态（共源、共漏和共栅）等。

下面以 N 沟道绝缘栅型场效应晶体管为例，对照晶体管放大电路的分析方法来讨论场效应晶体管基本放大电路。

2.6.1　场效应晶体管放大电路的静态偏置

1. 自给偏压式

场效应晶体管的自给偏压电路如图 2-20 所示。为保证 N 沟道耗尽型绝缘栅场效应晶体管工作于线性区域，必须有 $U_{GS} > U_{GS(off)}$，其中夹断电压 $U_{GS(off)} < 0$。

将图 2-20 中的 3 个电容均开路，可得其直流通路，在直流通路中考虑到栅极绝缘，栅极电流 $I_G = 0$，不难得到

$$U_{GS} = U_G - U_S = -U_S = -I_D R_S \tag{2-35}$$

电阻 R_S 除了可以为 U_{GS} 提供负偏压之外，还有稳定静态工作点的作用。但 R_S 的存在，同样会使电压放

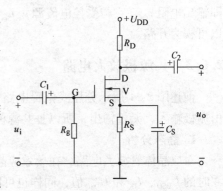

图 2-20　自给偏压式放大电路

大倍数下降，所以为了提高电压放大倍数，也需要在 R_S 两端并联旁路电容 C_S。这一点与射极偏置电路中的 R_E 和 C_E 类似。

自偏压电路的结构简单且具有稳定静态工作点的作用，但其电阻 R_S 的选择范围很小，又由于增强型场效应晶体管的开启电压 $U_{GS(th)} > 0$，所以这种偏置电路不能用于增强型绝缘栅场效应晶体管，只能用于耗尽型场效应晶体管。

2. 分压式偏置电路

分压式偏置电路如图 2-21 所示。由直流通路容易求出（栅极电流为零，R_{g3} 上压降为零）

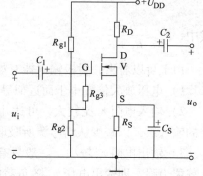

$$U_G = \frac{R_{g2}}{R_{g1} + R_{g2}} U_{DD} \qquad (2-36)$$

$$U_{GS} = U_G - U_S = \frac{R_{g2}}{R_{g1} + R_{g2}} U_{DD} - I_D R_S \qquad (2-37)$$

图 2-21　分压式偏置电路

由式（2-37）可见，分压电阻为栅极提供了正的偏置电压 U_G，当 $U_G > U_S$ 时，则若有 $U_{GS} > U_{GS(th)}$ 时，就可以满足增强型绝缘栅场效应晶体管偏置的需要。而当 $U_G < U_S$ 时，只要 $U_{GS(off)} < U_{GS} < 0$，就可以满足耗尽型绝缘栅场效应晶体管的要求，且由于分压所得 U_G 使得 R_S 的取值范围增大了。

2.6.2　场效应晶体管的微变等效电路

场效应晶体管与晶体管一样，也是一种非线性器件，在小信号情况下，也可以由线性等效电路替代。可以推证，其等效电路如图 2-22 所示。

由于场效应晶体管的输入电阻极高，这时栅极电流 $i_g \approx 0$，所以场效应晶体管的输入端可等效为开路。漏极到源极等效为压控电流源，它表示了栅极电压控制漏极电流的作用，其中 g_m 是场效应晶体管的跨导。在静态工作点附近，交流信号较小时，跨导 g_m 近似为常数。

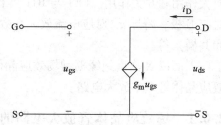

实际上漏极和源极之间也有一个交流等效电阻，即输出电阻 r_{ds}，它与受控电流源 $g_m u_{gs}$ 并联。由于 r_{ds} 的值很大，一般远大于外接电阻 R_D，所以可视为开路。

图 2-22　场效应晶体管的微变等效电路

2.6.3　共源极放大电路

前述图 2-21 所示分压式偏置电路中，输入、输出交流信号的公共端是源极，交流信号由栅极输入，漏极输出，所以是共源极放大电路。下面分析该放大电路：

1. 静态分析

对应晶体管放大电路，在场效应晶体管放大电路中，求静态工作点就是计算输入信号为零时的 U_{GSQ}、I_{DQ} 和 U_{DSQ} 值，同样也可以采用图解法或公式法来确定，这里就不详细讨论了，不过由式（2-37）可知，调节 R_{g1}、R_{g2} 和 R_S 可以很方便地调节静态工作点。

2. 动态分析

将图 2-21 所示电路中的电容和直流电源短路，再将 FET 等效后，得到共源极放大电路的微变等效电路，如图 2-23 所示。

（1）电压放大倍数 A_u　由图 2-23 可知

$$\dot{U}_O = -g_m \dot{U}_{gs} R'_L$$

其中

$$R'_L = R_D /\!/ R_L$$

又

$$\dot{U}_i = \dot{U}_{gs}$$

所以

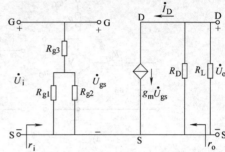

图 2-23　共源极放大电路的微变等效电路

$$A_u = \frac{\dot{U}_o}{\dot{U}_i} = \frac{-g_m \dot{U}_{gs} R'_L}{\dot{U}_{gs}} = -g_m R'_L \qquad (2\text{-}38)$$

（2）输入电阻 r_i　由图 2-23 有

$$r_i = \frac{\dot{U}_i}{\dot{I}_i} = R_{g3} + R_{g1} /\!/ R_{g2}$$

通常有

$$R_{g3} \gg R_{g1} /\!/ R_{g2}$$

所以

$$r_i \approx R_{g3} \qquad (2\text{-}39)$$

（3）输出电阻 r_o　信号源作用为零时 $\dot{U}_i = \dot{U}_{gs} = 0$，所以电流源 $g_m \dot{U}_{gs} = 0$，因此有

$$r_o \approx R_D \qquad (2\text{-}40)$$

式（2-40）近似是因为忽略掉了 FET 的输出电阻 r_{ds}。

2.6.4　源极输出器

图 2-24 所示电路是共漏极放大电路，它的交流公共端是漏极，交流信号由栅极输入，源极输出，所以也叫源极输出器。它与晶体管射极输出器类似，具有电压跟随作用以及输入电阻大和输出电阻小等特点，利用前面介绍的方法，可由其微变等效电路不难求出

$$A_u = \frac{\dot{U}_o}{\dot{U}_i} = \frac{g_m R'_L}{1 + g_m R'_L} \qquad (2\text{-}41)$$

$$r_i = \frac{\dot{U}_i}{\dot{I}_i} = R_{g3} + R_{g1} /\!/ R_{g2} \approx R_{g3} \qquad (2\text{-}42)$$

$$r_o = R /\!/ \frac{1}{g_m} \approx \frac{1}{g_m} \qquad (2\text{-}43)$$

其中 $R \gg \dfrac{1}{g_m}$，$R'_L = R /\!/ R_L$

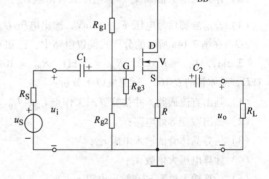

图 2-24　共漏极放大电路

习　题

2-1　放大电路能够完成电信号的放大，要求电路结构以及元器件参数、状态等方面必须具备怎样的条件？

2-2　试判断图 2-25 中所示的电路是否能够放大交流信号，并简述理由。图中所有电容对交流信号均可视为短路。

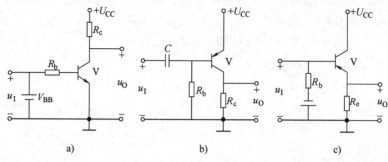

图 2-25　习题 2 图

2-3　放大电路的直流通路和交流通路分别指的是什么？如何得到？

2-4　温度上升时，晶体管的哪些主要参数会发生改变？此时对晶体管的静态工作点的影响是什么？

2-5　放大电路的图解分析法中，直流负载线和交流负载线是如何画出的？两者之间有何关系？

2-6　在固定偏置式共射极放大电路中，若增大基极偏置电阻 R_b，晶体管的静态工作点如何变化？此时容易产生何种失真，并说明理由？

2-7　在图 2-2 所示固定偏流式放大电路中，已知 $U_{CC} = 12V$，$R_B = 240k\Omega$，晶体管 $\beta = 40$，$r_{be} = 0.8k\Omega$，$R_C = 3k\Omega$，试求：

（1）计算静态工作点；

（2）输出端开路时电压放大倍数 A_u；

（3）接入负载 $R_L = 6\ k\Omega$ 时的电压放大倍数 A_u；

（4）放大电路的输入电阻 r_i 和输出电阻 r_o。

2-8　在如图 2-26 所示电路中，已知晶体管的电流放大系数 $\beta = 60$，输入电阻 $r_{be} = 1.8k\Omega$，信号源内阻 $R_S = 0.6k\Omega$，试计算：

（1）估算静态工作点 I_{CQ}、I_{BQ}、U_{CEQ}；

（2）试求输入电阻 r_i 和输出电阻 r_o；

（3）计算电压大倍数 A_u 和源电压放大倍数 A_{us}；

（4）若信号源信号电压 $\dot{E}_S = 15mV$，输出电压 $\dot{U}_o = ?$

2-9　在图 2-14a 所示的分压式偏置电路中，已知 $U_{CC} = 24V$，$R_C = 3.3k\Omega$，$R_E = 1.5k\Omega$，$R_{B1} = 33k\Omega$，$R_{B2} = 10k\Omega$，$R_L = 5.1k\Omega$，晶体管的 $\beta = 66$，试完成以下分析：

（1）画出直流通路，并估算静态工作点 I_{CQ}、I_{BQ}、U_{CEQ}；

（2）画出微变等效电路；

（3）估算晶体管的输入电阻 r_{be}；

（4）计算电压大倍数 A_u；

（5）计算输入电阻 r_i 和输出电阻 r_o。

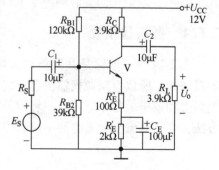

图 2-26　习题 8 图

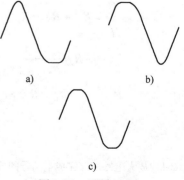

图 2-27　习题 10 图

2-10　如果在 NPN 型晶体管构成的共射极放大电路中，输入正弦波形时输出电压波形如图 2-27 所示，试判断它们各产生了什么失真，该如何解决？

2-11　射极跟随器电路如图 2-28 所示，已知晶体管的放大系数为 β，试完成以下分析：

（1）画出微变等效电路；

（2）计算电压大倍数 A_u；

（3）计算输入电阻 r_i 和输出电阻 r_o；

2-12　分压式偏置的共源极放大电路如图 2-29 所示。已知场效应晶体管的低频跨导为 g_m，试写出电压放大倍数 A_u、输入电阻 r_i 及输出电阻 r_o 的表达式。

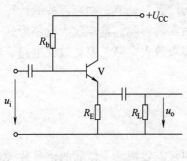

图 2-28　习题 11 图

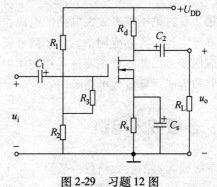

图 2-29　习题 12 图

第 3 章　几种常用的放大电路

第 2 章讨论了基本放大电路的组成、静态工作点的计算与调节、动态参数的计算、信号的失真等内容。实际应用中，由于信号弱、频率宽等因素的影响，基本放大电路形式一般难以完成任务。因此本章主要论述在实用中经常使用的多级放大电路、差动放大电路、功率放大电路和集成运算放大电路等内容。

3.1　多级放大电路

单级放大器的放大倍数一般只有几十倍，而应用中常需要把一个微弱的信号放大到几千倍，甚至几万倍以上。这就需要用几个单级放大电路连接起来组成多级放大器，把前级的输出加到后级的输入，使信号逐级放大到所需要的数值。多级放大电路中级与级之间的连接，称为耦合，下面首先讨论其耦合方式及特点，然后再介绍阻容耦合放大电路的分析方法。

3.1.1　耦合方式及其特点

常用的耦合方式有阻容耦合、变压器耦合和直接耦合等，下面分别介绍其特点。

1. 阻容耦合

电路中级与级之间的连接是通过一个耦合电容和下一级输入电阻连接起来的，故称之为阻容耦合，如图 3-1 所示。

阻容耦合方式的优点是：由于耦合电容的存在，使得前、后级之间直流通路相互隔断，即前、后级静态工作点各自独立，互不影响，这样就给分析、设计和调试静态工作点带来了很大的方便。另一方面，若耦合电容选得足够大，就可以将一定频率范围内的信号几乎无衰减地加到后一级

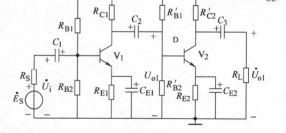

图 3-1　两级阻容耦合放大电路

的输入端上去，使信号得以充分的利用。因此，阻容耦合方式在多级放大电路中获得了广泛的应用。

阻容耦合方式也有它的局限性：不适合于传送缓慢变化的信号，否则会有很大的衰减。对于输入信号的直流分量，根本不能传送到下级。另外，由于集成电路中不易制造大容量的电容，因此阻容耦合方式在线性集成电路中几乎无法采用。

2. 变压器耦合

变压器能够通过磁路的耦合把一次绕组的交流信号传送到二次绕组，因此可采用它作为耦合器件，将前级电路和后级电路连接起来，称之为变压器耦合。

变压器耦合方式的优点是：可以隔断前级电路和后级电路之间的直流联系，各级电路之间的静态工作点各自独立，互不影响；另外它还有一个重要的特点，就是在传递交流信号的

同时，实现阻抗的变换，从而实现阻抗匹配。

变压器耦合方式的缺点有：其体积大、笨重而且无法在集成电路中制造，以及无法传送变化缓慢的信号等。

3. 直接耦合

需要放大缓慢变化的信号或直流量变化的信号（直流信号）时，是不能采用上述两种耦合方式的。这样就只能把前级的输出端用导线直接接到后级的输入端，称为直接耦合。

直接耦合方式主要存在两个问题：一是前级和后级的静态工作点相互影响、相互牵制。这就需要采取一定的措施，保证既能有效传递信号，又使每一级放大电路的静态工作点处于合适的位置；二是零点漂移现象严重。理想情况下，直接耦合的放大电路当它的输入信号为零时，其输出电压应保持不变。但实际上当输入信号为零时，输出信号却在无规则地、缓慢地变化，这种现象称为零点漂移。

当放大电路输入信号后，零点漂移就伴随着实际信号共同输出，致使输出信号失真。若零点漂移严重则放大电路就很难工作了，特别是在多级直接耦合放大电路中，前级放大电路的零点漂移被后面的放大电路加以放大，从而影响更为严重。所以，必须搞清产生零点漂移的主要原因，并采取措施加以抑制。

引起零点漂移的原因很多，其中主要的原因是晶体管的参数（U_{BE}、I_{CEO}、β）随温度的变化而发生变化，电源电压的波动以及电路元件参数的变化等。特别是温度的影响最为严重，通常称为温漂。特别是第一级的温漂，应该着重抑制。

作为评价放大电路零点漂移的指标，只看输出端漂移电压的大小是不充分的，必须同时考虑放大倍数的大小。通常将漂移量折合到输入端来衡量漂移的大小，即

$$u_{id} = \frac{u_{od}}{|A_u|} \tag{3-1}$$

式中，u_{id} 为输入端等效漂移电压；$|A_u|$ 为放大电路电压增益；u_{od} 为输出端漂移电压。

显然，输入端等效漂移电压 u_{id} 越小，放大性能就越好。

由于零点漂移主要由温度变化引起，故也常用温度变化 1℃时在输入端的等效漂移电压来作为一项指标衡量直接耦合放大电路的漂移大小。

抑制零点漂移的措施很多，比如选取高质量的硅管作为放大元件，其温度特性比较稳定，零点漂移就小。再如利用热敏元件进行温度补偿，以抵消温度变化使晶体管参数变化带来的影响等。

3.1.2　阻容耦合多级放大电路

如图 3-1 所示电路为两级阻容耦合的放大电路，并且很容易推广到 3 级、4 级、n 级放大电路。

对于阻容耦合多级放大电路来说，由于各级静态工作点各自独立，互不影响，所以计算确定各级静态工作点单独进行就可以了。那么，对于多级放大电路的主要性能指标（A_u、r_i、r_o）应该如何确定呢？

多级电压放大倍数为各级电压放大倍数之积，即对于两级放大电路有

$$A_u = A_{u1}A_{u2} \tag{3-2}$$

多级放大器的输入电阻等于第一级的输入电阻，即

$$r_i = r_{i1} \tag{3-3}$$

多级放大器的输出电阻等于最后一级的输出电阻，即对于两级放大器而言

$$r_o = r_{o2} \tag{3-4}$$

例 3-1 在图 3-1 所示两级阻容耦合放大电路中，已知 $U_{CC} = 12V$，$R_{B1} = 30k\Omega$，$R_{B2} = 15k\Omega$，$R'_{B1} = 20k\Omega$，$R'_{B2} = 10k\Omega$，$R_{C1} = 3k\Omega$，$R_{C2} = 2.5k\Omega$，$R_{E1} = 3k\Omega$，$R_{E2} = 2k\Omega$，$R_L = 5k\Omega$，$\beta_1 = \beta_2 = 40$。试求：（1）各级静态工作点；（2）两级放大电路的电压放大倍数；（3）两级放大电路的输入电阻和输出电阻（取 $U_{BE} = 0.7V$）。

解：（1）各级静态值

第一级

$$U_{B1} = \frac{R_{B2}}{R_{B1} + R_{B2}} U_{CC} = \frac{15k\Omega}{(30+15)k\Omega} \times 12 = 4V$$

$$I_{C1} = \frac{U_{B1} - U_{BE}}{R_{E1}} = \frac{(4-0.7)V}{3k\Omega} \approx 1.1mA$$

$$I_{B1} = I_{C1}/\beta_1 \approx 28\mu A$$

$$U_{CE1} = U_{CC} - I_{C1}(R_{C1} + R_{E1}) = 12V - 1.1mA(3+3)k\Omega = 5.7V$$

第二级

$$U_{B2} = \frac{R'_{B2}}{R'_{B1} + R'_{B2}} U_{CC} = \frac{10k\Omega}{(20+10)k\Omega} \times 12V = 4V$$

$$I_{C2} \approx \frac{U_{B2} - U_{BE}}{R_{E2}} = \frac{(4-0.7)V}{2k\Omega} \approx 1.6mA$$

$$I_{B2} = I_{C2}/\beta_2 = 40\mu A$$

$$U_{CE2} = U_{CC} - I_{C2}(R_{C2} + R_{E2}) = 12V - 1.6mA(2.5+2)k\Omega = 4.8V$$

（2）电压放大倍数

晶体管 V_1 的输入电阻

$$r_{be1} = 300\Omega + (1+\beta_1)\frac{26mV}{I_{E1}(mA)} \approx \left[300 + (1+40)\frac{26}{1.1}\right]\Omega \approx 1.27k\Omega$$

晶体管 V_2 的输入电阻

$$r_{be2} = 300\Omega + (1+\beta_2)\frac{26mV}{I_{E2}(mA)} \approx \left[300 + (1+40)\frac{26}{1.6}\right]\Omega \approx 0.97k\Omega$$

第二级输入电阻

$$r_{i2} = \frac{R'_{B1}R'_{B2}r_{be2}}{R'_{B1}R'_{B2} + r_{be2}R'_{B1} + r_{be2}R'_{B2}} \approx 0.86k\Omega$$

第一级等效负载电阻

$$R'_L = \frac{R_{C1}r_{i2}}{R_{C1} + r_{i2}} \approx 0.7k\Omega$$

第一级电压放大倍数

$$A_{u1} = \frac{-\beta_1 R'_{L1}}{r_{be1}} = -\frac{40 \times 0.7k\Omega}{0.97k\Omega} = -22$$

第二级的等效负载电阻

$$R'_{L2} = \frac{R_{C2}R_L}{R_{C2}+R_L} \approx 1.7k\Omega$$

第二级的电压放大倍数

$$A_{u2} = \frac{-\beta_2 R'_{L2}}{r_{be2}} = -\frac{40 \times 0.7k\Omega}{0.97k\Omega} = -70$$

两级电压放大倍数

$$A_u = A_{u1}A_{u2} = 1540$$

A_u 是一个正实数，说明输入电压 u_i 经过两次反相后，输出电压 u_o 和 u_i 同相位。

（3）输入电阻和输出电阻

两级放大器的输入电阻等于第一级的输入电阻

$$r_i = r_{i1} = \frac{R_{B1}R_{B2}r_{be1}}{R_{B1}R_{B2}+R_{B1}r_{be1}+R_{B2}r_{be1}} \approx 1.1k\Omega$$

两级放大器的输出电阻等于第二级的输出电阻

$$r_o = r_{o2} \approx R_{C2} = 2.5k\Omega$$

3.2　差动放大电路

如前所述，在实际应用中集成电路里采用直接耦合方式，但直接耦合时零点漂移现象比较严重，除了提高器件温度稳定性和作温度补偿的方法以外，还可改进放大电路的形式。本节介绍的差动放大电路形式，就能很好地抑制零点漂移。

3.2.1　差动放大电路的基本形式

如图 3-2 所示电路为差动放大电路的基本形式，也称为原理型电路。信号电压 u_{i1} 和 u_{i2} 由两个管子的基极输入，输出电压 u_o 由两管的集电极输出。要求理想情况下，两管特性一致，电路为对称结构。

3.2.1.1　零点漂移的抑制

在静态时，输入信号 $u_{i1} = u_{i2} = 0$，由于电路的对称性，故 V_1、V_2 的各极电流及电位都分别对应相等，即

$$I_{C1} = I_{C2}$$
$$U_{C1} = U_{C2}$$

故输出电压

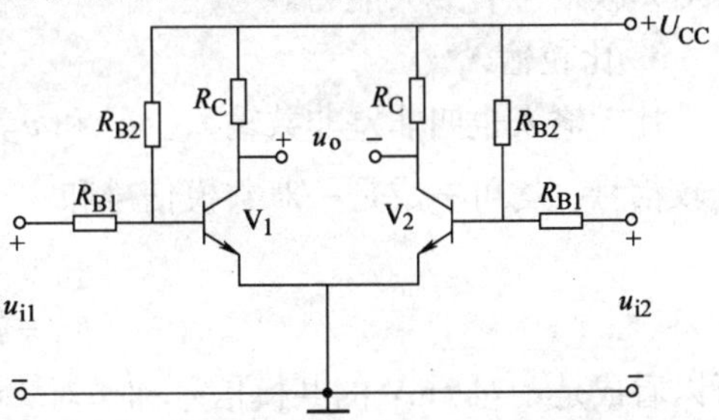

图 3-2　差动放大电路原理性电路

$$u_o = U_{C1} - U_{C2} = 0$$

当温度变化时，两管参数发生变化，引起两管的各极电流和电位均发生变化，但由于电路的对称性其变化量一定相等，即

$$\Delta I_{C1} = \Delta I_{C2}$$
$$\Delta U_{C1} = \Delta U_{C2}$$

虽然每个管都产生了零点漂移，但是，由于两集电极电位的变化是相互抵消的，所以输出电压依然为零，此时

$$u_o = (U_{C1} + \Delta U_{C2}) - (U_{C2} + \Delta U_{C2}) = 0$$

由此可见，零点漂移完全被抑制了。其实，不管是温度变化引起的还是其他原因引起的漂移，只要是引起两个管子同样的漂移，都可被差动电路抑制。实际应用中，差动电路的对称性无法做到理想对称，但可以通过外接调零电阻，使其尽量达到左右对称。

3.2.1.2　信号输入

差动放大电路的信号输入有下面 3 种方式。

1. 共模输入

如图 3-2 所示电路中的两个输入信号 u_{i1} 和 u_{i2}，如果等大且同相位，即 $u_{i1} = u_{i2}$，就称为共模输入。

在共模信号的作用下，由于电路的对称性，使两管的各极电流及电位的变化大小和相位也完全一样，因而输出电压等于零，所以该电路对共模信号没有放大作用，而有很强的抑制能力。实际上，对于温度变化等引起的零点漂移，若将各管集电极电位的零点漂移分别折合到基极便似一对共模信号，所以，差动放大电路对共模信号的抑制能力，就是抑制零点漂移的能力。

2. 差模输入

若输入信号等大反相，即 $u_{i1} = -u_{i2}$，则称为差模输入。

输入差模信号时，由于 u_{i1}、u_{i2} 等大反相，则引起两管集电极电位的变化也等大反相，即

$$\Delta U_{C1} = -\Delta U_{C2}$$

所以

$$u_o = \Delta U_{C1} - \Delta U_{C2} = 2\Delta U_{C1}$$

可见，差模输入信号作用下，差动放大电路的输出电压为单管输出电压变化量的 2 倍，即对差模信号有放大能力。

3. 比较输入

比较输入也叫非差非共输入。u_{i1} 和 u_{i2} 的大小不相等，极性也是任意的。对于任意一对比较信号，均可看成是一对共模信号和一对差模信号的叠加，如对于

$$u_{i1} = 3mV = 5mV - 2mV$$

$$u_{i2} = 7mV = 5mV + 2mV$$

可以看成是一对 5mV 的共模信号和一对 2mV 的差模信号的叠加。

由上分析可知，差动放大电路仅对差模信号给予放大，而对共模信号无放大能力。即"差动，差动，有差才动"，这也就是"差动"放大电路名称的由来。

3.2.1.3　存在问题

如图 3-2 所示的差动放大电路说它为原理性电路，是由于它存在下述两个问题：

1）完全抑制零点漂移是建立在电路理想对称的假设下的，电路完全对称仅是一个理想情况，实际上理想对称是不存在的。

2）该电路是由两个集电极输出的，输出电压 u_o 中是利用两管集电极电位的共模电压同

相位相互抵消而抑制掉的，若负载需一端接地，只能由一个集电极输出，这时，零点漂移就无法抑制了。

为了克服上述问题，常采用下面介绍的长尾式差动放大电路。

3.2.2　长尾式差动放大电路

长尾式差动放大电路也是一种典型差动放大电路，如图 3-3 所示。与图 3-2 所示电路比较，多了 R_P、发射极电阻 R_E 和负电源 E_E。因增加了负电源 E_E，管子的偏流 I_B 可由它提供，故去掉了 R_{B2}。

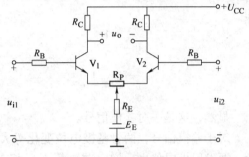

R_E 称为共模抑制电阻，R_E 数值愈大，对共模信号（即零点漂移）的抑制能力就愈强。对于共模信号，两管发射极电流将同时增大或减小，使 R_E 上的电流两倍于一只管子发射极电流的变化，从而 R_E 对其共模增益降低很大，大大抑制了共模信号，使其每个集电极电压变化较小。但对于差模信号而言，由于差模信号引起两管发射极电流的变化是一增一减，等大反相，所以，差模电流不流经 R_E，R_E 对差模不起作用，即 R_E 基本上不影响差模信号的放大效果。

图 3-3　长尾式差动放大电路

虽然 R_E 愈大，抑制零点漂移的作用愈显著，但是，U_{CC} 一定时，过大的 R_E 会使集电极电流过小，影响静态值和电压放大倍数，另一方面也将基极电位抬高。为此，接入负电源 E_E 来抵消 R_E 两端的直流压降，从而获得合适的静态工作点，保证基极静态电位值在零伏左右。

因为电路完全对称是理想状况，实际上，当输入的两端接"地"时，输出电压不一定等于零，这就需要调零。R_P 就是用来调零的，故称为调零电位器。如图 3-3 所示电路中，R_P 接到晶体管的发射极，故称为发射极调零。除此之外，还有集电极调零和基极调零方式。

3.2.2.1　静态分析

由于电路的对称原理，计算一个管子的静态值即可。图 3-3 所示电路的单管直流通路如图 3-4 所示。因 R_P 较小，图中将其略去。

由基极回路不难列出

$$I_B R_B + U_{BE} + 2I_E R_E = E_E$$

上式中前两项一般远小于第三项，故可略去，则每管集电极电流

$$I_C \approx I_E \approx \frac{E_E}{2R_E} \qquad (3-5)$$

晶体管发射极电位

$$U_E \approx 0$$

所以

$$I_B = \frac{I_C}{\beta} \approx \frac{E_E}{2\beta R_E} \qquad (3-6)$$

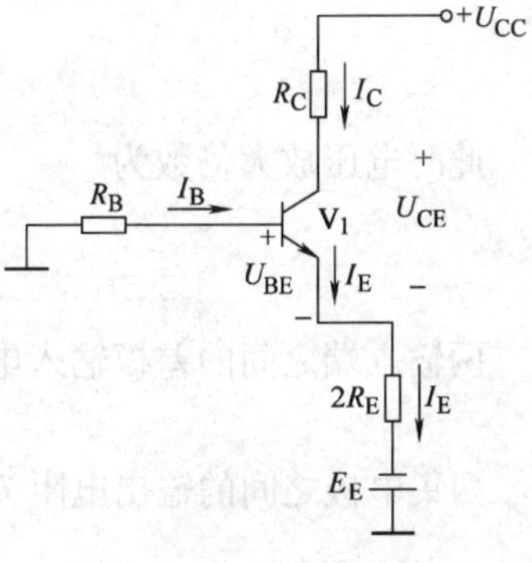

图 3-4　单管直流通路

$$U_{\mathrm{CE}} \approx U_{\mathrm{CC}} - I_{\mathrm{C}} R_{\mathrm{C}} \approx U_{\mathrm{CC}} - \frac{E_{\mathrm{E}} R_{\mathrm{C}}}{2 R_{\mathrm{E}}} \qquad (3\text{-}7)$$

3.2.2.2 · 动态分析

如图 3-5 所示电路是双端输入—双端输出的差动放大电路。输入电压 u_{i} 由两个基极输入，输出电压 u_{o} 由两个集电极输出。

由于输入电路的对称性，每只管子的输入端分得的电压各为 u_{i} 的一半，但极性相反，即

$$u_{\mathrm{i1}} = \frac{1}{2} u_{\mathrm{i}}$$

$$u_{\mathrm{i2}} = -\frac{1}{2} u_{\mathrm{i}}$$

显然，这是一对差模信号。

对于差模信号，两管基极电位变化等大反相，两发射极电位也一增一减，等大反相，R_{E} 对其不起作用，即 R_{P} 中点即为交流"地"电位，若忽略较小电阻 R_{P}，则可得单管差模信号通路如图 3-6 所示。

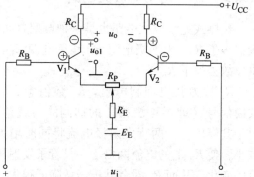

图 3-5　双端输入—双端输出的差动放大电路

由图可得出单管差模电压放大倍数为

$$A_{\mathrm{ud1}} = \frac{u_{\mathrm{o1}}}{u_{\mathrm{i1}}} = -\frac{\beta R_{\mathrm{C}}}{R_{\mathrm{B}} + r_{\mathrm{be}}} \qquad (3\text{-}8)$$

双端输入—双端输出差动电路的差模电压放大倍数为

$$A_{\mathrm{ud}} = \frac{u_{\mathrm{o}}}{u_{\mathrm{i}}} = \frac{u_{\mathrm{o1}} - u_{\mathrm{o2}}}{2 u_{\mathrm{i1}}} = \frac{2 u_{\mathrm{o1}}}{2 u_{\mathrm{i1}}} = A_{\mathrm{ud1}} = -\frac{\beta R_{\mathrm{C}}}{R_{\mathrm{B}} + r_{\mathrm{be}}} \qquad (3\text{-}9)$$

图 3-6　单管差模信号交流通路

与单管的电压放大倍数相同。可见，差动电路是为了抑制零点漂移，利用一只管子补偿了另一只管子，放大倍数没有提高。

当输入端接有负载电阻 R_{L} 时，因两集电极电位一增一减，等大反相，故 R_{L} 的中点即为"地"，所以等效负载电阻为

$$R'_{\mathrm{L}} = \frac{R_{\mathrm{C}} \dfrac{R_{\mathrm{L}}}{2}}{R_{\mathrm{C}} + \dfrac{R_{\mathrm{L}}}{2}}$$

此时电压放大倍数为

$$A_{\mathrm{ud}} = -\frac{\beta R'_{\mathrm{L}}}{R_{\mathrm{B}} + r_{\mathrm{be}}} \qquad (3\text{-}10)$$

两输入端之间的差模输入电阻为

$$r_{\mathrm{id}} = 2(R_{\mathrm{B}} + r_{\mathrm{be}}) \qquad (3\text{-}11)$$

两集电极之间的输出电阻为

$$r_{\mathrm{od}} \approx 2 R_{\mathrm{C}} \qquad (3\text{-}12)$$

如果输入端不变，而由两个集电极输出改为由一个集电极输出时，图 3-5 所示电路就变

为双端输入—单端输出形式了。

当双端输入—单端输出时，显然，输出电压比双端输出时减半，即双端输入—单端输出时的电压放大倍数为

$$A_{ud} = \frac{1}{2} \frac{-\beta R'_L}{R_B + r_{be}} \tag{3-13}$$

此时，等效负载电阻　　　　　$R'_L = \frac{R_C R_L}{R_C + R_L}$

输出电阻为

$$r_{od} \approx R_C \tag{3-14}$$

输入电阻与双端输入—双端输出方式相同，即

$$r_{id} = 2(R_B + r_{be}) \tag{3-15}$$

如果将一个输入端接地，从另一个输入端加入信号，则为单端输入方式，如图 3-7 所示电路为单端输入—单端输出的差动放大电路。

既然是单端输入，那么另一只管子还能取得信号吗？每只管子取得多大的信号呢？下面首先讨论这个问题。

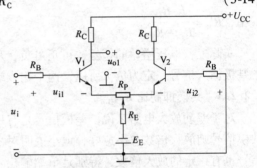

图 3-7　单端输入—单端输出的差动放大电路

前面已讨论过，R_E 愈大，对共模信号即零点漂移的抑制能力也就愈强，所以，一般取的 R_E 值较大，远大于 R_B 及 r_{be} 之和。所以，在交流信号作用下，可视 R_E 开路，此时，输入回路交流等效电路如图 3-8 所示。

可见对称条件下，u_i 的一半加在 V_1 管的输入端，另一半加在 V_2 管的输入端，两者极性相反，即

$$u_{i1} \approx \frac{1}{2} u_i$$

$$u_{i2} \approx -\frac{1}{2} u_i$$

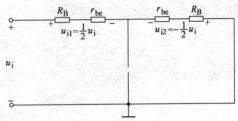

图 3-8　R_E 断路时单端输入的等效输入电路

由此可见，在单端输入的差动放大电路中，只要共模反馈电阻 R_E 足够大时，两管所取得的信号就可以认为是一对差模信号，也就是说，单端输入是双端输入的效果。

差动放大电路有 4 种输入输出方式：双端输入—双端输出；双端输入—单端输出；单端输入—双端输出；单端输入—单端输出。其动态参数如下：

无论什么输入方式，均有

$$r_{id} = 2(R_B + r_{be})$$

双端输出时，有

$$A_{ud} = -\frac{\beta R'_L}{R_B + r_{be}}$$

$$r_{od} \approx 2R_C$$

式中，$R'_L = \dfrac{R_C \dfrac{R_L}{2}}{R_C + \dfrac{R_L}{2}}$。

单端输出时，有

$$A_{ud} = \frac{1}{2} \frac{-\beta R'_L}{R_B + r_{be}}$$

$$r_{od} \approx R_C$$

式中，$R'_L = \dfrac{R_C R_L}{R_C + R_L}$。

实际上，电压增益的符号，可正可负，从第一只管子基极输入信号为正时，从另一只管子基极输入信号一定为负，所以，两个输入端中一个为同相输入端，一个为反相输入端。

3.2.2.3　共模抑制比 K_{CMRR}

对于差动放大电路来说，差模信号是有用信号，对差模信号应有较大的放大倍数，而对共模信号则放大倍数愈小愈好，愈小说明对零点漂移的抑制能力就愈强。实际上电路对共模信号也有一定的放大倍数，特别是单端输出情况，设输入的共模信号为 u_{iC} 时，输出电压为 u_{oC}，则共模放大倍数为

$$A_{uc} = \frac{u_{oC}}{u_{iC}}$$

定义：差模电压放大倍数 A_{ud} 与共模电压放大倍数 A_{uc} 之比，称为差动放大电路的共模抑制比，用 K_{CMRR} 表示，即

$$K_{CMRR} = \frac{A_{ud}}{A_{uc}} \tag{3-16}$$

或用对数形式表示

$$K_{CMRR} = 20\lg \frac{A_{ud}}{A_{uc}}$$

共模抑制比可以视为有用的信号和干扰信号的对比。共模抑制比越大，差动放大电路分辨有用的差模信号的能力越强，而受共模信号的影响越小。理想情况 $K_{CMRR} \rightarrow \infty$。

为了提高共模抑制比，一方面应该让电路元器件参数尽量地对称，另一方面可增大共模反馈电阻 R_E。对于单端输出的差动放大电路来说，它主要的手段是加大 R_E。但是 R_E 不可能任意大，当 R_E 大到一定程度时，所需要的负直流电源 E_E 也就过大，故 R_E 的值是受限的。这时可以用恒流源来替代 R_E，构成恒流源式差动放大电路，读者有兴趣可参照其他书目，此处不再论述。

3.3　功率放大电路

前面讲的交流电压放大器，它的主要任务是把微弱的输入电压放大成变化幅度较大的输出电压。而多级放大器的最终目的是要推动负载工作，例如使扬声器发声，使电动机旋转、

使继电器动作、使仪表指针偏转等。这就需要放大电路不仅有电压放大能力，也要有电流放大能力，即要有一定的功率放大能力。所以，多级放大电路的末级一般都是功率放大电路。

3.3.1　对功率放大电路的基本要求

电压放大电路和功率放大电路都是利用晶体管的放大作用将信号放大，但两者也有显著区别。前者工作在小信号状态，目的是输出足够大的电压信号；后者则是工作在大信号状态，目的是输出足够大的功率。前者可使用晶体管的小信号模型对电路进行分析，后者则不行，一般采用图解分析的方法。

一般来说，功率放大电路的基本要求有以下几点：

1）在不失真的情况下能输出尽可能大的功率，以满足负载的要求。

2）具有较高的工作效率。所谓效率，就是负载得到的交流信号功率与电源供给的直流功率之比值。同等输出功率下，效率越高，直流电源需要供给的能量越少。

3）尽量减少非线性失真。为了获得较大的输出功率，功率放大电路中的晶体管往往工作在极限状态，信号的动态范围较大，很容易产生非线性失真，要求非线性失真一定要在允许范围内。

功率放大电路按照其晶体管静态工作点设置的不同常分为甲类、乙类、甲乙类等。如图 3-9 所示。在图 3-9a 中，静态工作点 Q 大致在交流负载线的中点，这种称为甲类工作状态。甲类工作状态时，不论有无输入信号，电源供给的功率 $P_E = U_{CC} I_C$ 总是不变的，效率不高。欲提高效率，可减小静态电流 I_C，即将静态工作点 Q 沿负载线下移，如图 3-9b 所示，这种称为甲乙类工作状态。若将静态工作点下移到 $I_C \approx 0$ 处，则管耗更小，效率更高，这种称为乙类工作状态，如图 3-9c 所示。

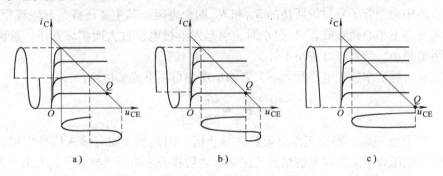

图 3-9　放大电路的工作状态

a）甲类　b）甲乙类　c）乙类

传统的功率放大输出级采用变压器耦合方式，其优点是便于实现阻抗匹配，但存在体积大、低频响应差、不易集成等缺点，目前常采用无输出变压器（OTL）功率放大电路和无输出电容（OCL）功率放大电路。

3.3.2　OTL 互补对称功率放大电路

如图 3-10 所示电路为无输出变压器乙类互补对称放大电路，V_1（NPN）和 V_2（PNP）是两个不同类型的晶体管，两管参数特性基本相同。

在静态时，由于电路上下对称，所以 A 点的电位为 $1/2U_{CC}$。静态时，负载上无电流流过也就没有压降，即输出耦合电容 C_L 上的电压即为 A 点对"地"的电位差，也等于 $1/2U_{CC}$。这时输入端信号为零，输入端直流值也为 $1/2U_{CC}$，故两管基极静态电流为零，均工作于乙类工作状态，仅有穿透电流通过。

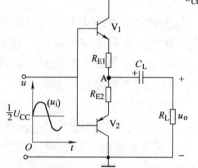

当有输入信号时，对交流分量而言，C_L 可视为短路。当 u_i 处于正半周时（输入电压以 $1/2U_{CC}$ 为基准上下变化），V_1 的基极电位大于 $U_A = 1/2U_{CC}$，其发射结正向偏置，故 V_1 导通；而 V_2 的发射结处于反向偏置，故 V_2 截止。正半周负载上电流的通路为：电源 U_{CC} 的正极→V_1 的集电极→V_1 发射极→R_{E1}→C_L→负载上端→负载下端→电源负极"地"，在负载电阻 R_L 上得到上正下负的正半周信号电压。当 u_i 处于负半周时，同理可知 V_1 截止，V_2 导通，此时负载电流通路为：电

图 3-10　OTL 乙类互补对称放大电路

容 C_L 左端→R_{E2}→V_2 发射极→"地"→负载下端→负载上端→C_L 右端，在负载电阻 R_L 上得到上负下正的负半周信号。

显然，当 u_i 处于负半周时，因为 V_1 截止而 V_2 导通，所以 C_L 代替直流电源供电。此时 C_L 要放电，电压要下降。为使 C_L 在放电过程中电压下降不能过多，电容的容量要足够大。

由上分析可知，在输入信号 u_i 的一个周期内，V_1、V_2 两管轮流截止、导通，在 R_L 上合成而得到一个完整的输出信号电压 u_o。两只特性相同的管子交替导通，相互补足，故称为互补对称放大电路，有时也称为推挽电路，就像两位木工师傅拉锯一样一推一挽。实际上 V_1、V_2 均组成的是射极输出器，所以它还具有输出电阻低负载能力强等特点。

另外，图中两个管子发射极所接的 R_{E1} 和 R_{E2} 两个电阻，其主要任务是起限流保护作用，以防止当输出端不小心短路或者 R_L 过小时，引起发射极电流过大而损坏管子。这两个限流电阻一般阻值很小，计算时可忽略不计。

OTL 互补对称功率放大电路最大不失真输出功率可用下式来估算：

$$P_{om} \approx \frac{U_{CC}^2}{8R_L} \tag{3-17}$$

如图 3-10 所示电路，静态工作点设置在截止区，因此放大器有输入信号作用之后，只有输入信号的电压高于晶体管发射结的死区电压之后管子才能开始导电，如果信号低于这个电压值时，两管均不能导通而发生失真现象，这种失真是在两管交替变化处，故称这种失真为交越失真，显然，交越失真是因为晶体管截止而产生的非线性失真。输入信号越小，交越失真就越明显。为了克服交越失真，可以给晶体管提供一定的静态偏流值，使晶体管的静态工作点设置在靠近截止区的放大区，这就是甲乙类互补对称放大电路。

3.3.3　甲乙类 OCL 互补对称功率放大电路

为了消除交越失真，可采用甲乙类工作状态的放大电路。前面所介绍 OTL 电路中输出耦合电容 C_L 对低频响应也有影响，容量大时也不容易集成，故可去掉 C_L，采用无输出电容的互补对称（OCL）放大电路。如图 3-11 所示电路为 OCL 甲乙类互补对称功率放大电路。

去掉输出耦合电容 C_L 以后，信号的负半周靠负电源 U_{CC} 给负载提供能量，故采用正负双电源供电。

互补对称功放电路设置适当的静态工作偏流的方法很多，常用方法是如图 3-11 所示的方法，就是利用接在 V_1、V_2 管基极之间的二极管所造成的压降为晶体管提供发射结正向偏置电压，使 V_1、V_2 具有一定的基极电流，还可以通过改变小电阻 R_1 的大小微调此值。

静态时应使两发射极电位为零，即 $u_i = 0$ 时输出电压 u_o 也为零。这可通过调节 R_2 或 R_3 的阻值实现。

由于电阻 R_1 上的电压降很小，二极管的正向压降基本不变，所以两基极间的电位差基本不变，在交流信号输入时，两基极的电位变化基本相同，即对于交流分量等效为两基极短接，所以，交流工作情况类似如图 3-10 所示电

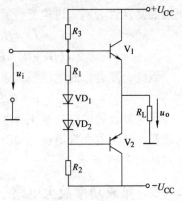

图 3-11　OCL 甲乙类互补对称电路

路，即正半周时，V_1 发射结正向偏置而导通，V_2 截止；而负半周时，V_2 发射结正向偏置而导通，V_1 截止，两管交替导通互补对称。其最大不失真输出功率可由下式估算：

$$P_{om} \approx \frac{U_{CC}^2}{2R_L} \tag{3-18}$$

考虑晶体管的饱和压降等因素，实际最大不失真输出功率比式（3-18）的计算值要小。

3.3.4　采用复合管的互补对称功率放大电路

大功率晶体管的电流放大系数较小，功率放大器输出电流较大时，就要求推动功率管工作的前置放大级必须提供较大的电流才能驱动功率管。为了减小功率级对前级的电流要求，可采用复合管来满足即能够输出较大的电流又不需要前置级提供较大的驱动电流。将两只管子按一定方式连接，便可得到复合管。复合管有 4 种连接方法，如图 3-12 所示是其中两种接法。

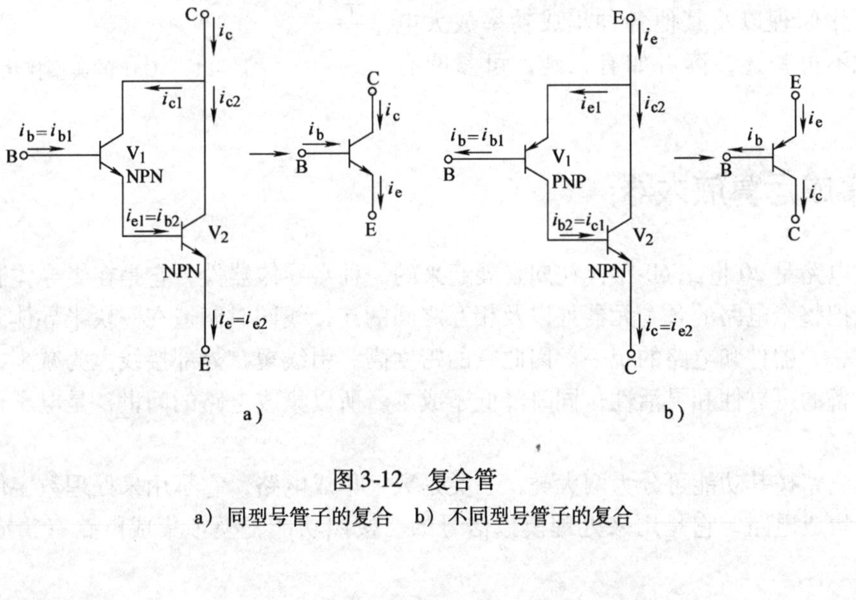

a)　　　　　　　　　　　　　　　　b)

图 3-12　复合管

a）同型号管子的复合　b）不同型号管子的复合

如图 3-12a 所示接法是两只 NPN 型管子的复合，等效成一只 NPN 型的管子。图 3-12b 则是一只 PNP 和 NPN 型管子的复合，复合后的型号同第一只管子为 PNP 型。下面以图3-12a 所示的复合管为例，讨论复合管的电流放大系数，由图知

$$i_c = i_{c1} + i_{c2} = \beta_1 i_{b1} + \beta_2 i_{b2} = \beta_1 i_{b1} + \beta_2 i_{e1} = \beta_1 i_{b1} + \beta_2 (1 + \beta_1) i_{b1}$$
$$= (\beta_1 + \beta_2 + \beta_1 \beta_2) i_{b1} \approx \beta_1 \beta_2 i_{b1} = \beta i_b$$

因此，复合后的电流放大系数

$$\beta = \beta_1 \beta_2 \qquad\qquad (3-19)$$

可见复合管的电流放大系数近似为两管电流放大系数的乘积。利用复合管组成的 OCL 甲乙类互补对称功率放大电路如图 3-13 所示。

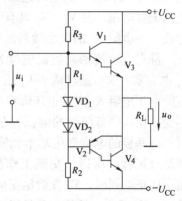

图 3-13　复合管组成的
功率放大电路

3.3.5　集成功率放大电路

随着电子工业的飞速发展，目前已经设计、生产出很多种不同型号、不同输出功率的集成功率放大电路。使用集成的功率放大电路时，只需要在电路外部接入规定数值的电阻、电容及负载，再接上直流电源就可以正常工作了。集成功率放大电路除了具有一般集成电路的共同特点，例如轻便小巧、成本低廉、外部接线少、使用方便、可靠性高等特点，还具有温度特性好、电源利用率高、功耗较低、非线性失真小等优点。另外，集成功率放大电路内部还集成了各种保护电路，如电流保护、过热保护以及过电压保护等，使用起来更加安全。

例如，集成功率放大器 5G31 是用于黑白电视机、小型录音机和小型收音机的专用型集成功放器件，它共有 14 个引脚，其典型接法如图 3-14所示。其中引脚①、⑦ 和 ⑭为空脚，图中未画出。该电路电源电压 9～12V，接 8Ω 的负载（扬声器），最大输出功率 0.4～0.7W。其内部电路工作原理以及其他各种集成功率放大电路，在此不再赘述，读者如有兴趣，可参阅有关文献。

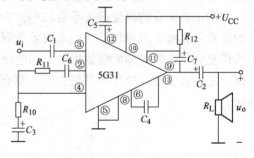

图 3-14　5G31 的典型接法

3.4　集成运算放大器

集成电路是 20 世纪 60 年代初期发展起来的一种半导体器件，它是在半导体制造工艺的基础上，把整个电路的各个元器件以及相互之间的连接线同时制造在一块半导体芯片上，实现了材料、元器件和电路的统一。因此它的密度高、引线短，外部接线大为减少，从而提高了电子设备的可靠性和灵活性，同时降低了成本。所以集成电路的问世，是电子技术的一个新的飞跃。

集成电路按其功能可分为两大类：一类是数字集成电路，它是用来处理数字信号的；一类是模拟集成电路，它是用来处理模拟信号的。按照功能，模拟集成电路有集成运算放大

器，集成稳压电源，集成功率放大器等类型。按照集成度（也称为规模），半导体集成电路可分为：小规模集成电路（SSI），其内部一般包含十到几十个元器件；中规模集成电路（MSI）其内部一般含有一百到几百个元器件；大规模和超大规模集成电路（LSI 和 VLSI），其内部一般具有一千个以上的元器件，有些超大规模集成电路，每片具有上百万个元器件，被称为甚大规模（ULSI）集成电路。近年来有学者提出把集成度高达上亿的电路称为巨大规模集成（GSI）电路。按照器件外形，集成电路可分为：双列直插式、圆壳式和扁平式等。按照载流子类型，集成电路可分为：双极型（BJT）、单极型（FET）等。

本节主要介绍集成运算放大器的组成、主要参数和工作特性等。

3.4.1　集成运算放大器的特点及其组成

集成运算放大器是一种具有高放大倍数的直接耦合放大器，因为最初被用于模拟运算中，故名运算放大器。目前，它的应用已十分普遍，远远超出了原来"运算放大"的应用范围，但其名称沿用至今。

当前，我国产量最大的是通用型集成运算放大器，其次是专用型运算放大器，有高速型、高输入电阻型、低漂移型、低功耗型以及高压、大功率型类型等。

3.4.1.1　集成运算放大器的特点

模拟集成电路，从电路原理上来说与分立元件电路基本相同，但在电路的结构形式上两者有较大的区别，集成运算放大器主要有以下几个特点：

1）由集成电路工艺制造出来的元器件，虽然其参数的精度不是很高，受温度的影响也比较大，但由于各有关元器件都同处在一个硅片上，距离又非常接近，因此对称性较好。运算放大器的输入级都采用差动放大电路，它要求两管的性能应该相同，因此集成电路中容易制成温度漂移很小的运算放大器。

2）由集成电路工艺制造出来的电阻，其阻值范围有一定的局限性，一般在几十欧到几十千欧之间，因此在需要较低和较高阻值的电阻时，就要在电路上想办法，因此，在集成运算放大器中往往用晶体管恒流源来代替电阻，必须用直流高阻值电阻时，也常采用外接方法。

3）集成电路工艺不适于制造几十皮法以上的电容器，至于制造电感器就更困难。所以集成电路应尽量避免使用电容器。而运算放大器各级之间都采用直接耦合，基本上不采用电容元件，因此适合于集成化的要求。必须使用电容器的场合，也大多采用外接的办法。

4）大量使用晶体管作有源器件。在集成运算放大器中，制作晶体管工艺简单，占据单元面积小，成本低廉，所以在电路内部用量最多，晶体管除用作放大外，还可接成二极管、稳压管、电流源等。

3.4.1.2　电路的组成

集成运算放大器的内部包括 4 个基本组成部分，即输入级、输出级、中间级和偏置电路，如图 3-15 所示。

输入级是放大器的第一放大级，它是提高运算放大器质量的关键部分，要求其输入电阻高，能抑制零点漂移并具有尽可能高的共模抑制比，

图 3-15　运算放大器组成框图

所以，输入级常采用差动放大电路。

中间级主要进行电压放大，要求它的放大倍数高，一般由共发射极放大电路构成。

输出级与负载相接，要求其输出电阻低，带负载能力强，能输出足够大的电压和电流，往往还设置有过电流保护电路等，通常采用 OCL 互补对称输出电路。

偏置电路的作用是为各级放大电路设置稳定而合适的静态偏置电流，它决定了各级的静态工作点，一般为电流源电路偏置。

考虑到集成运算放大器的内部电路相当复杂，对于使用者来说，主要的是要知道它的管脚功能和主要性能参数，至于其内部结构如何及工作原理，本教材不作介绍，详请参阅参考文献。集成运算放大器可用如图 3-16a 所示的符号表示，一般电源忽略不画，可简化为如图 3-16b 所示的符号。

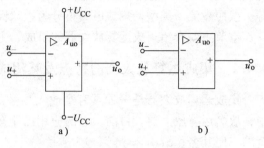

图 3-16 集成运算放大器的图形符号

a）一般符号 b）简化符号

图中：u_- 为反相输入端。由此端输入信号，则输出信号和输入信号是反相的。

u_+ 为同相输入端。由此端输入信号，则输出信号和输入信号是同相的。

u_o 为输出端。

U_{CC} 接正电源，$-U_{CC}$ 接负电源。

如图 3-17 所示是 F007（5G24）集成运算放大器的外形、管脚和符号图，它的外形是圆壳式，和普通的晶体管相似。它的 8 个管脚中有 7 个管脚与外电路相连，管脚 8 为空脚，管脚 1 和管脚 5 为外接电位器（通常为 10kΩ）的两个端子，用于静态调零。管脚 2 为反相输入端，管脚 3 为同相输入端，管脚 4 为负电源端，管脚 7 为正电源端，管脚 6 为输出端。

如图 3-18 所示为集成运算放大器 LM358 的外形和管脚图，是一种外形为双列直插、有 8 个管脚的双运放集成电路（含有两个运算放大器）。

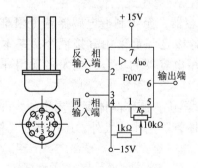

图 3-17 F007 集成运算放大器
外形、管脚符号图

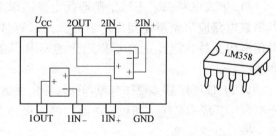

图 3-18 LM358 集成运算放大器
的外形和管脚图

3.4.2 集成运算放大器的主要参数

集成运算放大器的性能指标很多，主要性能指标介绍如下。

3.4.2.1　直流性能指标

1. 输入失调电压 U_{io}

理想集成运算放大器在输入电压 $u_+ = u_- = 0$ 时，输出电压 $u_o = 0$。但实际的集成运放，当输入电压为零时 $u_o \neq 0$。这是由于制造中元件参数的不对称性等原因所引起的，把它折算到输入端就是输入失调电压 U_{io}。它在数值上等于输出电压为零时两输入端之间应施加的直流补偿电压。U_{io} 的大小反应了差放输入极的不对称程度，显然其值越小越好，一般为几个毫伏，高质量的在 1mV 以下。

2. 输入失调电流 I_{io}

输入失调电流是输入信号为零时，两个输入端静态电流之差，即

$$I_{io} = |I_{B1} - I_{B2}|$$

I_{io} 一般为纳安量级，其值愈小愈好。

3. 输入偏置电流 I_{iB}

输入信号为零时，两个输入静态电流的平均值，称为输入偏置电流，即

$$I_{iB} = (I_{B1} + I_{B2})/2$$

其值也反映了集成运放输入端的性能，一般为零点几微安数量级，其值越小越好。

4. 输入失调电压温漂 dU_{io}/dT

指温度每变化单位值时引起输入失调电压变化量的多少。它衡量了输入失调电压的温漂特性，一般约为 mV/℃ 数量级。

3.4.2.2　小信号工作的性能指标

1. 开环电压放大倍数 A_{uo}

指集成运算放大器在无外加元器件情况下的空载电压放大倍数，即不外接任何电路元器件时的输出与输入的电压比值。它是决定运算精度的重要因素，其值越大越好。A_{uo} 一般约为 $10^4 \sim 10^7$，即 $80 \sim 140$dB。

2. 差模输入电阻 r_{id}

使集成运算放大器在差模信号输入时的开环（不外接元件）输入电阻，一般为几十千欧到几十兆欧，以场效应晶体管作为输入级的集成运放，r_{id} 可达 10^6kΩ。

3. 共模抑制比 K_{CMRR}

通用型的集成运算放大器 K_{CMRR} 一般在 $65 \sim 130$dB 之间。

3.4.2.3　大信号工作的性能指标

1. 最大共模输入电压 U_{icm}

集成运算放大器对共模信号具有抑制的性能，但这个性能是在规定的共模电压范围内才具备。如超出这个电压，运算放大器的共模抑制性能就大为下降，这个共模电压的限制就是 U_{icm}。

2. 最大差模输入电压 U_{idm}

集成运算放大器在工作中，差模成分也有限制，否则可能使输入级 PN 结或栅源间绝缘层反向击穿。这个差模电压限值就是 U_{idm}。

3. 最大输出电压 U_{opp}

能使输出电压和输入电压保持不失真关系的最大输出电压，称为运算放大器的最大输出

电压。

总之，集成运算放大器具有开环电压放大倍数高、输入电阻高、输出电阻低、漂移小、可靠性高、体积小等主要特点，所以它被广泛而灵活的应用于各个技术领域中。表 3-1 列出了 4 种通用型集成运算放大器的主要参数。

表 3-1　集成运算放大器的主要参数

类型 名称	符号	及单位	原始型 F001 BG301	第一代 F003 FG3	第二代 F007 5G24	第三代 F030 4E325	第四代 HA-2[①] 2900
输入失调电压	U_{io}	mV	1 ~ 10	2	2 ~ 10		0.06
输入失调电流	I_{io}	nA	500 ~ 5000	100	50 ~ 100	0.3	0.5
输入基极电流	I_a	nA	2500 ~ 10000	300	200	6	1
U_{io}温漂	dU_{io}/dT	μV/C	10 ~ 30	5	20 ~ 30	0.3 ~ 0.6	0.6
开环电压放大倍数	A_{uo}	dB	60 ~ 66	93	100 ~ 106	140	
共模抑制比	K_{CMR}	dB	70 ~ 80	90	80 ~ 86	130	120
最大共模输入电压	U_{iCM}	V	+ 0.7 ~ - 3.5	± 10	± 13	± 15	
最大差模输入电压	U_{idM}	V		± 5	± 30		
差模输入电阻	r_{id}	MΩ	0.008 ~ 0.020	0.25	2		1
最大输出电压	U_{OPP}	V	± 4 ~ ± 4.5	± 14	± 8 ~ ± 12		
静态功耗	P_D	mW	150	80	50	75	

① 国外型号。

3.4.3　理想运算放大器及其分析依据

3.4.3.1　集成理想运放的性能参数

在分析集成运算放大器的各种应用电路时，常常将集成运算放大器看成是一个理想运算放大器。所谓理想运算放大器就是将集成运放的各项技术指标理想化，具体说来，就是

开环电压放大倍数 $A_{uo} \to \infty$

差模输入电阻 $r_{id} \to \infty$

开环输出电阻 $r_{od} \to 0$

共模抑制比 $K_{CMRR} \to \infty$

实际的集成运算放大器显然不能达到上述理想化的技术指标，但是，由于集成运算放大器集成工艺水平的不断改进，集成运放产品各项性能指标越来越接近于理想参数。因此，在分析估算集成运算放大器的应用电路时，将实际的集成运算放大器视为理想集成运算放大器所造成的误差，在工程上是允许的。

3.4.3.2　分析依据

表示输出与输入电压之间关系的特性曲线称为电压传输特性，如图 3-19 所示，从图中来看，可分为线性区和饱和区（或非线性区）。

当集成运算放大器工作在线性区，有

$$u_o = A_{uo}(u_+ - u_-) \tag{3-20}$$

由于运算放大器的 A_{uo} 很高，即使输入信号很小，也足以使输出电压达到饱和值 $+U_{opp}$ 或 $-U_{opp}$，其饱和值在数值上接近于正、负电源电压。

1）由于集成运算放大器开环放大倍数 A_{uo} 很大，而输出电压是一个有限的电压，故从式（3-20）可知

$$u_+ - u_- = \frac{u_o}{A_{uo}} = 0$$

即
$$u_+ = u_- \tag{3-21}$$

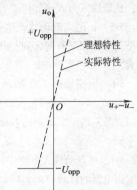

图 3-19　电压传输特性

式（3-21）说明同相输入端和反相输入端之间相当于短路，事实上，由于不是真正的短路，故称为虚假短路，简称"虚短"。

2）由于运算放大器的差模输入电阻 $r_{id} \to \infty$，可认为两个输入端的输入电流为零。即

$$i_+ = i_- = 0 \tag{3-22}$$

式（3-22）说明两输入端之间相当于断路，事实上不是真正的断路，故称为虚假断路，简称为"虚断"。

"虚短""虚断"是两个很重要的概念，利用它们可以大大简化运算放大器组成的线性电路的分析过程。

当然，实际上由于 A_{uo} 和 r_{id} 不是无穷大，因此 u_+ 和 u_- 不可能完全相等，而是有一微小的差值，即 $u_+ \approx u_-$；输入电流 i_+ 和 i_- 也不可能完全等于零，而是近似为零。对于实际运放，A_{uo} 和 r_{id} 的值越大，则式（3-21）和式（3-22）的误差越小。

当集成运放的工作范围超出线性区时，输出电压和输入电压之间不再满足式（3-20）表示的关系，集成运算放大器工作于非线性状态，有

$$u_o \neq A_{uo}(u_+ - u_-)$$

此时，输出电压只有两种可能，或等于 $+U_{opp}$（最大输出电压）或等于 $-U_{opp}$，由 u_+ 与 u_- 的大小而定。

当 $u_+ > u_-$ 时　　　　　　　　$u_o = +U_{opp}$

当 $u_+ < u_-$ 时　　　　　　　　$u_o = -U_{opp}$ $\tag{3-23}$

集成运算放大器开环（不外接元器件）工作时很容易工作于非线性状态，此时，由于输入电压是有限的值，而其输入电阻很大，理想为无穷大，所以输入电流仍有 $i_+ = i_- = 0$，即对于一个实际集成运算放大器来讲，无论其工作于什么状态，输入电流都近似为零。

总之，集成运算放大器有两种工作状态，线性工作状态和非线性（即饱和）工作状态。工作于线性状态时具有"虚短虚断"特点，而工作于非线性状态时，具有"虚断"和输出为饱和值之特点。分析运算放大器电路时首先应判定其工作于哪种状态，并且为了让其工作于线性状态，必须外接电路元器件，参见后面运算电路。

习　　题

3-1　多级放大电路中常见的耦合方式有哪几种？各有什么优点和缺点？

3-2　两级放大电路如图 3-20 所示，指出电路的耦合方式。已知晶体管 V_1 和晶体管 V_2 的放大系数

$\beta_1 = \beta_2 = \beta$，试写出每一级放大电路以及整个电路总的电压放大倍数表达式。

3-3 零点漂移指的是什么？产生零点漂移的原因有哪些？抑制零点漂移的措施有哪些？

3-4 在差动放大电路中，何为共模输入信号、差模输入信号？比较输入方式可如何等效？

3-5 长尾式差动放大电路中，共模抑制电阻在共模信号和差模信号作用上有何区别？共模抑制电阻越大越好，是否可以任意大？

3-6 电路如图 3-21 所示，若差动电路理想对称，已知 $\beta_1 = \beta_2 = \beta$，$r_{be1} = r_{be2} = r_{be}$ 时，试写出可调电阻 RP 的滑动端分别在正中间和最左端时，电路的差模电压放大倍数的表达式，并比较有何不同。

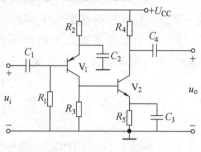

图 3-20 习题 2 图

3-7 在差动放大电路中，单端输入和双端输入的效果是否一样？单端输出和双端输出时，其放大倍数和输出电阻的计算有何差别？

3-8 与电压放大电路相比，功率放大电路要求有哪些？

3-9 功率放大电路中晶体管的工作点位置设置和导通情况分为哪几种？哪一种的工作效率最高？

3-10 如图 3-22 所示的 OCL 互补对称功率放大电路，已知电源电压 $U_{CC} = 20V$，负载 $R_L = 8\Omega$，试计算：（1）输入信号的有效值 $U_i = 10V$ 时，电路的输出功率 P_o；（2）忽略晶体管压降，求最大不失真输出功率 P_{Omax}。

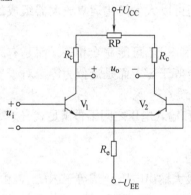

图 3-21 习题 6 图

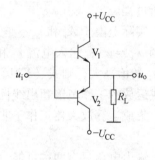

图 3-22 习题 10 图

3-11 复合管有哪些特点？是否把两个晶体管的 3 个电极任意连起来就可以构成复合管？

3-12 集成运算放大器的内部由哪几部分构成？各部分电路分别起什么作用，采用何种电路结构？

3-13 理想集成运算放大器中，有哪些参数理想化？怎样理解虚短和虚断两个重要概念？虚短何时成立，何时不能成立？

3-14 集成运算放大电路的失调参数有哪几个？分别表征了集成运算放大电路哪方面的特性？

第4章 集成运算放大器的应用

集成运算放大器的应用相当广泛，本章主要讨论其在信号的基本比例运算和加法运算、信号的测量、信号的转换以及信号的处理等方面的应用，对于放大电路中的负反馈也进行简单的讨论。

4.1 比例运算电路

4.1.1 反相比例运算电路

如图 4-1 所示电路为反相比例运算电路。输入信号 u_i 经过电阻 R_1 接到集成运放的反相输入端，而同相输入端经过电阻 R_2 接"地"。输出电压 u_o 经电阻 R_F 接回到反相输入端。在实际电路中，为了保证运放的两个输入端处于平衡的工作状态，在同相输入端接入平衡电阻 R_2，应使

$$R_2 = \frac{R_1 R_F}{R_1 + R_F}$$

如图 4-1 所示电路中，在同相输入端，由于输入电流为零，R_2 上没有压降，因此 $u_+ = 0$。又因理想情况下 $u_+ = u_-$，所以

$$u_- = 0$$

虽然反相输入端的电位等于零电位，但实际上反相输入端没有接"地"，这种现象称为"虚地"。"虚地"是反相运算放大电路的一个重要特点。

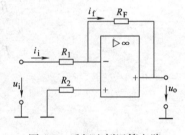

图 4-1 反相比例运算电路

由于从反相输入端流入集成运放的电流为零，所以 $i_i = i_f$。

如图 4-1 所示电路中，可以列出

$$i_i = \frac{u_i - u_-}{R_1}$$

$$i_f = \frac{u_- - u_o}{R_F}$$

$$\frac{u_i - u_-}{R_1} = \frac{u_- - u_o}{R_F}$$

故

$$u_o = -\frac{R_F}{R_1} u_i \tag{4-1}$$

闭环电压放大倍数为

$$A_{uf} = \frac{u_o}{u_i} = -\frac{R_F}{R_1} \tag{4-2}$$

由式（4-2）可知，输出电压与输入电压的大小成正比，u_o 与 u_i 间的关系值取决于 R_F

与 R_1，而与集成运放内部各项参数无关。式中的负号表示 u_o 与 u_i 反相。

当 $R_F = R_1$ 时

$$A_{uf} = -1$$

此时电路被称为反相器或反号器，即输出电压与输入电压大小相等，相位相反。

例4-1　如图 4-1 所示电路中，已知 $R_F = 10\text{k}\Omega$，$R_1 = 5\text{k}\Omega$，$u_i = 0.5\text{V}$，试求输出电压 u_o。

解：由式（4-1）知

$$u_o = -\frac{R_F}{R_1}u_i = -\frac{10\text{k}\Omega}{5\text{k}\Omega} \times 0.5\text{V} = -1\text{V}$$

4.1.2　同相比例运算电路

如图 4-2 所示电路是同相比例运算电路，信号 u_i 接至同相输入端。在同相比例的实际电路中，也应使 $R_2 = \dfrac{R_1 R_F}{R_1 + R_F}$，以保持两个输入端处于平衡状态。

由式（3-21）和式（3-22）可得

$$u_- = u_+ = u_i$$

$$i_i = i_f$$

可以列出

$$i_i = -\frac{u_-}{R_1} = -\frac{u_i}{R_1}$$

$$i_f = \frac{u_- - u_o}{R_F} = \frac{u_i - u_o}{R_F}$$

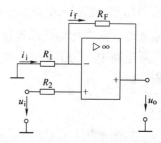

图 4-2　同相比例运算电路

于是

$$u_o = \left(1 + \frac{R_F}{R_1}\right)u_i \tag{4-3}$$

即闭环电压放大倍数

$$A_{uf} = \frac{u_o}{u_i} = 1 + \frac{R_F}{R_1} \tag{4-4}$$

式（4-4）说明，输出电压与输入电压的大小成正比，且相位相同，也就是说，电路实现了同相比例运算。A_{uf} 也只取决于电阻 R_F 和 R_1 之比，而与集成运放的内部参数无关，所以比例运算的精度和稳定性主要取决于电阻 R_F 和 R_1 的精度和稳定程度。一般情况下，A_{uf} 值恒大于 1。当①$R_F = 0$；②$R_1 = \infty$；③$R_F = 0$ 及 $R_1 = \infty$ 时 $A_{uf} = 1$，这种电路称为电压跟随器，如图4-3所示。

例4-2　如图 4-2 所示同相比例放大电路中，已知 $R_F = R_1 = 10\text{k}\Omega$，$u_i = 1\text{V}$，试求输出电压 u_o，并确定电阻 R_2。

解：由式（4-3）有

$$u_o = \left(1 + \frac{R_F}{R_1}\right)u_i = 2u_i = 2 \times 1\text{V} = 2\text{V}$$

为了电路的平衡，R_2 的取值应为 R_F 和 R_1 的并联值，即

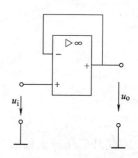

图 4-3　电压跟随器

$$R_2 = 5\text{k}\Omega$$

4.1.3　差动比例运算电路

差动比例运算电路也叫减法运算电路，如图4-4所示，信号同时从同相输入端和反相输入端加入。利用叠加原理可求出输出电压 u_o 如下：

u_{i1} 单独作用时的电路如图4-5所示，是反相比例运算电路

$$u'_o = \frac{-R_F}{R_1} u_{i1}$$

u_{i2} 单独作用时的电路如图4-6所示，相当于同相比例运算

$$u''_o = \left(1 + \frac{R_F}{R_1}\right) u_+ = \left(1 + \frac{R_F}{R_1}\right) \frac{R_3}{R_2 + R_3} u_{i2}$$

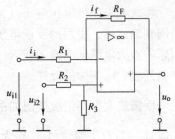

图4-4　差动比例运算电路

因此

$$u_o = u'_o + u''_o = \left(1 + \frac{R_F}{R_1}\right) \frac{R_3}{R_2 + R_3} u_{i2} - \frac{R_F}{R_1} u_{i1} \tag{4-5}$$

当 $R_1 = R_2$ 和 $R_F = R_3$，则式（4-5）为

$$u_o = \frac{R_F}{R_1} (u_{i2} - u_{i1}) \tag{4-6}$$

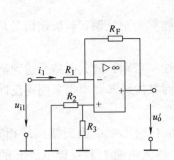

图4-5　u_{i1} 单独作用时的等效电路

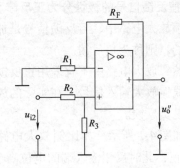

图4-6　u_{i2} 单独作用时的等效电路

电压放大倍数

$$A_{uf} = \frac{u_o}{u_{i2} - u_{i1}} = \frac{R_F}{R_1} \tag{4-7}$$

当 $R_1 = R_2 = R_F = R_3$ 时，则得

$$u_o = (u_{i2} - u_{i1}) \tag{4-8}$$

由式（4-8）可见，输出电压 u_o 与两个输入电压差值成正比，所以可进行减法运算。

该电路存在共模输入电压，为了保证运算精度，应当选用共模抑制比高的运算放大器，另外，还应尽量提高元件的对称性。

4.2　集成运算放大电路中的负反馈

4.2.1　反馈的概念

　　将放大电路的输出电压（或电流）的全部（或部分），通过某种电路（称为反馈电路）引回到输入端，引回的反馈电压（或电流）与输入端的输入电压（或电流）进行比较，从而影响放大电路的净输入信号（也叫驱动信号）的大小，这就是放大电路中的反馈。

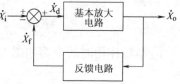

图 4-7　反馈放大电路组成框图

　　反馈放大电路组成框图如图 4-7 所示。图中，$\dot{X}_i$ 为输入信号，$\dot{X}_f$ 为反馈信号，$\dot{X}_d$ 为净输入信号，也叫驱动信号，$\dot{X}_o$ 为输出信号。

　　输出信号 $\dot{X}_o$ 与净输入信号 $\dot{X}_d$ 的比值，也就是基本放大电路的放大倍数，称作开环放大倍数；输出信号 $\dot{X}_o$ 与输入信号 $\dot{X}_i$ 的比值，也就是带反馈的放大电路的放大倍数，称作闭环放大倍数。

4.2.2　反馈的类型

1. 按反馈信号的极性分为正反馈和负反馈

　　反馈放大电路中，若反馈信号是加强输入信号的，则称为正反馈，若反馈信号是削弱输入信号的，则称为负反馈。

　　显然，放大电路中不宜采用正反馈，而应采用负反馈，否则，放大电路会达到饱和输出而不能线性放大输入信号。在实际的放大电路中，有时对某段局部频率也采用正反馈，但总体一定是负反馈。

　　在如图 4-1 所示反相比例放大电路中，反馈电路 R_F 自输出端引出而接到反相输入端，设 u_i 为正，此时反相输入端的电位高于输出端的电位，输入电流 i_i 和反馈电流 i_f 的实际方向见图 4-2，差值电流（净输入电流）$i_- = i_i - i_f$，即 i_f 削弱了净输入电流，故为负反馈。

　　同样，如图 4-2 所示的同相比例和如图 4-4 所示的差动比例电路中，电阻 R_F 是反馈电阻，它接于输出端和反相输入端之间，也是负反馈放大电路，反馈电阻 R_F 越小，反馈作用越强，实际上以上的比例放大电路中的反馈量很大，通常被叫作深度负反馈。

2. 按输出端的取样方式分为电压型反馈和电流型反馈

　　若反馈信号是取样于输出电压，反馈电压（或电流）正比于输出电压，则称为电压型反馈，否则，若反馈信号是取样于输出电流，反馈电压（或电流）正比于输出电流，则称为电流型反馈。

　　在如图 4-1 所示电路中，反馈电流 $i_f = -\dfrac{u_o}{R_F}$，故为电压型反馈。在如图 4-2 所示电路中，电阻 R_1 上的电压 u_1 是反馈电压，也正比于输出电压，所以是电压型反馈。

3. 按输入端反馈信号的连接方式（或表现形式）分为串联型反馈和并联型反馈

反馈信号在输入端如果是以电流的形式出现，与输入电流信号和净输入电流信号接于一个节点，就称为并联型反馈，否则，反馈信号在输入端如果是以电压的形式出现，与输入电压信号和净输入电压信号串联于一个回路，则称为串联型反馈。

在如图 4-1 所示电路中，反馈电流 i_f 与输入电流 i_i 和净输入电流 i_- 接于一个节点，那就是反相输入端，所以，图 4-1 所示的反相比例运算电路中引入的是并联型反馈。在如图 4-2 所示的同相比例运算电路中，反馈电压 u_1 与输入电压 u_i 和净输入电压 $u_- - u_+$ 串联于输入回路中，所以，如图 4-2 所示电路中引入的是串联型反馈。

另外，按反馈性质分类，反馈类型又分为直流反馈和交流反馈：直流通路中的反馈为直流反馈，而交流通路中的反馈为交流反馈。

反馈类型通常也叫做反馈组态，交流负反馈放大电路有 4 种组态，即串联电压负反馈、串联电流负反馈、并联电压负反馈和并联电流负反馈。

由以上分析可知，如图 4-1 所示电路为并联电压负反馈放大电路，如图 4-2 所示电路为串联电压负反馈放大电路。

4.2.3 负反馈的作用

反馈类型不同，对放大电路的影响也不同，即有不同的作用。

1. 直流负反馈，稳定静态工作点

在第 2 章学习过的静态工作点稳定的射极偏置式放大电路，其实就是负反馈放大电路，射极电阻 R_e 引入了直流负反馈，电阻 R_e 越大，负反馈就越深，静态工作点就越稳定。

2. 交流负反馈，改善放大特性

交流负反馈降低放大倍数，闭环放大倍数是小于开环放大倍数的。如图 4-1 所示反相比例放大电路中，放大倍数由很大的运算放大器开环增益 A_{uo} 降低到闭环增益（R_f 与 R_1 的比值）。但可以说是牺牲了增益，换来了下面的好处。

（1）能够使放大电路的放大倍数稳定性提高 当输出变大时，反馈信号也将变大，削减输入信号的量也就增大，因而，使其净输入信号变化减小，输出变化也就减小，从而稳定了增益。

比如，在如图 4-1 所示的反相比例放大电路中，其放大倍数为 R_f 与 R_1 的比值，只要电阻 R_f 和 R_1 的阻值精密稳定，其增益将会特别稳定，不会因温度变化，导致器件参数的变化而影响其电路增益的稳定。

（2）电压型负反馈，减小输出电阻，稳定输出电压 如图 4-1 和图 4-2 所示电路均为深度电压型负反馈放大电路，其输出电压极为稳定，这可以由式（4-1）和式（4-3）可以看出，其输出电压仅与输入电压和外接电阻参数有关，而与运算放大器的参数和外接负载无关，即温度等对放大器性能参数的影响和负载的变化不会影响输出电压。

（3）电流型负反馈，增大输出电阻，稳定输出电流 在电流型负反馈放大电路中，其反馈信号取样于输出电流，当输出电流波动时，反馈信号将正比与输出电流变化，而削弱输入信号，从而稳定了输出电流。

（4）串联型负反馈，提高输入电阻 如图 4-2 所示同相比例放大电路为串联型负反馈放大电路，其输出信号源电流 $i_i = i_+ = 0$，即输入电阻为无穷大。

在第 2 章如图 2-16 所示电路中，可以判定，射极电阻 R_E 引入了串联电流负反馈。由式

（2-27）知，其输入电阻比没有 R_E 时提高了。

（5）并联型负反馈，减小输入电阻　如图 4-1 所示电路为并联型负反馈放大电路，可以求出其输入电阻

$$r_i = \frac{u_i}{i_i} \approx R_1$$

可见，其输入电阻 r_i 比无反馈时运算放大器很大的输入电阻 r_{id} 小多了。

4.3　加法运算和积分运算电路

4.3.1　反相比例求和运算电路

如果反相比例运算电路输入端有多个输入信号，则构成反相比例求和电路，也叫加法运算电路，如图 4-8 所示。图中，$R_2 = \dfrac{1}{\dfrac{1}{R_{11}} + \dfrac{1}{R_{12}} + \dfrac{1}{R_{13}} + \dfrac{1}{R_F}}$。

如图 4-8 所示电路中，由运算放大器的"虚短虚断"特点可知，其反相输入端为"虚地"点，所以

$$i_{11} = \frac{u_{i1}}{R_{11}}$$

$$i_{12} = \frac{u_{i2}}{R_{12}}$$

$$i_{13} = \frac{u_{i3}}{R_{13}}$$

$$i_f = -\frac{u_o}{R_F}$$

$$i_f = i_{11} + i_{12} + i_{13}$$

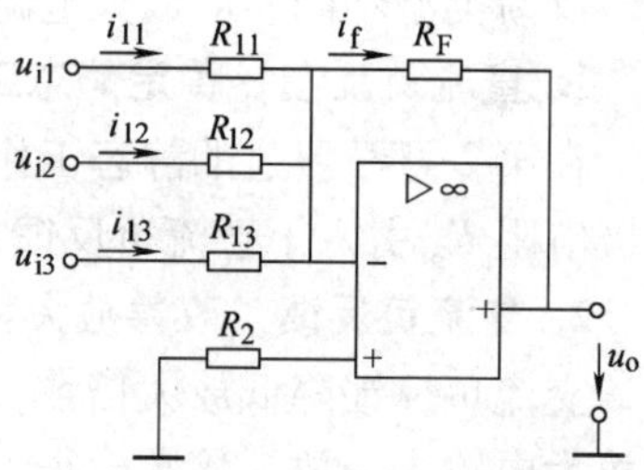

图 4-8　加法运算电路

联立求解上列各式有

$$u_o = -\left(\frac{R_F}{R_{11}}u_{i1} + \frac{R_F}{R_{12}}u_{i2} + \frac{R_F}{R_{13}}u_{i3} \right) \tag{4-9}$$

当 $R_{11} = R_{12} = R_{13} = R_1$ 时，则式（4-9）为

$$u_o = -\frac{R_F}{R_1}(u_{i1} + u_{i2} + u_{i3}) \tag{4-10}$$

当 $R_{11} = R_{12} = R_{13} = R_F = R_1$ 时，则

$$u_o = -(u_{11} + u_{12} + u_{13}) \tag{4-11}$$

式（4-10）表明，输出电压与若干个输入电压之和成正比例关系，式中负号表示输出电压与输入电压相位相反。

由上分析可知，输入的信号在输出端的响应为各自取比例反相求和，所以，可以很方便地计算增加或减少输入信号个数时的输出电压值，只要在式（4-9）中相应增加或减少该项即可。

另外，利用运算放大器也可以构成同相输入的加法电路，读者可参阅有关参考文献。

例 4-3　电路如图 4-9 所示，求输出电压 u_o 与各输入电压的运算关系。

解：$u_{o1} = -\dfrac{R_F}{R_1}u_{i1} = -10u_{i1}$

$$u_o = -\left(\frac{10\text{k}\Omega}{10\text{k}\Omega}u_{o1} + \frac{10\text{k}\Omega}{5\text{k}\Omega}u_{i2} + \frac{10\text{k}\Omega}{2\text{k}\Omega}u_{i3}\right)$$

$$= 10u_{i1} - 2u_{i2} - 5u_{i3}$$

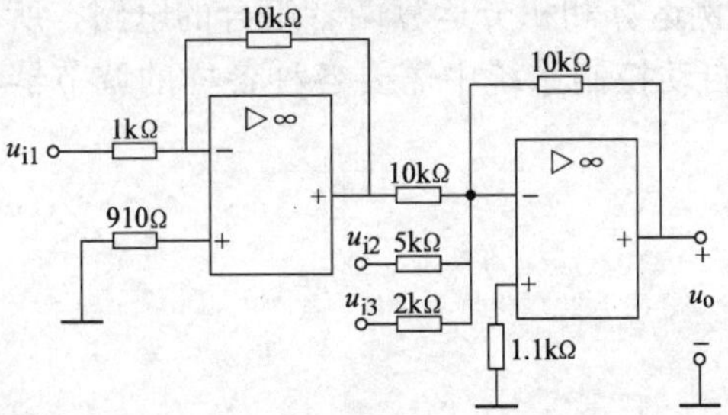

图 4-9　例 4-3 的图

4.3.2　积分运算电路

如图 4-1 所示的反相比例运算电路中，若用电容 C_F 来代替其反馈电阻 R_F，就成为积分运算电路，如图 4-10 所示。

由于 $u_- = u_+ = 0$，并注意到电容器上电流与电压间的关系，有

$$i_f \approx i_i \approx \frac{u_i}{R_1}$$

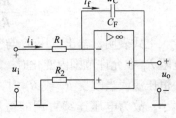

$$u_o = -u_C = -\frac{1}{C_F}\int i_f \mathrm{d}t = -\frac{1}{R_1 C_F}\int u_i \mathrm{d}t \qquad (4\text{-}12)$$

由式（4-12）可以看出，u_o 与 u_i 的积分成比例关系，其中负号表示两者反相，$R_1 C_F$ 称为积分时间常数。

图 4-10　积分运算电路

当 u_i 为恒定电压 U_i，且电容 C_F 初始电压为零时，则有

$$u_o = -\frac{U_i}{R_1 C_F}t \qquad (4\text{-}13)$$

式（4-13）表明，当 u_i 为恒定电压 U_i 时，C_F 将恒流充电，其输出电压 u_o 的模值随时间线性增加，积分时间过长，最后运算放大器会达到饱和输出 U_{opp}。

积分电路也广泛用于控制与测量系统中。

例 4-4　试求如图 4-11 所示电路的 u_o 与 u_i 的关系式。

解：由如图 4-11 所示电路可以列出

$$u_o - u_- = -R_F i_f - u_C = -R_F i_f - \frac{1}{C_F}\int i_f \mathrm{d}t$$

$$i_i = \frac{u_i - u_-}{R_1}$$

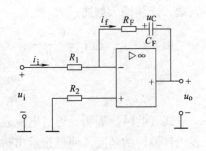

$$u_+ \approx u_- = 0$$

$$i_f = i_i$$

图 4-11　例 4-4 的图

联立求解以上各式有

$$u_o = -\left(\frac{R_F}{R_1} u_i + \frac{1}{R_1 C_F} \int u_i dt \right)$$

由上式可见，第一部分电路做反向比例运算，而第二部分完成的是积分运算，所以，如图 4-11 所示电路是反向比例运算和积分运算两者组合的电路，所以称它为比例—积分调节器（简称 PI 调节器）。在自动控制系统中需要各种各样的调节器，以保证系统工作的稳定性和控制的精度。

4.4　测量实用电路

4.4.1　可调电压源

在电子检测设备中经常需要性能接近理想的电压源，利用集成运算放大器来构建电路可以满足这个要求。

在图 4-12 所示的电路中，稳压管的稳定电压作为反相输入端的固定电压，同相输入端接地，则输出电压为

$$u_o = -\frac{R_F}{R_1} U_Z$$

上式表明，输出电压 u_o 与负载电阻 R_L 无关。当负载电阻 R_L 在允许范围内变化时，输出电压 u_o 保持不变，为一恒压源。当改变 R_1 或 R_F 时，可以调节输出电压 u_o 的大小，故为电压连续可调的恒压源。调节 R_F 与 R_1 的比值，甚至可以获得低于 U_Z 的输出电压，因此也可以用作较低电压的标准电源。

图 4-12　可调电压源

4.4.2　直流电压测量电路

为了准确测量电路的电压和电流，一般要求电压表内阻要大，电流表内阻要小，然而普通电表的内阻很难满足这个要求。

一个高精度直流电压表电路如图 4-13 所示，它其实是一个电压—电流转换器。图中，电流表 A 串联在负反馈电路中，R_F 是表头内阻与外接电阻之和。u_i 是待测电压，加在同相输入端，反相输入端通过 R_1 接地。

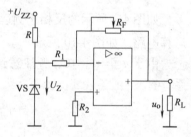

因 $i = -i_1$，而 $i_1 = \dfrac{0 - u_-}{R_1}$；又因 $u_- = u_+ = u_i$，所以

$$i = \frac{u_i}{R_1} \qquad\qquad (4\text{-}14)$$

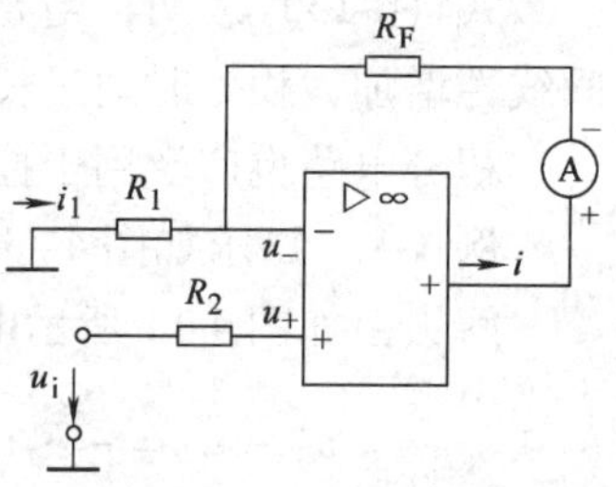

图 4-13　直流电压测量电路

式（4-14）表明，通过电流表的电流 i 与待测电压 u_i 成正比，而与表头内阻无关。电流表指针偏转的角度，便可指示出待测电压的大小。

这时，电流表的内阻已不再是原来表头的内阻，而是运算放大器输入端所呈现的等效输

入电阻。如前所述，运放在闭环负反馈条件下从同相端输入时，引入的是深度串联负反馈，具有较大的输入电阻（理想情况为无穷大）。所以，电流表引入运算放大器，其内阻增大了许多，从而提高了电流表的精度。

由式（4-14）可见，当电阻 R_1 很小时，较小的待测电压可在表头产生较大的电流，所以电压表的灵敏度也很高。

如图 4-13 所示电路实际上是电压—电流转换器。将电压信号加在同相输入端，负载接在反馈电路中，即得到一个不受负载阻抗变化影响的电流源。对于要求两端都与"地"绝缘的负载，这种转换器倍受欢迎。

4.4.3　直流电流测量电路

一个高精度直流电流表电路如图 4-14 所示。A 为毫安表头，R 是表头内阻与外接电阻之和，同相输入端接地，待测电流 i_i 从反相输入端输入。

因反相输入端为"虚地"，所以 R_1 两端的压降与 R_2 两端的压降相等，即

$$i_1 R_1 = -i_2 R_2$$

而　　　　　　$i_i = i_1,\ i_2 = i_1 - i$

所以　　　　　$i = \left(1 + \dfrac{R_1}{R_2}\right) i_i$ 　　　　（4-15）

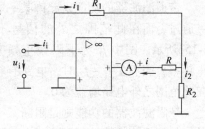

图 4-14　直流电流测量电路

式（4-15）表明，通过表头的电流 i 与待测电流 i_i 成正比，而与表头的内阻无关。

这时，电流表的内阻已不再是原来表头的内阻，而是运放电路的输入电阻。如前所述，运放在闭环负反馈条件下从反相端输入时，引入的是深度并联负反馈，具有很小的输入电阻（理想条件下为零）。所以，电流表引入运算放大器后内阻降低了，从而提高了电流表的精度。

由式（4-15）可见，当加大比值 R_1/R_2 时，很小的待测电流即可在表头中流过较大的电流，因此，直流电流表的灵敏度也可得到提高。

如图 4-14 所示电路，实际上是个电流可调的恒流源。若将负载接在表头所示的位置，则由式（4-15）可知，通过负载的电流取决于 R_1、R_2 和 i_i，而与负载的电阻（即图中的电阻 R）无关。当负载电阻在允许的范围内变化时，负载电流保持恒定不变，具有恒流的特性。而改变电阻 R_1 或 R_2，可以调节负载电流的大小。

类似的，利用运算放大器也可以构成电阻测量电路等。

4.5　有源滤波器

4.5.1　滤波器的功能和分类

滤波器的功能是能够选出有用频率的信号，抑制无用频率的信号，也就是对一定范围的频率的信号衰减很小，使其能够顺利通过，而对于在此频率之外的信号衰减很大，阻止其通过。

电阻 R、电容 C、电感 L 这些元件叫无源元件，而晶体管、运算放大器等称为有源元

件，因它们使用时需要电源。因此，由 R、L、C 构成的滤波器叫无源滤波器，而除了使用 R、L、C 之外，还使用了运算放大器等有源器件的滤波器，叫有源滤波器。

有源滤波器具有体积小、重量轻、频率特性调整方便，还具有放大作用等优点，广泛地被应用在通信、测量以及控制等领域。

滤波器按照其功能可以分为低通、高通、带通和带阻滤波器，其理想幅频特性曲线如图 4-15 所示。

低通滤波器也叫高频滤波器，其功能是允许低频信号通过而高频信号不能通过，频率特性如图4-15a所示。图中 f_0 为上限截止频率，当 $f < f_0$ 时，电路有较大的增益，而当 $f > f_0$ 时，电路增益为 0。

高通滤波器也叫低频滤波器，其功能是把低频信号滤掉，如图 4-15b 所示。图中 f_0 为下限截止频率，当 $f > f_0$ 时，电路有较大的增益，而当 $f < f_0$ 时，电路增益为 0。

带通滤波器的功能是允许某一个范围的频率信号通过，而在此范围之外的信号不能通过，如图 4-15c所示。图中 f_1 为下限截止频率、f_2 为上限截止频率，当 f 在 $f_1 \sim f_2$ 时，电路有较大的增益，而在此范围之外电路增益为 0。

带阻滤波器的功能则是阻断某个频率范围的信号，其理想幅频特性如图 4-15d 所示。

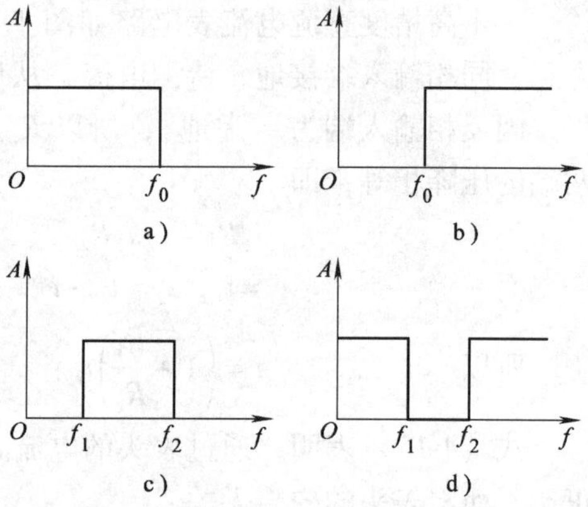

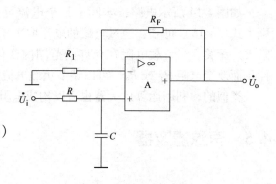

图 4-15　滤波器的理想频率特性
a）低通滤波器　b）高通滤波器
c）带通滤波器　d）带阻滤波器

4.5.2　低通滤波器

有源低通滤波器如图 4-16 所示。由 RC 电路得出

$$\dot{U}_+ = \frac{\dot{U}_i}{R + \dfrac{1}{j\omega C}} \cdot \frac{1}{j\omega C} = \frac{\dot{U}_i}{1 + j\omega RC}$$

根据同相比例运算电路的运算关系可知

$$\dot{U}_o = \left(1 + \frac{R_F}{R_1}\right)\dot{U}_+ = \left(1 + \frac{R_F}{R_1}\right)\frac{\dot{U}_i}{1 + j\omega RC}$$

所以　$A_u = \dfrac{\dot{U}_o}{\dot{U}_i} = \dfrac{1 + \dfrac{R_F}{R_1}}{1 + j\omega RC} = \dfrac{A_{up}}{1 + j\dfrac{f}{f_0}}$ 　　（4-16）

其中通频带内放大倍数

$$A_{up} = 1 + \frac{R_F}{R_1}$$

上限截止频率 f_0 为

图 4-16　有源低通滤波器

$$f_0 = \frac{1}{2\pi RC} \qquad (4-17)$$

低通滤波器的对数幅频特性如图 4-17 所示。

4.5.3　高通滤波器

一阶有源高通滤波器如图 4-18 所示。由 RC 电路得出

$$\dot{U}_+ = \frac{R\dot{U}_i}{R + \dfrac{1}{j\omega C}} = \frac{\dot{U}_i}{1 + \dfrac{1}{j\omega RC}}$$

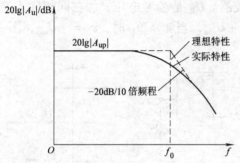

图 4-17　低通滤波器的对数幅频特性

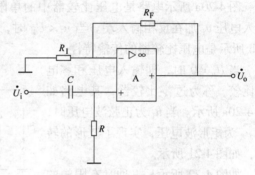

图 4-18　一阶高通滤波器

根据同相比例运算电路的运算关系可知

$$\dot{U}_o = \left(1 + \frac{R_F}{R_1}\right)\dot{U}_+ = \left(1 + \frac{R_F}{R_1}\right)\frac{\dot{U}_i}{1 + \dfrac{1}{j\omega RC}}$$

所以

$$A_u = \frac{\dot{U}_o}{\dot{U}_i} = \frac{1 + \dfrac{R_F}{R_1}}{1 + \dfrac{1}{j\omega RC}} = \frac{A_{up}}{1 - j\dfrac{f_0}{f}} \qquad (4-18)$$

其中通频带内放大倍数

$$A_{up} = 1 + \frac{R_F}{R_1}$$

下限截止频率 f_0 为

$$f_0 = \frac{1}{2\pi RC} \qquad (4-19)$$

高通滤波器的对数幅频特性如图 4-19 所示。

由图 4-17 和图 4-19 可以看出，实际滤波特性与理想特性有一定差距，这里是采用了一阶 RC 电路，所以也叫做一阶有源滤波电路，为了

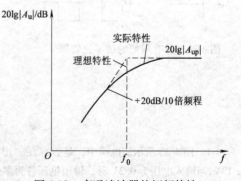

图 4-19　高通滤波器的幅频特性

实际滤波特性更接近理想特性，可采用二阶滤波电路等。

4.6　电压比较器

电压比较器是一种模拟信号的处理电路。其功能是将一个输入模拟量的电压与一个参考电压进行比较，并将比较的结果输出。在自动控制及自动测量系统中，常常将比较器应用于越限报警、模/数转换以及各种非正弦波的产生和变换等场合。

进行信号幅度比较时，输入信号是连续变化的模拟量，但是输出电压只有两种状态：高电平或低电平，所以集成运放通常工作在非线性区（饱和区）。

图 4-20a 所示电路是电压比较器中的单限比较器。U_R 是参考电压，加在同相输入端，输入电压 u_i 加在反相输入端。当 $u_i < U_R$ 时，$u_o = +U_{opp}$，当 $u_1 > U_R$ 时，$u_o = -U_{opp}$，图 4-20b 所示是电压比较器的传输特性。

当 $U_R = 0$ 时，即输入电压和零电平比较，称为过零比较器，其电路如图 4-20a 所示。当 u_i 为正弦波电压时，则 u_o 为矩形波电压，实现了波形的转换，如图 4-21 所示。

如图 4-22 所示是一种具有限幅的过零比较器。接入稳压管的目的是将输出电压钳位在某个特定值，以满足与比较器输出端连接的数字电路对逻辑电平的要求。电压比较器的形式很多，比如迟滞比较器、窗口比较器和专用集成比较器等，读者可参阅有关文献。

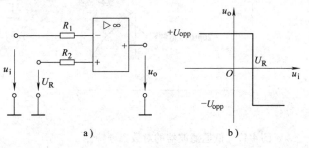

图 4-20　电压比较器
a）电路　b）传输特性

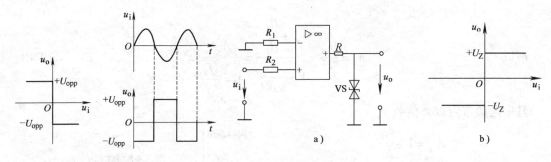

图 4-21　具有限幅的过零比较器

图 4-22　过零比较器
a）电路　b）正弦电压转换为矩形波电压

习　　题

4-1　图 4-23 所示的电路中，是否存在"虚地"？已知集成运算放大器最大不失真输出电压的幅度为 ±13V，当输入电压为 0.2V 时，输出电压各为多少；当输入电压为 1.2V 时，输出电压又各为多少？

4-2　图 4-24 所示的电路中，已知 $u_i = 8V$，试求输出电压以及流过两个反馈电阻的电流各为多大。

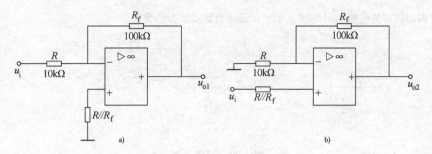

图 4-23　习题 1 图

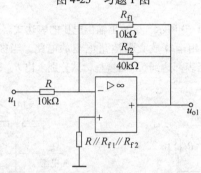

图 4-24　习题 2 图

4-3　图 4-25 所示的电路可视为哪两种运算电路的叠加？利用叠加原理，写出输出电压的表达式。

4-4　电路如图 4-26 所示，试写出输出电压的表达式。

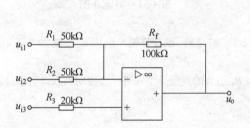

图 4-25　习题 3 图

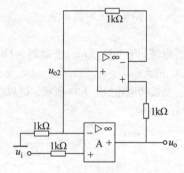

图 4-26　习题 4 图

4-5　电路如图 4-27 所示，试写出输出电压的表达式。

4-6　电路如图 4-28 所示，试写出输出电压的表达式。

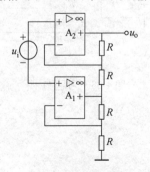

图 4-27　习题 5 图

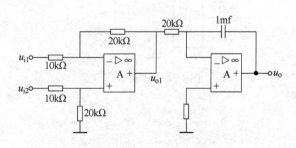

图 4-28　习题 6 图

4-7　有源滤波器的电路如图 4-29 所示，试说明有源滤波器的类型。

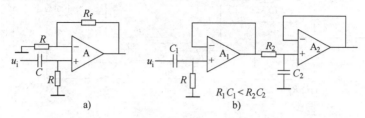

图 4-29　习题 7 图

4-8　电压-电流转换电路如图 4-30 所示，试写出输出电压的表达式。

4-9　如图 4-31 所示电路是利用运算放大器测量电流的电路，当被测量电流 I 分别为 5mA、1mA、0.5mA、0.1mA、和 50μA 时，电压表都达到 5V 满量程，试分别求出 $R_{F1} \sim R_{F5}$ 的电阻值。

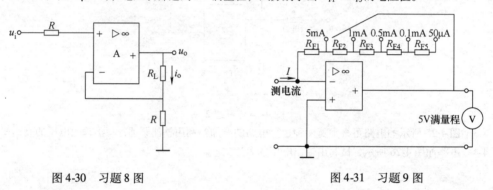

图 4-30　习题 8 图　　　　　　　　　　图 4-31　习题 9 图

4-10　电路如图 4-32 所示，已知 $u_{i1} = 1V$，$u_{i2} = -2V$，$u_{i3} = 1.5V$，试计算输出电压 u_{o1}、输出电压 u_{o2}、输出电压 u_o 的大小。

4-11　负反馈电路如图 4-33 所示，试判断电路中电阻 R_3 引入的反馈类型并进一步说明引入该类型反馈对电路参数的影响。

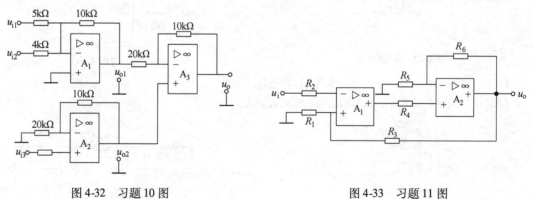

图 4-32　习题 10 图　　　　　　　　　　图 4-33　习题 11 图

第5章 正弦波振荡电路

在无线电通信、自动测量和自动控制等应用系统中，经常用到正弦波和非正弦波。本章首先从产生正弦波振荡的条件出发，讨论正弦波振荡电路的组成和工作原理，然后再介绍几种常用的 *RC*、*LC* 等典型正弦波振荡电路。

5.1 产生正弦波振荡的条件

在电子电路中，电路自己能产生一定幅度、一定频率的信号的现象称为自激振荡。能够产生正弦波形的电路叫正弦波振荡电路，或叫正弦波发生器。正弦波振荡电路的振荡频率范围很宽，可以从零点几赫到几百兆赫以上，输出的功率可以从几毫瓦到几十千瓦。那么振荡电路既然不外接信号源就有输出信号，它是怎样进行工作的呢？这就是本节要讨论的振荡电路产生自激振荡的条件。

5.1.1 自激振荡条件

在图 5-1 所示的电路结构框图中，A_u 是放大电路的增益，F 是反馈电路的反馈系数。当将开关合在端点 2 上时，就是一般的交流放大电路，输入信号电压（设为正弦量）为 u_i，输出电压为 u_o。如果将输出信号反馈到输入端，反馈电压为 u_f。使 u_f 与 u_i 大小相等且相位相同，则反馈电压就可以代替外加输入信号电压。将开关合在端点 1 上，去掉信号源而接上反馈电压，输出电压仍保持不变。这样在放大电路的输入端不外接信号的情况下，输出端仍有一

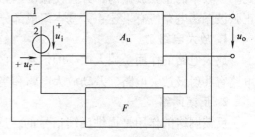

图 5-1　产生正弦波振荡的条件

定频率和幅度的正弦波信号输出，这样就形成自激振荡。振荡电路的输入信号是从自己的输出端反馈回来的，即 $u_i = u_f$。

因为放大电路的开环电压放大倍数为

$$A = \frac{\dot{U}_o}{\dot{U}_i}$$

反馈电压的反馈系数为 $F = \dot{U}_f / \dot{U}_o$，

当 $u_f = u_i$ 时，则 $A_u F = 1$。因此，振荡电路自激振荡的条件是

1. 相位条件

反馈电压 u_f 和输入电压 u_{be} 要同相，也就是必须要引入正反馈。因此，反馈电路必须正确连接。如果两端接反，u_f 的相位改变 180°，则不能产生振荡。如图 5-1 所示电路中

"＋"、"－"号代表某一瞬间各交流电压的极性。相位起振条件是：反馈信号的相位应与放大电路的输入信号相位相同即是正反馈。

2. 幅度条件

反馈回路要有足够的反馈量，$|A_uF|=1$，反馈电压等于所需的输入端电压 $u_f=u_i$，且相位相同时，振荡电路就可以稳定工作。即 $|A_uF|=1$ 是自激振荡平衡条件。但满足这一条件并不能使电路从无到有地振荡。因为电路接通电源时，开始没有振荡信号。它只能靠电路中的噪声或电压的起伏等微弱激励信号，在 $|A_uF|>1$ 的情况下，经过环路由小到大的放大，逐步建立起稳定的振荡。因此，正弦波振荡电路要激励起振荡，必须要求电路满足 $|A_uF|>1$ 的起振条件。

电路起振后，由于电路的 $|A_uF|$ 大于1，所以振荡幅度逐渐增大。但电压的幅度不会无限地增大，因为晶体管的特性为非线性的，当信号幅度增大到一定的程度时，电压放大倍数 $|A_u|$ 将降低，最后达到 $|A_uF|=1$，此时，振荡幅度便不再继续增大，振荡电路自动稳定在某一振荡幅度下工作。

综上所述，自激振荡的条件是

$$A_uF \geq 1 \tag{5-1}$$

其中幅度起振条件是 $|A_uF|>1$，稳定振荡条件是 $|A_uF|=1$，相位条件必须是正反馈。

5.1.2　正弦波振荡电路的组成

从上面分析可知，正弦波振荡电路一定包含放大电路和正反馈网络两部分，此外为了得到单一频率的正弦波振荡，并且使振荡电路稳定，电路中还应包含选频网络和稳幅环节。即正弦波振荡电路应有下述 4 大基本组成部分：

1. 放大电路

放大电路的作用是放大微小的信号，它对信号放大的能力由 $|A_u|$ 来反应。常用的放大电路有共射极放大电路、差动放大电路和集成运算放大电路等。

2. 反馈网络

反馈网络的作用是提供反馈信号的，反馈信号的大小由反馈系数 F 来决定，并保证在某频率上引入正反馈。

3. 选频网络

为了获得单一频率正弦波振荡，必须有选频网络。其功能是从很宽的频谱信号中选择出单一频率的信号通过选频网络，而将其他频率的信号进行衰减。常用的有 *RC* 选频网络、*LC* 选频网络和石英晶体选频网络等。选频网络可以单独存在，也可以和放大电路或反馈网络结合在一起。

4. 稳幅环节

稳幅环节的作用是稳定振荡的幅度和抑制振荡中产生的谐波，在信号较小时使电路幅度满足起振振荡条件，而幅度达到输出要求时自动满足稳定振荡条件。要求较高的振荡电路中需要外加专门的稳幅电路，而一般电路中是靠放大电路中元件的非线性来实现的，即放大电路也承担着稳幅电路的作用，不必专用稳幅的电路环节。

5.1.3　正弦波振荡电路的类型

根据选频网络所选用的元件不同，正弦波振荡电路一般分为 3 种类型：

1. RC 振荡电路

选频网络由 RC 元件组成。根据选频网络的结构和 RC 的连接形式不同，又分为桥式（RC 串并网络）、移相式和双 T 式等 3 种常用的 RC 振荡电路。RC 振荡电路的工作频率较低，一般为零点几赫至几兆赫，它们的直接输出功率较小，常用于低频电子设备中。

2. LC 振荡电路

选频网络由 LC 元件组成。根据选频网络的结构和 LC 的连接形式不同，又分为变压器反馈式、电感 3 点式和电容 3 点式等 3 种常用的 LC 振荡电路。LC 振荡电路的工作频率较高，一般在几十千赫以上，它们可以直接给出较大的输出功率，常用于高频电子电路或设备中。

3. 石英晶体振荡电路

选频作用主要依靠石英晶体谐振来完成。根据石英晶体的工作状态和连接形式不同，它可以分为并联式和串联式两种石英晶体振荡电路。石英晶体振荡电路的工作频率一般在几十千赫以上，它的频率稳定度较高，多用于时基电路和测量设备中。

5.2　RC 振荡电路

常用的 RC 正弦波振荡电路有桥式、移相式和双 T 式 3 种振荡电路形式。本节重点讨论桥式振荡电路，也叫做文氏桥式正弦波振荡电路。

5.2.1　RC 桥式振荡电路

RC 桥式振荡电路如图 5-2 所示，两级阻容耦合放大电路由 R_F 引入负反馈构成反馈放大器作为放大环节，RC 串并联网络作为正反馈网络和选频网络。如前所述，当阻容耦合共射极放大电路工作于中频时，前级的输入电压与输出电压反相，而后级的输入电压也与输出电压反相，这样，经过两次反相，前级的输入电压与后级的输出电压同相。考虑到选频性，不是直接将输出电压反馈到输入端，而是通过 R_1、C_1、R_2、C_2 所组成的串并联选频

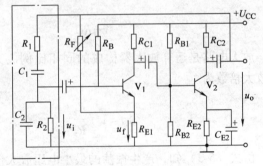

图 5-2　桥式 RC 振荡电路

电路反馈回来，输入电压 u_i 是从 R_2C_2 并联电路的两端取出的，它是输出电压 u_o 的一部分。

对选频电路来说，u_o 是输入电压，而 u_i 则是输出电压。如果取 $R_1 = R_2 = R$，$C_1 = C_2 = C$，可证明只有当

$$f = f_0 = \frac{1}{2\pi RC} \tag{5-2}$$

时 u_i 和 u_o 同相，即此时是正反馈，满足自激振荡的相位平衡条件，并且还要有

$$\frac{U_i}{U_o} > \frac{1}{3} \tag{5-3}$$

才能满足起振的幅度条件而产生正弦波振荡。

　　由此可见：第一，$R_1 C_1 R_2 C_2$ 串并联电路具有选频性，当 R_1、C_1、R_2、C_2 一经选定后，只能对式（5-2）所确定的那个频率产生自激振荡（如果没有 C_1、C_2 则对任何频率的信号都可产生自激振荡），输出的是正弦波信号；第二，为了满足自激振荡的相位条件，放大电路为两级，每一级的相位变化180°，即放大电路的总相位移为0°，或者说需要同相放大器与 RC 串、并联网络配合；第三，起振时要求放大电路的电压放大倍数 $|A_u|$ 大于3，使振荡幅度不断增大。最后受晶体管非线性的限制，使振荡幅度自动稳定下来，此时 $|A_u|$ 降为3。在如图 5-2 所示的电路中还引入串联电压负反馈电路，电位器 R_F 是反馈电阻，输出电压又通过 R_F 反馈到 V_1 的发射极；R_{E1} 上的电压即为负反馈电压 u_F。因此调节 R_F 就可以调节负反馈量，调到起振时电压放大倍数将稍大于3。此外引入负反馈后，还可以提高振荡电路的稳定性和改善输出电压的波形（使其更接近正弦波）。R_F 也可以用具有负温度系数的热敏电阻，这样还可以起到自动稳定振幅的作用。当其他原因使振荡幅度增大时，流过 R_F 的电流增大，R_F 的温度因而增高，它的阻值就会减少。R_F 的阻值的减少，就会使负反馈电压增高，其结果使振荡幅度回落。反之，当振荡幅度减少时，该反馈会使之回升，从而起到自动稳幅的作用。

　　采用集成运算放大器的文氏桥式 RC 振荡电路如图 5-3 所示，选频网络是 RC 串、并联网络，设 $R_1 = R_2 = R$，$C_1 = C_2 = C$，则振荡频率

$$f_0 = \frac{1}{2\pi RC}$$

放大电路是运算放大器构成的同相比例放大电路，其电压放大倍数为

$$A_{uf} = 1 + \frac{R_F}{R_E}$$

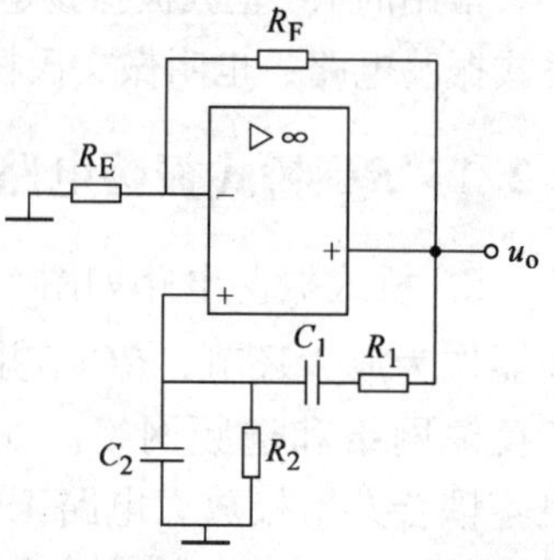

图 5-3　采用集成运算放大器的桥式 RC 振荡电路

　　由式（5-3）知，产生振荡的最小电压放大倍数为3，所以幅度条件要求

$$R_F \geqslant 2R_E$$

　　例 5-1　试判断如图 5-4 所示的各电路能否产生正弦波振荡，并简述理由。

　　解： 判断电路能否产生正弦波自激振荡，应先查看电路组成是否具备，然后再查看其相位平衡条件和幅度振荡条件是否满足。

　　图 5-4a 中，放大电路为单管共集电极电路（射极输出器），输入、输出相位相同，引入了正反馈，故相位条件满足。但因是共集电极放大电路，电压放大倍数小于1，幅度条件不满足，故该电路不能振荡。

　　图 5-4b 中，放大电路为单管共射极电路，输入、输出相位相反，引入了负反馈，相位条件不满足，故该电路不能振荡。

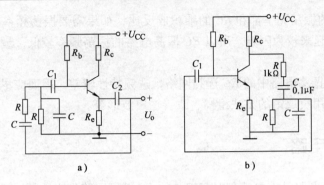

图 5-4　例 1 的电路

5.2.2　其他形式的 RC 振荡电路

在图 5-5 所示电路中，分别画出了 RC 移相式和双 T 选频网络式正弦波振荡电路的原理图。

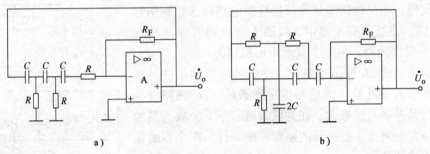

图 5-5　其他形式的 RC 振荡电路

a) RC 移相式　b) 双 T 式

在图 5-5 所示两电路中，集成运算放大器构成反相输入放大电路，其输入信号与输出信号的相位差为 180°。可以证明，三节 RC 网络和满足一定条件的双 T 式选频网络都可以在某一频率下相位移 180°，从而整个电路引入了正反馈，满足正弦波振荡电路的相位平衡条件，调节电路参数也很容易满足其幅度振荡条件，从而产生正弦波振荡。两者的振荡频率的估算公式分别为

$$f_0 = \frac{1}{2\pi\sqrt{6}RC} \tag{5-4}$$

$$f_0 = \frac{1}{5RC} \tag{5-5}$$

5.2.3　RC 振荡电路的特点

上述 3 种 RC 振荡电路尽管结构不同，但它们都是依靠 RC 网络实现选频的，它们有以下共同特点：

1) RC 振荡电路一般结构比较简单，制作方便，经济可靠。

2）振荡电路的振荡频率都和 RC 的乘积成反比，如果需要振荡频率较高时，要求 R 和 C 的值较小，实现起来较为困难。所以 RC 振荡电路的振荡频率较低，最高振荡频率也不会超过几兆赫。

3）RC 正弦波振荡电路中的 RC 选频网络，选频特性较差，因而应尽量使放大器件工作在线性区，故多采用负反馈的方法稳幅、改善输出波形等。

5.3 LC 振荡电路

LC 正弦波振荡电路是由电感和电容组成的 LC 谐振回路作为选频网络的，根据反馈形式的不同，又分为变压器反馈式、电感三点式和电容三点式 3 种典型电路，可产生几十兆赫以上的正弦波信号，下面就对这 3 种 LC 正弦波振荡电路进行讨论。

5.3.1 变压器反馈式 LC 振荡电路

图 5-6 所示电路是变压器反馈式 LC 振荡器的基本电路，其组成部分为：放大电路是射极偏置放大器；正反馈网络是变压器反馈电路；选频网络是 LC 并联电路。三线圈变压器中，线圈 L 与电容 C 组成选频电路，L_F 是反馈线圈，另一个线圈与负载相连。

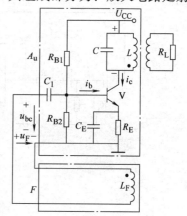

图 5-6　变压器反馈式 LC 振荡电路

变压器反馈式 LC 振荡电路中，变压器线圈的极性及接法，决定了引入正反馈，满足相位平衡条件。LC 回路发生并联谐振时其并联阻抗最大，在并联谐振频率下，放大器的放大倍数最大而满足正弦振荡的幅度振荡条件，产生自激振荡，输出正弦波信号。

在该 LC 并联回路中，信号频率低时呈感抗，频率越低总阻抗值越小；信号频率高时呈容抗，频率越高总阻抗值也越小。只有中间某一频率 f_0 时，呈纯阻性且总等效阻抗值最大。LC 并联回路在信号频率为 f_0 时发生并联谐振，谐振频率

$$f_0 = \frac{1}{2\pi \sqrt{LC}} \tag{5-6}$$

当将振荡电路与电源接通时，在集电极电路中可激励到一个微小的电流变化。它一般不是正弦量，但它包含一系列频率不同的正弦分量，其中总会有与谐振频率相等的分量。振荡电路对频率为 f_0 的分量发生并联谐振，即对 f_0 这个频率的信号来说，电压放大倍数最高。当满足自激振荡条件时，可以产生自激振荡。对于其他频率的分量，不能发生并联谐振，这样就达到了选频的目的。在输出端得到的只是频率为 f_0 的正弦波信号。当改变 LC 电路的参数 L 或 C 时，输出信号的振荡频率也就可以改变。

LC 振荡电路的选频特性的优劣，常用 LC 选频电路的品质因数来标志，即

$$Q = \frac{\omega_0 L}{R} = \frac{1}{\omega_0 RC} \tag{5-7}$$

式中，R 代表 LC 选频电路能量损耗的等效电阻（与电感 L 串联），R 越小，Q 值越高，选频

能力就会越强。

图 5-6 所示的电路中的"·"表示线圈的同极性端的记号。实际中，通常不知道线圈的同极性端，无从确定正反馈的连接。可以试连，如果不能产生振荡（连成负反馈），只需将 L 或 L_F 的两个接头对调一下即可。

例 5-2　一个共基极接法的变压器反馈式电路如图 5-7 所示，试分析该电路的组成，按相位平衡条件判断能否产生正弦波振荡。

解：该电路的晶体管接成共基极放大电路，具有较大的电压放大倍数。集电极的 LC 并联回路为选频网络，变压器绕组 w_2 为反馈支路。如果电路满足相位起振条件，则能够产生正弦波振荡。

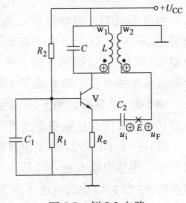

下面分析电路的相位条件。假如从反馈支路发射极断开，向晶体管发射极加入信号 u_i，设某瞬时极性为正，相位用 ⊕ 表示。由于共基极放大电路的发射极和集电极相位相同，故集电极相位也为正可以用 ⊕ 表示。根据变压器 w_1 和 w_2 绕组同名端的设置，反馈电压 u_f 的相位也与集电极相同，也用 ⊕ 表示。则 u_f 和 u_i 同相，电路满足相位起振条件，能够产生正弦波振荡。

图 5-7　例 5-2 电路

5.3.2　其他形式的 LC 振荡电路

除变压器反馈式 LC 振荡电路之外还有电感三点式和电容三点式 LC 振荡电路，下面分别进行讨论。

电感三点式 LC 振荡电路如图 5-8 所示。与如图 5-6 所示电路相比，只是用一个带抽头的电感线圈代替反馈变压器。电感线圈的 3 点分别同晶体管的 3 个极相连，其中中间 2 端接发射极 E。C_1、C_2 及 C_E 对交流都可视为短路。反馈线圈 L_2 是电感线圈的一段，通过它把反馈电压送到输入端，这样可以实现正反馈。反馈电压的大小可通过改变轴头的位置来调整。通常反馈线圈 L_2 的匝数为电感线圈总匝数的 $1/2 \sim 1/4$。电感三点式振荡电路的振荡频率为

$$f_0 = \frac{1}{2\pi \sqrt{(L_1 + L_2 + 2M)C}} \tag{5-8}$$

式中，M 为线圈 L_1 和 L_2 之间的互感。

该电路通常由改变电容 C 来调节振荡频率，一般用于产生几十兆赫以下的频率信号。

在图 5-8 所示的振荡电路中，LC 并联电路既是选频网络又是反馈网络。

电容三点式 LC 振荡电路如图 5-9 所示。晶体管的 3 个电极分别与回路的电容 C_1 和 C_2 连接的 3 个端点相连，故称电容三点式 LC 振荡电路。反馈电压从 C_2 上取出，这种连接可保证实现正反馈。该振荡电路中，反馈信号通过电容反馈，频

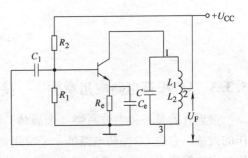

图 5-8　电感三点式 LC 振荡电路

率越高，容抗越小，反馈越弱，所以这种电路可以削弱高次谐波分量，输出波形较好。电容三点式 LC 振荡电路的振荡频率就是 LC 回路发生谐振的频率，为

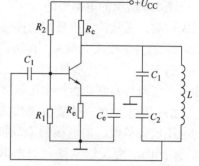

$$f_0 = \frac{1}{2\pi \sqrt{L \dfrac{C_1 C_2}{C_1 + C_2}}} \tag{5-9}$$

由于 C_1 和 C_2 的容量可以选得较小，故振荡频率一般可达 100MHz 以上。该电路调节振荡频率时，要同时改变 C_1 和 C_2 显得很不方便。可通过与线圈 L 再串联一个容量较小的可变电容 C 来调节振荡频率。

图 5-9　电容三点式 LC 振荡电路

例 5-3　试分析如图 5-10 所示各电路是否满足相位起振条件？若满足求出振荡频率；若不满足说明如何改进能使电路产生正弦波振荡。

解：（1）图 5-10a 是变压器反馈式 LC 振荡电路。若从 E 点断开，在晶体管发射极加入信号 u_i，则集电极 C 处的电压与 u_i 同相，均用 $\oplus$ 表示。根据变压器同名端的电压极性相同的规则 w_1 和 w_2 绕组的电压方向为上负下正，则 u_F 和 u_i 互为反相。所以电路不符合相位起振条件。若产生正弦波振荡，应将绕组 w_2 和 w_3 的接地点由 3 端改为 1 端。

（2）图 5-10b 为电容三点式 LC 振荡电路的改进形式。断开图 5-10b 中的 a 点，在 LC 回路谐振时，设加入的 u_i 为正，各点电压瞬时极性如图中所示。可见在 C_2 上得到上负下正的反馈电压 u_F，它与 u_i 相位相同，故该电路满足相位起振条件，产生的正弦波振荡频率，在 C 较小时（$C \ll C_1$ 和 $C \ll C_2$）为

$$f_0 = \frac{1}{2\pi \sqrt{LC}} \tag{5-10}$$

该电路的振荡频率只取决于 L 和 C 的值，而与 C_1 和 C_2 关系很小。

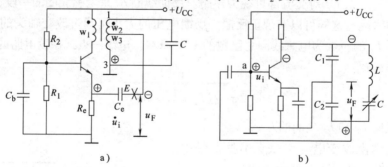

a)　　　　　　b)

图 5-10　例 3 的电路图

5.3.3　LC 振荡电路应用举例——接近开关

接近开关是一种当被测物（金属体）接近到一定距离时，不需接触，就可以触发而动作的设备。它是 LC 振荡电路的一个应用。它具有反应速度迅速、定位精确、寿命长以及无机械碰撞等优点。目前已被广泛应用于行程控制、定位控制、自动记数以及各种安全保护控

制等方面。

图 5-11 所示电路是一接近开关电路，它由 *LC* 振荡电路、开关电路及射极输出器 3 部分组成。

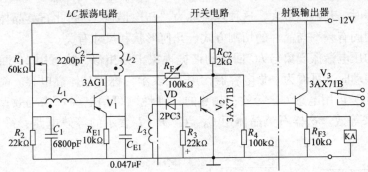

图 5-11　接近开关电路

LC 振荡电路是接近开关的主要部分，其中 L_2 与 C_2 组成选频电路，L_1 是反馈线圈，L_3 是输出线圈。这 3 个线圈绕在同一磁心（感应头）上，如图 5-12 所示。反馈线圈 L_1 绕 2~3 匝放在上层；L_2 绕 100 匝放在下层；输出线圈 L_3 绕在 L_2 外层约 20 匝。

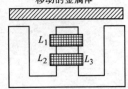

图 5-12　感应头

当无金属体（如机床挡铁）靠近开关的感应头时，振荡电路维持振荡，L_3 上有交流输出，经二极管 VD 整流后使晶体管 V_2 获得足够的偏流而工作于饱和导通状态。此时，$U_{CE2} \approx 0$，射极输出器的继电器 KA 的线圈不通电。

当有金属体靠近开关的感应头时，金属体内感应产生涡流。由于涡流的去磁作用，使线圈间的感应减弱，L_1 上的反馈电压显著降低，因而振荡电路停止振荡，L_3 上无交流输出，V_2 也就截止。此时 $U_{CE2} \approx -12V$，继电器 KA 的线圈通电。

通过控制继电器线圈的通电或断电，来开闭它的触点以控制某个电路的通断，达到控制该电路的目的。

上述电路中，晶体管 V_2 不是工作在饱和导通状态，就是工作在截止状态，所以它组成的是一个开关电路。V_3 组成的射极输出器作输出级，是为了提高接近开关的带负载能力。R_F 是反馈电阻。当电路停振时，它把 V_2 的集电极的电压的一部分反馈到 V_1 的发射极，使发射极的电位降低，以保证振荡电路迅速可靠地停振。当电路起振时，V_2 的集电极的电压约为零，无反馈电压，使振荡电路迅速地恢复振荡。

5.4　石英晶体振荡电路

石英晶体振荡电路突出的特点是谐振频率稳定性好。其频率稳定度可达 10^{-9}，频带较宽，可到 100MHz 以上。

5.4.1　石英晶体的特性

石英是各向异性的结晶体，从石英晶体中切割的石英片，经加工可以制作晶体谐振荡器。从物理学中知道，若在石英晶体的两侧加一电场，晶片就会产生机械变形；反之，若在晶片的两侧施加机械力，则在晶片相应的方向上产生电场，这种物理现象称为压电效应。如果在晶片的两侧的电极加交变电压，晶片就会产生机械振动。当外加交变电压的频率与晶片的固有频率相等时，其振幅最大，这种现象称为"压电谐振"。因此石英晶体又称石英晶体谐振器。晶片的固有频率与晶片的切割方式、几何形状和尺寸有关。

石英晶体的压电谐振现象与 LC 回路的谐振现象十分相似，故可用 LC 回路的参数来模拟。当晶体不振动时，可看为平板电容器，用 C_0 表示，称为晶体静电容。晶体振动时，机械振动的"惯性"可用电感 L 来等效；晶片的"弹性"可用电容 C 来等效；晶片振动时的损耗用电阻 R 来等效。这样石英晶体用 C_0、C、R、L 表示的等效电路、符号如图 5-13 所示。

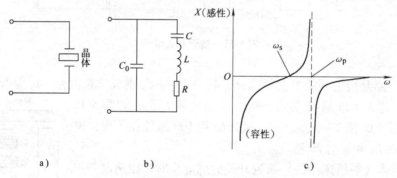

图 5-13　石英晶体谐振器
a）电路符号　b）等效电路　c）电抗-频率特性

由于晶片的等效电感 L 很大，而电容 C 很小，R 也很小，因此回路的品质因数 Q 很大，可达 10^6。故其频率的稳定度很高。由图 5-13c 所示可知石英晶体谐振器有两个谐振频率。当为串联谐振时，谐振频率为

$$f_s = \frac{1}{2\pi \sqrt{LC}} \tag{5-11}$$

当为并联谐振时，谐振频率为

$$f_p = \frac{1}{2\pi \sqrt{L \dfrac{CC_0}{C + C_0}}} = f_s \sqrt{1 + \frac{C}{C_0}} \tag{5-12}$$

因为 $C_0 \gg C$，所以 f_s 和 f_p 很接近。频率在此之间时，等效电路为电感性；频率为 f_s 和 f_p 时，等效电路为电阻性；频率在此之外时，等效电路为电容性，电抗—频率特性如图 5-13c 所示。

5.4.2　石英晶体振荡电路的形式

石英晶体谐振电路的基本形式有两类：一类是并联晶体谐振电路，它是利用石英晶体作为一个高 Q 值的电感组成谐振电路；另一类是串联晶体谐振电路，它是利用石英晶体工作在 f_s 时阻抗最小的特点组成谐振电路。

串联型石英晶体振荡电路如图 5-14 所示。石英晶体串联在反馈回路中，当 $f = f_s$ 时，产生串联谐振呈电阻性，而且阻抗最小，反馈最强，满足振荡的平衡条件，故产生自激振荡。晶体起反馈选频作用，其正弦波振荡频率为谐振频率 f_s。

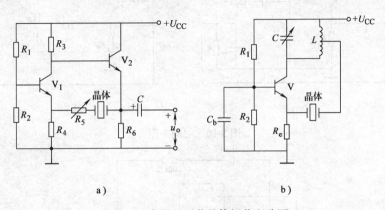

a)　　　　　　　　　b)

图 5-14　串联型石英晶体振荡电路图

并联型石英晶体振荡电路如图 5-15 所示。由于石英晶体谐振器工作在 f_s 和 f_p 之间时，呈现电感性，而且晶体等效电感很大，所以 Q 值很高，电路振荡频率比较稳定，其正弦波振荡频率为谐振频率 $f_0 = f_p \approx f_s$。

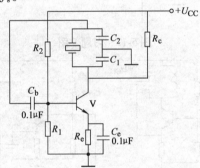

图 5-15　并联型石英晶体振荡电路

习　　题

5-1　产生自激振荡的条件是什么？

5-2　正弦波振荡电路由哪些组成部分？如果没有选频网络，输出信号将会怎样？

5-3　正弦波振荡电路可以分为哪几种，各有什么特点？

5-4　试用相位平衡条件，判断如图 5-16 所示两电路能否产生自激振荡，并说明理由。

5-5　如图 5-17 所示电路，若不能产生振荡，试分析电路中的错误，并改正。试求改正后振荡电路的工作频率。

5-6　试用自激振荡的相位条件判断如图 5-18 所示的各电路能否产生自激振荡，并说明是哪一段产生的反馈电压？

5-7　电路如图 5-19 所示，试问各电路的 j、k、m、n 各点如何连接才能满足正弦波振荡的相位条件，并说明它们各属于什么类型的振荡电路。

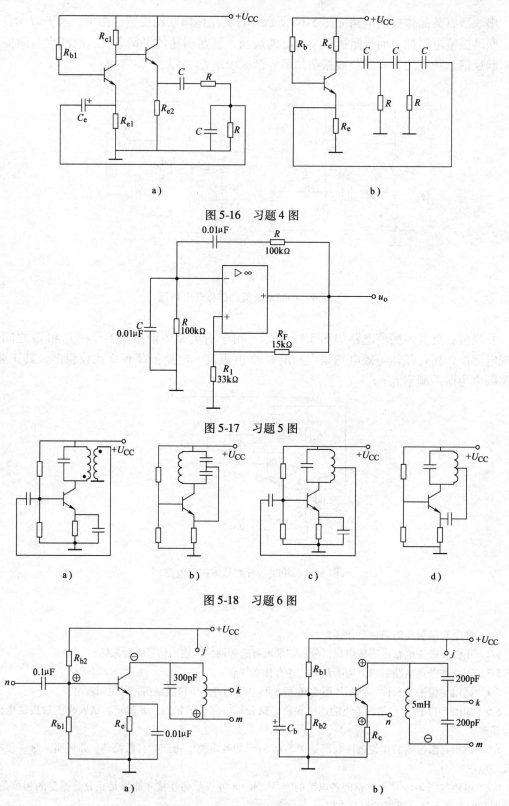

图 5-16　习题 4 图

图 5-17　习题 5 图

图 5-18　习题 6 图

图 5-19　习题 7 图

5-8 石英晶体振荡电路的基本形式有哪两类？各工作在什么等效状态？

5-9 文氏电桥振荡器电路如图 5-20 所示。试完成：

（1）求振荡频率 f_0。

（2）若希望将振荡频率变为 10kHz，拟取 $R = 100k\Omega$。试问相应的电容 C 应取多大？

（3）可变电阻 R_2 的阻值应如何确定？

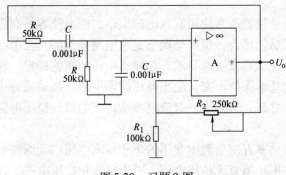

图 5-20 习题 9 图

第6章 直流电源电路

各种电子设备、电子仪器通常使用直流电源供电，而电池容量有限且成本较高，一般用在便携、移动设备等低功耗场合，很多情况下是由电网提供的交流电经过整流、滤波和稳压以后得到所需的直流电源。直流电源要求一是输出电压的幅值稳定，即当电网的电压或负载电流波动时输出电压能基本保持不变，输出电压波形平滑、脉动成分小；再就是交流电变换成直流电时的转换效率要高。近年来，直流电源从传统的线性稳压电路形式向开关型稳压电路形式迅速发展。

本章首先介绍在小功率直流电源中常用的单相整流电路以及滤波电路的形式，然后介绍硅稳压管稳压电路以及串联型直流稳压电路。对于集成化稳压电源、开关电源以及可控整流电路等内容也做了简单论述。

6.1 直流电源的组成

一般直流电源的组成如图 6-1 所示。它包括 4 个组成部分，图中各环节的作用如下：

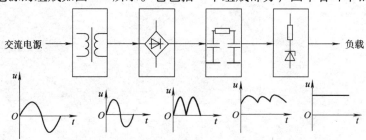

图 6-1 直流电源的组成

1. 电源变压器

电网提供的交流电一般为 220V（或 380V），而各种电子设备所需要直流电源的幅值却各不相同。因此，常常需要将电网电压变换为符合整流需要的电压。

2. 整流电路

它的作用是利用具有单向导电性能的二极管，将正、负交替的正弦交流电压整流成为单方向的脉动电压。但是，这种单相脉动电压往往包含着很大的脉动成分，距离理想的直流电压还差得很远。

3. 滤波电路

它是由电容、电感等储能元件组成，作用是将脉动成分较大的直流电压中的交流成分滤掉，使电压波形变得更平滑。

4. 稳压电路

经过整流滤波后的电压波形尽管较为平滑，但它受电网电压变化或负载变化的影响较大，稳压电路的作用就是使输出的直流电压在电网电压或负载发生变化时保持基本不变，给负载提供一个比较稳定的直流电压。

根据稳压电路中调整管的工作状态可分为线性稳压电源和开关稳压电源。线性稳压电源中的调整管工作在线性放大状态，其优点是精度高、纹波小、噪声低、电路结构简单。它的缺点是功耗大、效率低，一般只能达到 40%～60%。开关稳压电源中的调整管工作在开关状态功耗小、效率高，一般可达到 70%～90%。它的缺点是电路复杂，纹波大，所以在要求低纹波和低噪声的高精度直流电源中，要采用线性稳压电源。

下面分别介绍各部分的具体电路和它们的工作原理。

6.2　整流电路

单相整流电路是利用二极管具有单向导电性的特点来完成整流的。在小功率直流电源中，常见的单相整流电路有半波整流、全波整流和桥式整流几种形式。本书主要介绍半波整流和桥式整流两种电路形式。

6.2.1　单相半波整流电路

单相半波整流电路如图 6-2 所示。由整流变压器 Tr、整流器件 VD（二极管）及负载电阻 R_L 组成。为简单化分析，分析整流电路时，二极管均认为是理想二极管，即正向导通电压降和正向电阻为零，并忽略变压器的内阻。

设整流变压器二次电压（单位为 V）为

$$u_2 = \sqrt{2}U_2\sin\omega t$$

其波形如图 6-3 所示。

由于二极管具有单向导电性，所以在变压器二次电压 u_2 为正的半个周期内，二极管导通，电流经过二极管流向负载，在 R_L 上得到一个极性为上正下负的电压；而在 u_2 为负的半个周期内，二极管反向偏置，电流基本等于零。所以在负载电阻 R_L 两端得到的电压 u_o 的极性是单方向的，如图 6-3 所示。

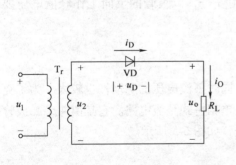

图 6-2　单相半波整流电路

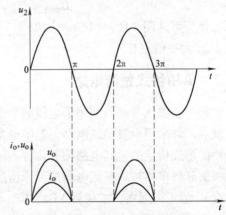

图 6-3　单相半波整流电路的
电压与电流波形

负载上得到的整流电压虽然是单方向的，但其大小是变化的，称为单向脉动电压，常用一个周期的平均值来说明它的大小。单相半波整流电压的平均值为

$$U_o = \frac{1}{2\pi}\int_0^\pi \sqrt{2}U_2\sin\omega t d(\omega t)$$

$$= \frac{\sqrt{2}U_2}{\pi} \approx 0.45U_2 \tag{6-1}$$

从如图6-4所示的波形上看，如果使半个正弦波与横轴所包围的面积等于一个矩形的面积，矩形的宽度为周期T，则矩形的高度就是这半波的平均值，或者称为半波的直流分量。

式（6-1）表示整流电压平均值与交流电压有效值之间的关系。由此得出整流电流的平均值

$$I_o = \frac{U_o}{R_L} \approx 0.45\frac{U_2}{R_L} \tag{6-2}$$

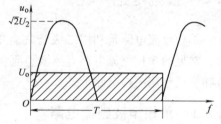

图6-4　半波电压u_o的平均值

在单相半波整流电路中，流过二极管的平均电流I_D等于负载平均电流I_o，二极管不导通时承受的最高反向电压U_{DRM}就是变压器二次交流电压u_2的最大值$\sqrt{2}U_2$，即

$$U_{DRM} = \sqrt{2}U_2 \tag{6-3}$$

这样，根据I_o和U_{DRM}就可以选择合适的整流器件了。

例6-1　有一单相半波整流电路，如图6-2所示。已知负载电阻$R_L = 750\Omega$，变压器二次电压$U_2 = 20V$，试求U_o、I_o和U_{DRM}，并选用二极管。

解：
$$U_o \approx 0.45U_2 = 0.45 \times 20V = 9V$$

$$I_o = \frac{U_o}{R_L} = \frac{9V}{750\Omega} = 12mA$$

$$U_{DRM} = \sqrt{2}U_2 = \sqrt{2} \times 20V = 28.2V$$

二极管可选用2AP4（16mA、50V）。为了使用安全，二极管的反向工作峰值电压要选得比U_{DRM}大一倍左右。

6.2.2　单相桥式整流电路

单相半波整流电路只利用了电源的半个周期，同时整流电压的脉动性也较大。为了克服这些缺点，常采用全波整流电路，其中最常用的是单相桥式整流电路。它是由4个二极管接成电桥的形式构成的。其电路图有几种不同的画法，如图6-5所示。

下面分析单相桥式整流电路的工作情况。

在u_2的正半周内，二极管VD_1、VD_3承受正向电压而导通，VD_2、VD_4承受反向电压而截止，负载上得到一个上正下负的半波电压；负半周时，VD_2、VD_4承受正向电压而导通，VD_1、VD_3承受反向电压而截止，负载电阻R_L得到一个上正下负的半波电压。

显然，4个二极管两两轮流导通，无论是正半周还是负半周都有电流至上而下流过R_L，从而使输出电压的直流成分提高，脉动成分降低。桥式整流电路的电压与电流波形如图6-6

所示。

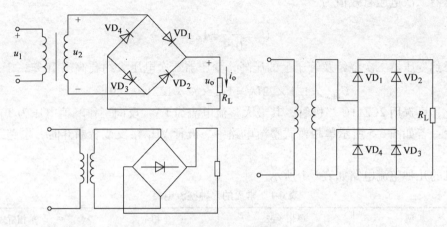

图6-5　单相桥式整流电路的常用画法

由图可见，桥式整流电路的整流电压平均值 U_o 比半波整流时增加了一倍，即

$$U_o \approx 0.9U_2 \qquad (6-4)$$

负载电阻中的电流为

$$I_o = \frac{U_o}{R_L} \approx 0.9 \frac{U_2}{R_L} \qquad (6-5)$$

每个二极管每周期导电半个周期，因此，二极管中流过的平均电流只有负载电流的一半，即

$$I_D = \frac{1}{2}I_o \approx 0.45 \frac{U_2}{R_L} \qquad (6-6)$$

至于二极管截止时所承受的最高反向电压，从图6-5所示电路可以看出，当 VD$_1$ 和 VD$_3$ 导通时，VD$_2$（或 VD$_4$）好似直接并接在变压器二次侧一样，所以，二极管承受的反向峰值电压（忽略二极管的正向压降）为

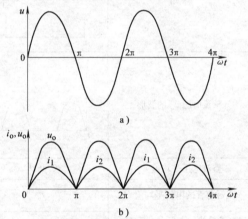

图6-6　单相桥式整流电路的
电压与电流的波形

$$U_{DRM} = \sqrt{2}U_2 \qquad (6-7)$$

这一点与半波整流电路相同。

例6-2　已知负载电阻 $R_L = 80\Omega$，负载电压 $U_o = 110V$。今采用单相桥式整流电路，交流电压为380V。试求：（1）负载中平均电流 I_o；（2）二极管中平均电流 I_D；（3）变压器二次电压有效值 U_2；（4）选用二极管。

解：负载电流

$$I_o = \frac{U_o}{R_L} = 1.4A$$

每个二极管通过的平均电流

$$I_D = \frac{1}{2}I_o = 0.7A$$

变压器二次电压有效值为

$$U_2 = \frac{U_o}{0.9} = 122\text{V}$$

考虑到变压器二次绕组及管子上的压降，变压器二次电压大约要高出 10%，于是

$$U_{DRM} = 1.1 \times \sqrt{2}U_2 = 1.1 \times \sqrt{2} \times 122\text{V} \approx 189\text{V}$$

因此，可选用 2CZ11C 二极管，其最大整流电流为 1A，反向工作峰值电压为 300V。

讨论：若如图 6-5 所示单相桥式整流电路中二极管 VD_1 接反或者断开时，电路工作情况会怎样？

常见的几种整流电路如表 6-1 所示。

表 6-1　常见的几种整流电路

类　型	单相半波	单相全波	单相桥式
电路			
整流电压 u_o 的波形			
整流电压平均值 U_o	$0.45U_2$	$0.9U_2$	$0.9U_2$
流过每管的电流平均值 I_o	I_o	$\frac{1}{2}I_o$	$\frac{1}{2}I_o$
每管承受的最高反向电压 U_{DRM}	$\sqrt{2}U = 1.41U$	$2\sqrt{2}U = 2.83U$	$\sqrt{2}U = 1.41U$
变压器二次电流有效值 I	$1.57I_o$	$0.79I_o$	$1.11I_o$

6.3　滤波电路

整流电路虽然可以把交流电转换为直流电，但是所得到的输出电压是单相脉动电压。除了在一些特殊的场合可以直接用作电源外，通常都要求采取一定的措施，一方面尽量降低输出电压中的脉动成分，另一方面又要尽量保留其中的直流成分，使输出电压接近于理想的直流电压。这样的措施就是滤波，下面介绍几种常用的滤波电路。

6.3.1　电容滤波器

如图 6-7 所示电路是一个最简单的电容滤波器。电容滤波器是利用电容器的端电压在电路状态改变时不能跃变的原理而工作的，下面分析它的工作情况。

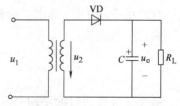

图 6-7　接有电容滤波器的单相半波整流电路

如果在单相半波整流电路中不接电容器，输出电压的波形如图6-8a所示，接电容器之后，输出电压的波形如图6-8b所示。

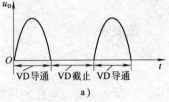

从如图6-7所示电路中看出，当 u_2 由零逐渐增大时，二极管VD导通，一方面供电给负载，同时对电容C充电，电容电压 u_C 的极性为上正下负。如果忽略二极管的压降，则在VD导通时，u_C（即输出电压 U_o）等于变压器二次电压 u_2。u_2 达到最大值以后开始下降，此时电容上的电压 u_C 也将由于放电而逐渐下降。当 $u_2 < u_C$ 时，二极管反向偏置截止，于是 u_C 以一定的时间常数按指数规律下降，直到下一个正半周，当 $u_2 > u_C$ 时，二极管又导通，电容器再被充电，重复上述过程。

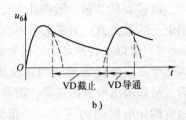

图6-8 半波整流电容
滤波器的波形
a）不接电容器时的波形
b）接电容器时的波形

桥式整流电容滤波器的原理与半波时相同，其波形如图6-9b所示。

据上分析，对于电容滤波可以得到下面几个结论：

1）输出电压的直流成分提高了。从图中可看出，由于电容器的电压不跃变，即使二极管截止，输出电压也不为零。无论是半波整流或桥式整流，加上电容滤波以后，u_o 波形包围的面积显然是增大了，即直流成分提高了而输出电压中的脉动成分减小了。这是由于电容的储能作用造成的。当二极管导电时，电容被充电，将能量储存起来，然后再逐渐放电，将能量传送给负载，因此输出波形比较平滑。

2）电容放电的时间常数 $\tau = R_L C$ 愈大，放电过程愈慢，则输出电压愈高，同时脉动成分愈少，即滤波效果愈好。为此，应选择大容量的电容作为滤波电容，且要求 R_L 也大，故电容滤波适用于负载电流比较小的场合。

3）电容滤波电路的输出电压 U_o 随着输出电流 I_o 而变化。当在忽略二极管的正向压降时，$U_o = \sqrt{2} U_2$，但是随着负载的增加（R_L 减小，I_o 增大），放电时间常数 $R_L C$ 减小，放电加快，U_o 也就加快下降。输出电压 U_o 与输出电流 I_o 的变化关系曲线称为电路的外特性，半波整流电路的外特性如图6-10所示。与无电容滤波时比较，输出电压随负载电阻的变化有较大的变化，即外特性软，或者说带负载能力较差。

输出的直流电压平均值与变压器二次电压有效值的关系为

经验上，通常取

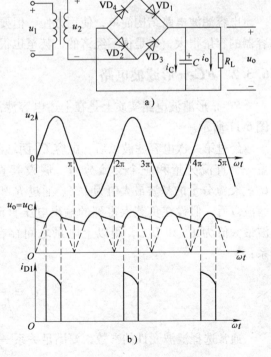

图6-9 桥式整流电容滤波器的波形

$$U_o = U_2 \quad （半波）$$
$$U_o = 1.2U_2 \quad （全波） \tag{6-8}$$

一般要求

$$R_L C \geqslant (3 \sim 5)\frac{T}{2} \tag{6-9}$$

式中，T 为电源交流电压的周期。

电容 C 的数值一般在几十微法到几千微法，视负载电流的大小而定，其耐压应大于输出电压的最大值，通常都采用有极性的电解电容。

4）由以上讨论可知二极管的导电时间缩短了，$R_L C$ 愈大，则每个周期二极管导通的角度即导电角愈小。由于加 C 滤波后，平均输出电流提高了，而导电角却减小了，因此整流管在短暂的导电时间内流过一个很大的冲击电流，常称为浪涌电流，这对管子的寿命不利，在选择整流二极管时必须要考虑到这一点。

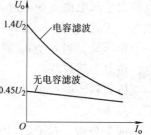

图 6-10　半波整流带 C 滤波电路的外特性

二极管截止时所承受的最高反向电压 U_{DRM}，如表 6-2 所示。

表 6-2　截止二极管上的最高反向电压

电　路	无电容滤波	有电容滤波
单相半波整流	$\sqrt{2}U$	$2\sqrt{2}U$
单相桥式整流	$\sqrt{2}U$	$\sqrt{2}U$

电容滤波电路结构简单，使用方便，但要求输出电压的脉动成分非常小时，势必要求电容器的容量很大，这是很不经济的，甚至也很不现实。

6.3.2　RC-π 形滤波电路

RC-π 形滤波电路实质上是在上述电容滤波的基础上在加一级 RC 滤波组成的，电路如图 6-11 所示。

经过第一次电容滤波以后，电容 C_1 两端的电压包含着一个直流分量和一个交流分量。假设其直流分量为 U_o'，交流分量的基波最大值为 U_{o1m}'。通过 R 和 C_2 再一次滤波以后，假设在负载上得到的输出电压直流分量和基波最大值为 U_o 和 U_{o1m}，则以上电量之间存在下列的关系：

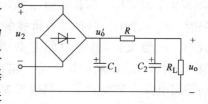

图 6-11　RC-π 形滤波电路

$$U_o = \frac{R_L}{R + R_L}U_o' \tag{6-10}$$

通常选择滤波元件的参数，要满足关系 $\dfrac{1}{\omega C_2} \ll R'$，则基波峰值为

$$U_{\text{o1m}} = \frac{R_{\text{L}}}{R + R_{\text{L}}} \frac{1}{\omega C_2 R'} U'_{\text{o1m}} \tag{6-11}$$

式中，$R' = \dfrac{RR_{\text{L}}}{R + R_{\text{L}}}$；$\omega$ 是整流输出脉动电压的基波角频率，在电网频率为 50Hz 和全波整流情况下，$\omega = 628\text{rad/s}$。

由上分析可见，在一定的 ω 值下，R' 愈大，C_2 愈大滤波效果愈好。

$RC\text{-}\pi$ 形滤波电路电路的缺点是在 R 上有直流电压降，因而必须提高变压器的二次电压，而整流管的冲击电流仍然比较大，同时由于 R 上产生压降，外特性更软，只适用于负载电流较小而又要求输出电压脉动很小的场合。

另外，利用电感 L 与负载串联，可以构成电感滤波电路。

例 6-3　带电容滤波的桥式整流电路如图 6-9a 所示，已知 $U_2 = 20\text{V}$，现在用直流电压表测量 R_{L} 端电压 U_o，出现下列几种情况，试分析哪些是合理的？哪些发生了故障？并指明原因。

（1）$U_\text{o} = 28\text{V}$；（2）$U_\text{o} = 18\text{V}$；（3）$U_\text{o} = 24\text{V}$；（4）$U_\text{o} = 9\text{V}$。

解：（1）因为 $28\text{V} = 1.4 \times 20\text{V} = 1.4 U_2$，所以可判定 R_{L} 开路。

（2）因为 $18\text{V} = 0.9 U_2$，所以滤波电容 C 开路，变成单相桥式整流电路了。

（3）因为 $24\text{V} = 1.2 U_2$，所以 $U_\text{o} = 24\text{V}$ 合理，电路正常工作。

（4）因为 $9\text{V} = 0.45 U_2$，所以可判定 VD_1、VD_2、VD_3、VD_4 中至少有一个二极管和滤波电容一起开路，变成半波整流电路了。

6.4　稳压管稳压电路

经整流和滤波后的电压往往会随交流电源电压的波动和负载的变化而变化。电压的不稳定有时会产生测量和计算的误差，甚至根本无法工作。特别是精密电子测量仪器、自动控制、计算装置及晶体管的触发电路等都要求有很稳定的直流电源供电。最简单的直流稳压电源是采用稳压管来稳定电压的。

如图 6-12 是一种稳压管稳压电路，经过桥式整流电路整流和电容滤波器滤波得到直流电压 U_{I}，再经过限流电阻 R 和稳压管 VS 组成的稳压电路接到负载电阻 R_{L} 上。这样，负载上得到的就是一个比较稳定的电压，其稳压原理说明如下：

1）假设稳压电路的输入电压 U_{I} 保持不变，当负载电阻 R_{L} 减小，负载电流 I_{L} 增大时，由于电流在电阻 R 上的压降升高，输出电压 U_O 将下降。而稳压管并联在输出端，由稳压管的伏安特性可知，当稳压管两端的电压略有下降时，电流 I_Z 将急剧减小，由于 $I_R = I_Z + I_{\text{L}}$，因此 I_R 有减小的趋势。实际上用 I_Z 的减小来补偿 I_{L} 的增大，最终使 I_R 基本保持不变，从而输出电压 U_O 也就近似稳定不变。

2）假设负载电阻 R_{L} 保持不变，由于电网电压升高而使 U_{I} 升高时，输出电压 U_O 也将随之上升，此时稳压管的电流 I_Z 将急剧增加，则电阻 R 上的压降增大，以此来抵消 U_{I} 的升高，从而使输出电压基

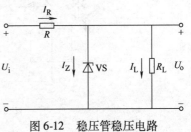

图 6-12　稳压管稳压电路

本保持不变。

选择稳压管时，一般取

$$U_Z = U_O$$

$$I_{Zmax} = (1.5 \sim 3) I_{Omax}$$

$$U_I = (2 \sim 3) U_O \tag{6-12}$$

例 6-4 有一稳压管稳压电路，如图 6-12 所示。负载电阻 R_L 由开路变到了 $3k\Omega$，交流电压经整流滤波后得出 $U_I = 45V$。今要求输出直流电压 $U_O = 15V$，试计算负载电流最大值 I_{Omax}，并选择稳压管。

解： 负载电阻 $R_L = 3k\Omega$ 时，负载电流最大，即

$$I_{Omax} = \frac{U_O}{R_L} = \frac{15V}{3k\Omega} = 5mA$$

可以选择 2CW20，其稳定电压 $U_Z = 13.5 \sim 17V$，稳定电流 $I_Z = 5mA$，最大稳定电流 $I_{Zmax} = 15mA$。

6.5　串联型晶体管稳压电路

所谓串联型直流稳压电路，就是在输入直流电压和负载之间串入一个晶体管，当 U_I 或 R_L 波动引起输出电压 U_O 变化时，U_O 的变化将反映到晶体管的输入电压 U_{BE}，然后 U_{CE} 也随之改变，从而调整 U_O，以保持输出电压基本稳定。

图 6-13 所示的串联稳压电路包括以下 4 个部分：

1. 采样环节

采样环节由 R_1、R_2、R_P 组成的电阻分压器组成，它将输出电压 U_O 的一部分 U_f 取出送到放大环节。电位器是调节输出电压用的，此时

$$U_f = \frac{R_2 + R_2'}{R_1 + R_2 + R_P} U_O \tag{6-13}$$

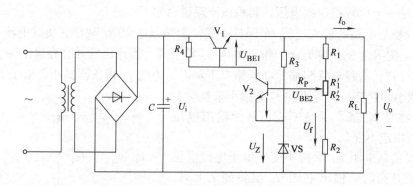

图 6-13　串联型晶体管稳压电路

2. 基准电压

基准电压由稳压管 VS 和电阻 R_3 构成的电路获得，即稳压管的电压 U_Z，它是一个稳定性较高的直流电压，作为比较的标准。R_3 的作用是保证 VS 有一个合适的工作电流。

3. 放大环节

放大环节是一个由晶体管 V_2 构成的直流放大电路，它的作用是将稳压电路输出电压的变化量进行放大，然后再送到调整管的基极。如果放大电路的放大倍数比较大，则只要输出电压产生一点微小的变化，即能引起调整管的基极电压发生较大的变化，提高稳压效果。因此，放大倍数愈大，则输出的电压的稳定性愈高。R_4 是 V_2 管的负载电阻，同时也是调整管 V_1 的偏置电阻。

4. 调整环节

调整环节由工作于线性区的晶体管 V_1 组成，它的基极电流受放大环节输出信号控制。只要控制基极电流 I_{B1}，就可以改变集电极电流 I_{C1} 和集-射极电压 U_{CE1}，从而调整输出电压 U_o。

串联型稳压电路的工作情况如下：假设由于 U_I 增大或 I_L 减小而导致输出电压 U_o 升高时，采样电压 U_f 就增大，V_2 的基-射电压 U_{BE2} 增大，其基极电流 I_{B2} 增大，集电极电流 I_{C2} 上升，集-射电压 U_{CE2} 下降。因此，V_1 的 U_{BE1} 减小，I_{C1} 减小，U_{CE2} 增大，输出电压 U_o 下降，结果使 U_o 保持基本不变。这个自动调整过程可以表示如下：

$$U_o \uparrow \rightarrow U_{BE2} \uparrow \rightarrow I_{B2} \uparrow \rightarrow I_{C2} \uparrow \rightarrow U_{CE2} \downarrow$$
$$U_o \downarrow \leftarrow U_{CE1} \uparrow \leftarrow I_{C1} \downarrow \leftarrow I_{B1} \downarrow \leftarrow U_{BE1} \downarrow$$

当输出电压降低时，调整过程相反。

从调整过程来看，串联稳压电路实质上是通过电压负反馈使输出电压基本稳定的。串联型稳压电路的工作原理可概括为"取样、比较、放大、调整"。

调节 R_P 可得到连续变化的输出电压，调到最上端时输出最小，调到最下端时输出最大，可求得

$$\left.\begin{array}{l} U_{omin} = \dfrac{R_1 + R_2 + R_P}{R_2 + R_P}(U_Z + U_{BE}) \\[3mm] U_{omax} = \dfrac{R_1 + R_2 + R_P}{R_2}(U_Z + U_{BE}) \end{array}\right\} \quad (6\text{-}14)$$

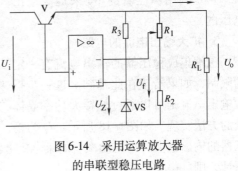

图 6-14 采用运算放大器的串联型稳压电路

放大环节也可采用运算放大器，如图 6-14 所示。

6.6 集成稳压电源

随着集成技术的发展，稳压电路也迅速实现集成化。当前已经广泛应用的单片集成稳压电源，它具有体积小、可靠性高、使用灵活、价格低廉等优点。

本节主要讨论的是 W7800 系列（输出正电压）和 W7900 系列（输出负电压）稳压器的使用。如图 6-15 所示是 W7800 系列稳压器的外形、管脚和接线图，其内部电路是串联型晶体管稳压电路。这种稳压器只有输入端、输出端和公共端 3 个引出端，故也称为三端集成稳压器。

使用时只需在其输入端和输出端与公共端之间各并联一个电容即可。C_i 用以抵消输入端较长接线的电感效应，防止产生自激振荡，接线不长时也可不用。C_o 是为了瞬时增减负载电流时不致引起输出电压有较大的波动。C_i 一般在 $0.1 \sim 1 \mu F$ 之间，如

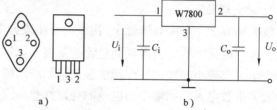

图 6-15　W7800 系列稳压器
a）外形　b）接线图

$0.33 \mu F$；C_o 可用 $1 \mu F$。W7800 系列输出固定的正电压，有 5V、8V、12V、15V、18V、24V 多种。例如 W7815 的输出电压为 15V；最高输入电压为 35V；最小输入、输出电压差为 $2 \sim 3V$；最大输出电流为 2.2A；输出电阻为 $0.03 \sim 0.15\Omega$；电压变化率为 $0.1\% \sim 0.2\%$。W7900 系列输出固定的负电压，其参数与 W7800 基本相同。使用时三端稳压器接在整流滤波电路之后。下面介绍几种三端集成稳压器的应用电路。

1. 正、负电压同时输出的电路

能同时输出正、负电压的直流稳压电路如图 6-16 所示。

2. 提高输出电压的电路

在原有三端集成稳压器输出电压的基础上提高输出电压的电路，如图 6-17 所示。图中 $U_{××}$ 为 W78×× 稳压器的固定输出电压，显然

$$U_o = U_{××} + U_Z$$

它是利用稳压管的 U_Z 来提高输出电压的。

3. 扩大输出电流的电路

三端集成稳压器的输出电流有一定的限制，如果希望在此基础上进一步扩大输出电流则可以通过外接大功率晶体管的方法实现。如图 6-18 所示。I_2 为稳

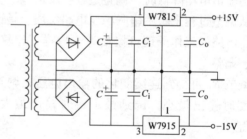

图 6-16　正、负电压同时输出的直流稳压电路

压器的输出电流，I_C 是功率管的集电极电流，I_R 是电阻 R 上的电流。一般 I_3 很小，可忽略不计，则可得关系式为

$$I_2 \approx I_1 = I_R + I_B = -\frac{U_{BE}}{R} + \frac{I_C}{\beta}$$

式中，β 为功率管的电流放大系数。

设 $\beta = 10$，$U_{BE} = -0.3V$，$R = 0.5\Omega$，$I_2 = 1A$，则由上式可算出 $I_C = 4A$。可见输出电流比 I_2 扩大了。图中电阻 R 的阻值要使功率管只能在输出电流较大时才导通。

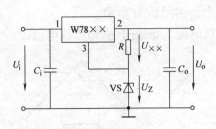

图 6-17　提高输出电压的电路

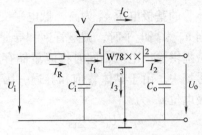

图 6-18　扩大输出电流的电路

6.7　开关型稳压电路

前面介绍的稳压电路，包括分立元器件组成的串联型直流稳压电路以及集成稳压器均属于线性稳压电路，这是由于其中的晶体管总是工作在线性放大区。线性稳压电路的优点是结构简单、调整方便、输出电压脉动较小。但是这种稳压电路的主要缺点是效率低，一般只有40%～60%。由于晶体管消耗的功率较大，有时需要在晶体管上安装散热器，致使电源的体积和重量增大，比较笨重。而开关稳压电路则克服了上述缺点，开关型稳压电路中的晶体管工作在开关状态，即饱和与截止两种状态。当晶体管饱和导电时，虽然流过较大的电流，但饱和管压降很小，当晶体管截止时，管子将承受较高的电压，但流过晶体管的电流基本等于零。可见，晶体管的功耗很小，因此，开关型稳压电路的效率较高，一般可达70%～90%。另外，开关型稳压电路的体积小、重量轻，对电网电压的要求也不高，在较宽的变化范围内均可正常工作。基于开关型稳压电路的突出优点，使其在计算机、电视机、通信及空间技术等领域得到了越来越广泛的应用。

开关型稳压电路的类型很多，而且可以按不同的方法来分类。比如按控制的方式分类，有脉冲宽度调制型（PWM），即开关工作频率保持不变，控制导通脉冲的宽度；脉冲频率调制型（PFM），即开关导通的时间不变，控制开关的工作频率；以及混合调制型，为以上两种控制方式的结合，即脉冲宽度和开关工作频率都将变化。以上3种方式中，脉冲宽度调制型用得较多。

如图6-19所示电路为一个最简单的开关型稳压电路的原理图。电路的控制方式采用脉冲宽度调制式。电路中晶体管为工作在开关状态的调整管。由电感 L 和电容 C 组成滤波电路，二极管为续流二极管。脉冲宽度调制电路由一个比较器和一个产生三角波的振荡器组成。运算放大器作为比较放大电路，基准电源产生一个基准电压 U_{REF}，电阻 R_1、R_2 组成采样电阻。

下面分析它的工作原理。由采样电路得到的采样电压 u_F 与输出电压成正比，它与基准电压进行比较并放大以后得到 u_A，被送到比较器的反相输入端。振荡器产生的三角波信号 u_t 加在比较器的同相输入端。当 $u_t > u_A$ 时，比较器输出高电平，即

$$u_B = + U_{opp}$$

当 $u_t < u_A$ 时，比较器输出低电平，即

$$u_B = - U_{opp}$$

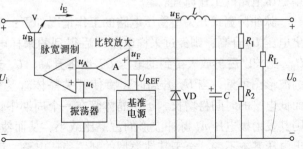

图 6-19　脉冲调宽式开关型稳压电路示意图

故晶体管的基极电压 u_B 为高、低电平交替的脉冲波形，如图 6-20 所示。

当 u_B 为高电平时，调整管饱和导通，此时发射极电流 i_E 流过电感和负载电阻，一方面向负载提供输出电压，同时将能量储存在电感的磁场中。由于晶体管饱和导通，因此其发射极电位 u_E 为

$$u_E = U_i - U_{CES}$$

式中，U_i 为直流输入电压；U_{CES} 为晶体管的饱和管压降；u_E 的极性为上正下负，则二极管被反向偏置，不能导通，故此时二极管不起作用。

当 u_B 为低电平时，晶体管截止，$i_E = 0$。但电感具有维持流过电流不变的特性，此时将储存的能量释放出来，在电感上产生的反电动势使电流通过负载和二极管继续流通，故二极管称为续流二极管。此使调整管发射极的电位为

$$u_E = -U_D$$

式中，U_D 为二极管的正向导通电压。

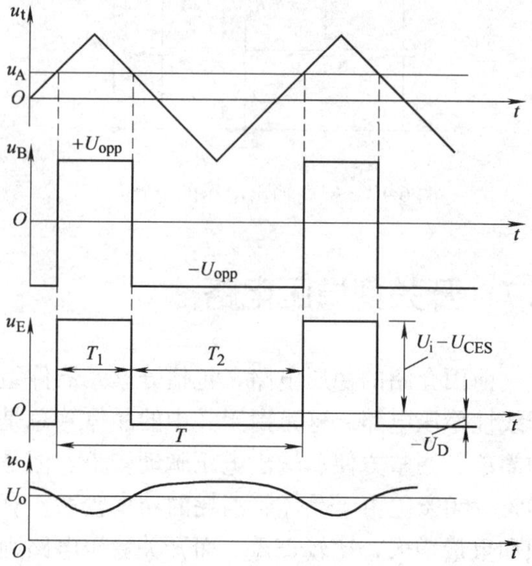

图 6-20　图 6-19 电路的波形图

由如图 6-20 所示电路可见，晶体管处于开关工作状态，它的发射极电位 u_E 也是高、低电平交替的脉冲波形。但是，经过 LC 滤波电路以后，在负载上可以得到比较平滑的输出电压 u_o。

理想情况下，即取 $U_D = 0$，输出电压 u_o 的平均值 U_o 即是调整管发射极电压 u_E 的平均值。据 6-20 图中 u_E 的波形可求得

$$U_o = \frac{1}{T}\int_0^T u_E dt = \frac{1}{T}\left[\int_0^{T_1}(U_i - U_{CES})dt + \int_{T_1}^{T}(-U_o)dt\right]$$

因晶体管的饱和管压降 U_{CES} 以及二极管的正向导通压降 U_D 的值很小，与直流输入压降 U_i 相比通常可忽略，则上式可近似为

$$U_o \approx \frac{1}{T}\int_0^{T_1}u_i dt = \frac{T_1}{T}U_i = DU_i \tag{6-15}$$

式（6-15）中 $D = T_1/T$，称为脉冲波形 u_E 的占空比。由上式（6-15）可知，通过调整占空比 D，即调整一个周期 T 内调整管的导通时间 T_1，便可调节输出电压 U_o，这就是开关型稳压电路的工作原理。

脉冲调宽式开关型稳压电路的工作情况如下：假设由于电网电压或负载电流的变化使输出电压 U_o 升高，则经过采样电阻以后得到的采样电压 U_F 也随之升高，此电压与基准电压 U_{REF} 比较以后再放大得到的电压 U_A 也将升高，U_A 送到比较器的反相输入端，由 6-15 所示的波形图可见，当 U_A 升高时，将使开关晶体管基极电压 u_B 的波形中高电平的时间缩短，而低电平的时间将增长，于是晶体管在一个周期中饱和导电的时间减少，截止的时间增加，则其发射极电压 u_E 脉冲波形的占空比减小，从而使输出电压的平均值 U_o 减小，最终保持输出电压基本不变。至于其他类型的开关稳压电路，读者可参阅有关文献。

前面介绍的电源都是模拟电源。在电子电路系统中，通信、网络、智能家电等都逐步实

现了数字化，所以，近年来，出现了数字电源。数字电源具有高性能、高集成度和高可靠性等特点，其设计非常灵活。随着 IC 厂商不断推出更新型号、性能更好的数字电源 IC 产品以及用户对数字电源认识的深入，数字电源的应用将会得到普及。

对于什么是数字电源，目前业界对此并没有一个清晰统一的定义，各个公司对此的解释也不尽相同。比如，有的厂商从功能上对数字电源进行了定义：数字电源就是数字化控制的电源产品，它能提供管理和监控功能，并延伸到对整个回路的控制。而也有厂商把数字电源定义为：数字电源是通过一个数字内核和嵌入式通信接口对多个电源转换模块和外部元器件进行控制等。

数字电源与模拟电源的区别主要集中在控制与通信部分。在简单易用、参数变更要求不多的应用场合，模拟电源产品更具优势，因为其应用的针对性可以通过硬件固化来实现，而在可控因素较多、实时反应速度更快、需要多个模拟系统电源管理的、复杂的高性能系统应用中，数字电源则具有优势。

6.8　可控整流电路

电力电子技术是一门新兴的将电子技术应用于电力行业领域的学科。电力电子技术以电力电子器件为核心并融合了电子技术和控制技术，通过控制电路中电力电子器件的导通和关断，从而实现对电能的变换与控制。电力电子技术广泛应用于直流输电、不间断电源、开关电源、太阳能发电、风力发电、调速电动机、调光装置以及变频空调器等场合。常用的电力电子器件有不控器件（导通和关断无可控的功能，如整流二极管）、半控器件（只能控制其导通而关断不可控，如普通晶闸管）和全控器件（导通和关断都可以通过控制信号来控制，如可关断晶闸管、功率晶体管、功率场效应晶体管）等类型。在性能参数方面，电力电子器件的电压高达 12kV、电流高达 1.8kA、频率可达 1MHz、功率可大到数百 MW 甚至 GW。目前，电力电子技术主要用于电力变换。下面首先介绍一种常用的电力电子器件——晶闸管。

晶闸管的优点很多，应用也非常方便，但使用时需要在门极加正向信号来控制。此触发信号可以由单结晶体管触发电路获得，也有其他的获取方法。另外晶闸管的过载能力比较差，使用时需要过电压和过电流保护电路等。关于晶闸管有关的其他详细内容，读者有兴趣可参阅电力电子技术等方面的书籍。

6.8.1　晶闸管

晶闸管是晶体闸流管的简称，原名可控硅整流器（SCR），简称可控硅。晶闸管的出现，使半导体器件的应用从弱电领域进入了强电领域。晶闸管主要应用于整流、逆变、调压、开关 4 个方面，应用最多的是晶闸管可控整流。

1. 基本结构

晶闸管的结构和表示符号如图 6-21 所示，它是由 3 个 PN 连结 4 层半导体结构构成，具有 3 个电极，分别是阳极 A、阴极 K 和门极（或称控制极）G。晶闸管的外形如图 6-22 所示。

2. 晶闸管的导通和关断条件

晶闸管与二极管一样，具有单相导电性，电流只能从阳极 A 流向阴极 K，但它必须同时满足下述两个条件才导通，即晶闸管的导通条件为：

1）阳极加正向电压，$U_{AK} > 0$（实际要大于门槛电压）。

2）门极加正向电压，$U_{GK} > 0$（实际常用一个脉冲，其数值要大于某最小值）。

若同时满足上述两个条件，晶闸管就会导通。显然，晶闸管导通时比二极管多了一个控制条件，也就是门极正向电压。

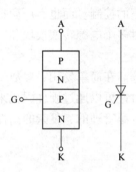

图 6-21　晶闸管的结构和表示符号

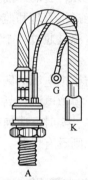

图 6-22　晶闸管的外形

那么，晶闸管的关断条件如何呢？为了使晶闸管由导通状态变为关断，只要使阳极电流 $I_A < I_H$ 时，晶闸管就自行关断了，其中 I_H 是晶闸管的一个参数，叫维持电流，是维持晶闸管导通时的最小电流值。

需要说明的是，晶闸管具有这样的控制特性：晶闸管一旦导通，门极便失去控制。也就是说，当晶闸管导通后，即使正向门极电压 $U_{GK} = 0$，晶闸管仍导通，只有阳极电流减小到维持电流 I_H 以下，晶闸管才关断。因此，一般在晶闸管的门极和阴极之间加正脉冲信号（满足导通的第 2 个条件）控制其导通。

3. 晶闸管的伏安特性

晶闸管的伏安特性是晶闸管阳极 A 与阴极 K 间电压 U_A 和晶闸管阳极电流 I_A 之间的关系特性。晶闸管的伏安特性如图 6-23 所示，其特性可分为正向特性（第 1 象限）和反向特性（第 3 象限）。

（1）正向特性（$U_A > 0$）　晶闸管的正向特性又分为阻断状态和导通状态。在门极电流 $I_G = 0$ 的情况下，由零值逐渐增大晶闸管的阳极电压 U_A，这时晶闸管处于阻断状态，只有很小的正向漏电流 I_A；随着正向阳极电压 U_A 的增加，当达到正向转折电压 U_{BO} 时，漏电流突然剧增，特性从高阻区（阻断状态）经负阻区（虚线部分所示）到达低阻区（导通状态）。导通状态时的晶闸管特性与二极管的正向特性相似，即通过较大的阳极电流，而晶闸管本身的正向压降却很小（1V 左右）。

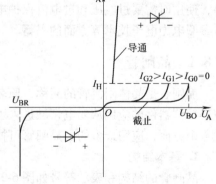

图 6-23　晶闸管的伏安特性

晶闸管正常工作时，不允许把正向阳极电压 U_A 加到转折值电压 U_{BO}，而是从控制极输入触发电流 I_G，使晶闸管导通。门极电流越大，阳极电压转折点越低，如图 6-23 所示，

$I_{G2} > I_{G1} > I_{G0}$。实际应用中规定，当晶闸管的阳极与阴极之间加上 6V 直流电压，能使晶闸管导通的门极最小电流（电压）称为触发电流（电压），并规定了在常温下各种规格的晶闸管的触发电压和触发电流的范围，例如对 KP50（3CT107）型的晶闸管，触发电压和触发电流分别为 ≤3.5V 和 8 ~ 150mA。

当晶闸管导通后，若减小阳极电压 U_A，阳极电流 I_A 就逐渐减小。当它小到某一数值时，晶闸管又从导通状态转为阻断状态，维持晶闸管导通的最小阳极电流称为维持电流 I_H。

（2）反向特性（$U_A < 0$） 晶闸管的反向特性与一般二极管的反向特性相似。当晶闸管承受反向阳极电压时，晶闸管总是处于阻断状态；当反向电压增加到一定数值时，反向漏电流增加较快；再继续增大反向阳极电压，导致反向漏电流剧增晶闸管反向击穿，造成晶闸管损坏。使晶闸管反向导通（击穿）所对应的电压称为反向转折电压 U_{BR}，使用时不允许超过该数值。

4. 晶闸管的主要参数

为了正确地选择和使用晶闸管，需要了解的晶闸管的主要电压、电流参数如下：

（1）额定电压 在门极断路和晶闸管正向阻断的条件下，可以重复加在晶闸管两端的正向峰值电压，称为正向重复峰值电压（或断态重复峰值电压），用符号 U_{DRM} 表示。按规定，此电压比正向转折电压 U_{BO} 低 100V。

在门极断路时，可以重复加在晶闸管两端的反向峰值电压，用符号 U_{RRM} 表示。按规定，此电压比反向转折电压 $|U_{BR}|$ 低 100V。

通常将断态重复峰值电压 U_{DRM} 和反向重复峰值电压 U_{RRM} 中较小的那个数值标为器件型号上的额定电压。通常选用晶闸管时，电压选择应取 2 ~ 3 倍的安全裕量。

（2）额定电流 晶闸管的额定电流用正向平均电流 I_F 来表示，所以，I_F 也叫做额定正向平均电流。I_F 是在环境温度为 +40℃ 和规定的冷却条件下，器件在阻性负载的单相工频正弦半波电路中，管子全导通，在稳定的额定结温时所允许的最大通态平均电流。通常选用晶闸管时，电流选择应留有 1.5 ~ 2 倍的安全裕量。

（3）维持电流 维持电流 I_H 是在室温和门极断路时，晶闸管已经处于通态后，从较大的通态电流降至维持通态所必须的最小阳极电流值。换句话说，就是晶闸管已经处于通态后，当阳极电流 I_A 小于维持电流 I_H 时，晶闸管将自行关断。

另外，还有门极触发电压、触发电流等参数。

目前我国生产的晶闸管型号及其含义如下：

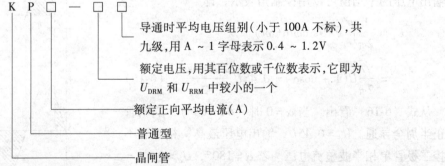

例如 KP5-7 表示额定正向平均电流为 5A、额定电压为 700V 的晶闸管。

以上介绍的是普通晶闸管，还可以派生出双向晶闸管、快速晶闸管、光控晶闸管和可关断晶闸管等。

6.8.2　可控整流电路简介

在生产实际中，某些应用如直流电动机传动，要求直流输出电压是可控的。采用晶闸管可控整流电路可以将交流电变换成可调的直流电。

6.8.2.1　单相半波可控整流电路

把不可控的单相半波整流电路中的二极管用晶闸管代替，就成为单相半波可控整流电路。下面分析这种可控整流电路在接电阻性负载和电感性负载时的工作情况。

1. 电阻性负载

如图 6-24 所示电路是接电阻性负载的单相半波可控整流电路，负载电阻为 R_L。从图可见，在输入交流电压 u 的正半周时，晶闸管承受正向电压。假如在 t_1 时刻（见图 6-25a）给门极加上触发脉冲（见图 6-25b），晶闸管导通，负载上得到电压。当交流电压 u 下降到接近于零值时，晶闸管正向电流 I_A 小于维持电流 I_H 而关断。在电压 u 的负半周时，晶闸管承受反向电压，不可能导通，负载电压和电流均为零。在第二个正半周内，再在相应的 t_2 时刻加入触发脉冲，晶闸管再导通。这样，在负载 R_L 上就可以得到如图 6-25c 所示的电压波形。如图 6-25d 所示波形的斜线部分为晶闸管关断时所承受的正向和反向电压，其最高正向和反向电压均为输入交流电压的幅值 $\sqrt{2}U$。

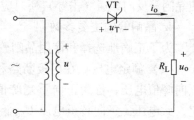

图 6-24　电阻性负载单相
半波可控整流电路

显然，在晶闸管承受正向电压的时间内，改变门极触发脉冲的输入时刻（称为移相），负载上得到的电压波形就随之改变，这样就控制了负载上输出电压的大小。如图 6-25 所示波形是接电阻性负载时单相半波可控整流电路的电压与电流的波形。

晶闸管在正向电压下不导通的范围成为触发延迟角（又称控制角），用 α 表示，而导电范围则称为导通角，用 θ 表示。很显然，导通角 θ 越大，输出电压越高。整流输出电压的平均值可以用控制角表示，即

$$U_o = \frac{1}{2\pi}\int_{\alpha}^{\pi}\sqrt{2}U\sin\omega t\,d(\omega t)$$

$$= \frac{\sqrt{2}}{2\pi}U(1 + \cos\alpha) = 0.45U\frac{1 + \cos\alpha}{2} \quad (6\text{-}16)$$

从式（6-16）看出，当 $\alpha = 0$ 时（$\theta = 180°$），晶闸管在正半周全导通。$U_o = 0.45U$，输出电压最高，相当于不可控二极管单相半波整流电压。若 $\alpha = 180°$，$U_o = 0$，$\theta = 0$，晶闸管全关断。可见，改变触发脉冲的触发延迟角 α，即实现了对输出直流电压大小的控制。

根据欧姆定律，负载电阻中整流电流的平均值为

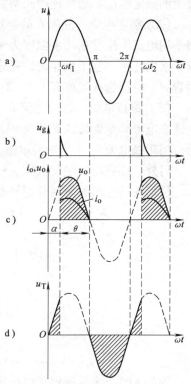

图 6-25　接电阻性负载
的电压与电流的波形

$$I_o = \frac{U_o}{R_L} = 0.45 \frac{U}{R_L} \frac{1 + \cos\alpha}{2} \tag{6-17}$$

此电流即为通过晶闸管的平均电流。

2. 电感性负载与续流二极管

上面讲的是电阻性负载的情况，实际上遇到较多的是电感性负载，像各种电机的励磁绕组、各种电感线圈等，它们既含有电感又含有电阻。由于电感元件能储存磁场能量，电流不能够跃变，使得整流电路接电感性负载和接电阻性负载的情况大不相同。

电感性负载可用串联的电感元件 L 和电阻元件 R 表示，如图 6-26 所示。当晶闸管刚导通触发时，电感元件中产生阻碍电流变化的感应电动势（其极性在图 6-26 中为上正下负），电路中电流不能跃变，将由零逐渐上升，如图 6-27a 所示。当电流到达最大值时，感应电动势为零，而后电流逐步减小，电动势 e_L 也就改变极性（其极性在图 6-26 中为上负下正）。此后，在交流电压 u 到达零值之前，e_L 和 u 极性相同，晶闸管导通。即使电压 u 经过零值变负之后，只要 e_L 大于 u，晶闸管继续承受正向电压，

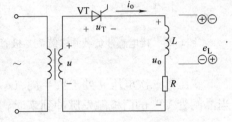

图 6-26 电感性负载单相半波可控整流电路

电流仍然继续导通。只要电流大于维持电流 I_H 时，晶闸管就不会关断，负载上则出现了负电压。当电流下降到维持电流以下时，晶闸管才自行关断，并且立即承受反相电压，如图 6-27b 所示。

由上分析可见，在单相半波可控整流电路接电感性负载时，晶闸管导通角 θ 将大于（$180° - \alpha$）。负载电感愈大，导通角 θ 愈大，在一个周期中负载上负电压所占的比重就愈大，整流输出电压和电流的平均值就愈小。为了使晶闸管在电源电压 u 降到零值时能及时关断使负载上不出现负电压。可以在电感性负载两端并联一个二极管 VD 来解决上述出现的问题，如图 6-28 所示。在该电路，当交流电压 u 过零值变负之后，二极管因为承受正向电压而导通，于是负载上由感应电动势 e_L 产生的电流经过这个二极管形成回路。因此这个二极管称为续流二极管。这时，负载两端电压近似为零，晶闸管因为承受反向电压而关断。负载上的电压波形与如图 6-24 所示接电阻

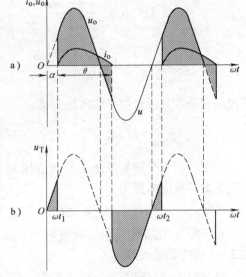

图 6-27 接电感性负载时的电压与电流波形

性电路基本相同，此时负载上消耗的能量是电感元件释放的存储能量。

6.8.2.2 单相半控桥式整流电路

在如图 6-5 所示的单相桥式整流电路中，将两只二极管用两只晶闸管换掉，即可得到单相半控桥式整流电路，如图 6-29 所示。

在如图 6-29 所示的电路中，变压器二次电压 u 处于正半周（a 端为正，b 端为负）时，VT_1 和 VD_1 承受正向电压，当晶闸管 VT_1 的门极触发脉冲到来时，则 VT_1 和 VD_1 导通，电

流的通路为

$$a \rightarrow VT_1 \rightarrow R_L \rightarrow VD_2 \rightarrow b$$

此时，由于 VT_2 和 VD_1 承受反向电压，即使给 VT_2 加控制极触发脉冲，VT_2 和 VD_1 也截止。

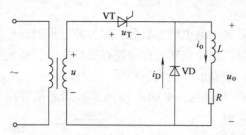

图 6-28　接电感性负载并联续流二极管

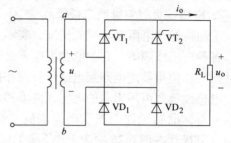

图 6-29　单相半控桥式整流电路

变压器二次电压 u 处于负半周（a 端为负，b 端为正）时，VT_2 和 VD_1 承受正向电压，当晶闸管 VT_2 的门极触发脉冲到来时，则 VT_2 和 VD_1 导通，电流的通路为

$$b \rightarrow VT_2 \rightarrow R_L \rightarrow VD_1 \rightarrow a$$

此时，由于 VT_1 和 VD_2 承受反向电压而截止。其电压与电流波形如图 6-30 所示。

由波形图可以求出输出电压和电流的平均值分别为

$$U_o = 0.9U \frac{1 + \cos\alpha}{2} \qquad (6-18)$$

$$I_o = \frac{U_o}{R_L} = 0.9 \frac{U}{R_L} \frac{1 + \cos\alpha}{2} \qquad (6-19)$$

流过晶闸管和二极管的平均电流为

$$I_T = I_D = \frac{1}{2} I_o \qquad (6-20)$$

晶闸管所承受的最高正、反向电压和二极管所承受的最高反向电压为

$$U_{FM} = U_{RM} = \sqrt{2}U \qquad (6-21)$$

在实际选用晶闸管和二极管时，常留有裕度，取 2~3 倍的安全系数。

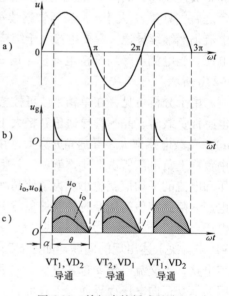

图 6-30　单相半控桥式整流
电路的电压与电流波形

晶闸管的优点很多，应用也非常方便，但使用时需要在门极加正向信号来控制，此触发信号可以由单结晶体管触发电路获得，也可有其他的获取方法；另外晶闸管的过载能力也比较差，使用时需要过电压和过电流保护电路等，关于晶闸管有关的其他详细内容，读者有兴趣可参阅电力电子技术等方面的书籍。

习　题

6-1　直流电源由哪几个部分组成，每个部分的作用是什么？直流电源的稳压电路分为哪几种形式，各有什么特点？

6-2　在单相桥式整流电路中，当任意一个二极管发生断路或者是被接反了的情况时，会产生何种后果？如果电路还能工作的话，平均输出电压是多少？

6-3　已知变压器二次电压 $U_2 = 10V$，试计算输出平均电压 U_o。若输出平均电流 $I_o = 0.1A$，试选择合适的器件型号（见图 6-31）。

6-4　电容滤波方式有哪些优点以及缺点？半波整流后，带电容滤波和不带电容滤波相比，选择二极管时的要求有何不同？

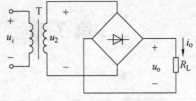

图 6-31　习题 3 图

6-5　电路如图 6-32 所示，已知变压器二次电压 $U_2 = 20V$，负载电阻 R_L 为 100Ω。试计算滤波电容 C 的取值范围并算出整流二极管的平均工作电流、最大反向电压。

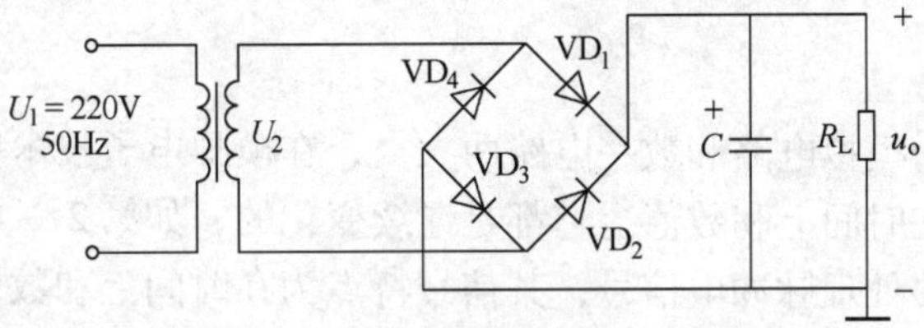

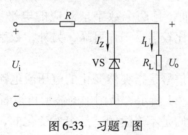

图 6-32　习题 5 图

6-6　在图 6-33 所示的稳压管稳压电路中，电阻 R 起什么作用？如果 $R = 0$，电路是否还能正常工作？

6-7　在图 6-33 所示的稳压电路中，已知稳压管的稳定电压 U_Z 为 6V，最小稳定电流 I_{Zmin} 为 5mA，最大稳定电流 I_{Zmax} 为 40mA；输入电压 U_1 为 15V，其波动范围为 $\pm 10\%$；限流电阻 R 为 200Ω。试计算该电路输出端是否可以空载？如果不能，计算负载电流的范围是多少。

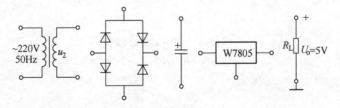

图 6-33　习题 7 图

6-8　电路如图 6-32 所示，已知 $U_o = 18V$，试计算变压器二次电压的有效值 U_2。若测得 $U_o = 28V$，试分析电路出现了什么问题？

6-9　试把图 6-34 所示的各种元器件连接在一起构成输出为 +5V 的直流稳压电源。

图 6-34　习题 9 图

第7章 门电路与组合逻辑电路

7.1 概述

7.1.1 脉冲信号

电子电路主要分为模拟电路和数字电路两大类，在模拟电子技术中，电路主要处理模拟信号，其信号特点是在时间上和数值上它都是连续变化的，如第 2 章放大电路中的正弦交流信号。而数字电路主要处理脉冲电信号，其信号特点为在时间上和数值上它都是断续变化或离散的。脉冲信号是表示数字量的信号。通常，脉冲信号只有两个离散量。若有脉冲信号时，表示数字"1"（或逻辑"1"）；若无脉冲信号时，表示数字"0"（或逻辑"0"）。因此，脉冲信号又称为数字信号或二进制信号。

由于脉冲信号只有"0"和"1"两个数字量，因此，它很容易用电子器件来表示。例如，用开关的"开"表示"1"，那么，开关的"关"就可以表示"0"；若晶体管的"截止"表示"1"，则晶体管的"饱和"就表示"0"等等；在数字电路中，脉冲信号的"1"和"0"分别表示电平的高和低，且两个数字量对应的电平大小上都是一个较宽的变化范围，所以数字电路抗干扰能力比较强，工作可靠，另外，数字电路还具有运算精度高，结构简单，很容易实现等优点。

在数字电子技术中，脉冲信号是指突然变化的电压或电流信号。常用的脉冲信号有矩形波、尖峰波和锯齿波等，如图 7-1 所示。从图中的波形可以看出，它们与前面几章使用的模拟电信号有着很大的区别，它们是不连续的，是突然变化的，也就是离散的。

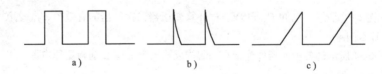

图 7-1　常用的脉冲信号

a）矩形波　b）尖峰波　c）锯齿波

图 7-1 中的脉冲信号的形状是理想化的，而在现实当中，脉冲信号并非那么规整，例如实际矩形波如图 7-2 所示，故必须规定一些参数来描述矩形波的形状。

1. 脉冲幅度 A_m

它是脉冲信号变化的最大值。具体是指电压（或电流）变化的最大值，可用 U_m（或 I_m）表示。

2. 脉冲上升时间 t_r

它是指脉冲幅度从 A_m 的 10% 上升到 A_m 的 90% 所需时间，用于反映脉冲信号上升时过渡过程的快慢，也叫脉冲的上升沿或前沿。

3. 脉冲下降时间 t_f

它是指脉冲幅度从 A_m 的 90% 下降到 A_m 的 10% 所需时间，用于反映脉冲信号下降时过渡过程的快慢，也叫脉冲的下降沿或后沿。

4. 脉冲宽度 t_p

它是同一脉冲内两次到达 A_m 的 50% 所需的时间间隔。

5. 脉冲周期 T

它是脉冲信号在周期性变化过程中，相邻两个脉冲波形相位相同之间的时间间隔。

6. 脉冲频率 f

它是脉冲信号在周期性变化过程中，每秒出现脉冲波形的次数。频率和周期是互为倒数关系，即

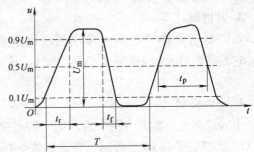

图 7-2　实际矩形波及其参数

$$f = \frac{1}{T} \quad 或 \quad T = \frac{1}{f}$$

7. 占空比 D

它是脉冲宽度 t_p 与脉冲重复周期 T 的比值，用于反映脉冲重复变化的疏密程度，即

$$D = \frac{t_p}{T} \tag{7-1}$$

7.1.2　数制

按进位规则进行计数称为进位计数制，简称数制。在日常生活中最广泛使用的数制是十进制，而在数字系统中常使用的数制是二进制、八进制和十六进制等。

7.1.2.1　常用进制

1. 十进制

组成十进制数的有 0、1、2、3、4、5、6、7、8、9 共 10 个符号，或 10 个数码，超过 9 的数必须用多位数表示，其中低位和相邻高位的关系是"逢十进一"，故称做十进制，称其基数是 10，或模是 10（mod = 10）。各个数码处于十进制数的不同位置时，所代表的数值不同，即不同位有不同的位权值，个位的位权值为 1，十位的位权值为 10，百位的位权值为 100，……即十进制数的各个数位的位权值是基数 10 的幂。如

$$(567.89)_{10} = 5 \times 10^2 + 6 \times 10^1 + 7 \times 10^0 + 8 \times 10^{-1} + 9 \times 10^{-2}$$

对于一个 $n + 1$ 位整数和 m 位小数的十进制正数 N 可以表示为

$$(N)_{10} = (N)_D = \sum_{i=-m}^{n} a_i \times 10^i \tag{7-2}$$

式中，a_i 为第 i 位的系数，可以为 0，1，…，9 中的某个值；第 i 位的权值为 10^i；m、n 都属于（$-\infty$，∞）的整数。

常用简写形式为　　$(N)_{10} = a_n a_{n-1} \cdots a_1 a_0 \cdot a_{-1} a_{-2} \cdots a_{-(m-1)} a_{-m}$

2. 二进制

二进制是数字电路中常用的一种进制，它只有 0 和 1 两个数码，它的基数是 2，或模是 2（mod = 2），计数按照"逢二进一"、"借一当二"的规律进行。

3. 八进制

八进制也是数字电路中常用的一种进制，它有 0、1、2、3、4、5、6、7 共 8 个数码，它的基数是 8，或模是 8（mod = 8），计数按照"逢八进一"、"借一当八"的规律进行。

4. 十六进制

十六进制也是数字电路中常用的一种进制，它有 0、1、2、3、4、5、6、7、8、9、A、B、C、D、E、F 共 16 个数码，它的基数是 16，或模是 16（mod = 16），计数按照"逢十六进一"、"借一当十六"的规律进行。

7.1.2.2　常用进制间的转换

1. 将 R 进制数转换为十进制数

由 R 进制数的一般表达式按权相加就可转换成十进制数，概括为"按权展开求和法"，只要将式（7-2）中的 10（mod = 10）改换为 R（mod = R）即可。

例 7-1　将二进制数（11101.01）$_2$ 转换成十进制数。

解：

$(110101.01)_2 = 1 \times 2^5 + 1 \times 2^4 + 0 \times 2^3 + 1 \times 2^2 + 0 \times 2^1 + 1 \times 2^0 + 0 \times 2^{-1} + 1 \times 2^{-2} = (53.25)_{10}$

也可以写为

$$(110101.01)_B = (53.25)_D$$

例 7-2　将八进制数（32.4）$_8$ 转换成十进制数。

解：

$$(32.4)_8 = 3 \times 8^1 + 2 \times 8^0 + 4 \times 8^{-1} = (26.5)_{10}$$

也可以写为

$$(32.4)_O = (26.5)_D$$

2. 将十进制数转换为二进制数

转换需要分成整数和净小数两部分来进行。其中整数部分的转换采用除 2 取余法，直到商等于零为止，然后把每次除以 2 得到的余数连起来就是二进制的整数部分，先得到的余数为最低位，概括为"2 除取余，先得低位"。

净小数部分的转换采用乘 2 取整法，直到满足规定的位数（一般取 6 位）为止。然后把每次乘以 2 得到的整数部分连起来，即可得到净小数部分，净小数的转换可概括为"2 乘取整，先得高位"。

例 7-3　将十进制数（27.35）$_{10}$ 转换成二进制数。

解：转换需要分成整数和净小数两部分来进行。

整数部分（27）$_{10}$ 的转换采用除 2 取余法，直到商等于零为止。

$$2 \underline{|27} \cdots \text{余数} = 1 = a_0$$

$$2 \underline{|13} \cdots \text{余数} = 1 = a_1$$

$$2 \underline{|6} \cdots \text{余数} = 0 = a_2$$

$$2 \underline{|3} \cdots \text{余数} = 1 = a_3$$

$$2 \underline{|1} \cdots \text{余数} = 1 = a_4$$

$$0$$

净小数部分 $(0.35)_{10}$ 的转换采用乘 2 取整法，直到满足规定的位数为止。

$$0.35 \times 2 = 0.7 \qquad \text{整数} = 0 = a_{-1}$$

$$0.7 \times 2 = 1.4 \qquad \text{整数} = 1 = a_{-2}$$

$$0.4 \times 2 = 0.8 \qquad \text{整数} = 0 = a_{-3}$$

$$0.8 \times 2 = 1.6 \qquad \text{整数} = 1 = a_{-4}$$

$$0.6 \times 2 = 1.2 \qquad \text{整数} = 1 = a_{-5}$$

$$0.2 \times 2 = 0.4 \qquad \text{整数} = 0 = a_{-6}$$

$$\vdots \qquad\qquad \vdots$$

将整数部分 $(27)_{10}$ 和净小数部分 $(0.35)_{10}$ 的转换结果按 a_4（高位）到 a_{-6}（低位）的次序排列，就得到总的转换结果

$$(27.35)_{10} = (11011.010110)_2$$

3. 二进制数、八进制数和十六进制数间的转换

常用进制间部分数据对应关系如表 7-1 所示。

表 7-1 常用进制间部分数据对应关系

十进制	二进制	八进制	十六进制	十进制	二进制	八进制	十六进制
0	0000	0	0	8	1000	10	8
1	0001	1	1	9	1001	11	9
2	0010	2	2	10	1010	12	A
3	0011	3	3	11	1011	13	B
4	0100	4	4	12	1100	14	C
5	0101	5	5	13	1101	15	D
6	0110	6	6	14	1110	16	E
7	0111	7	7	15	1111	17	F

由表 7-1 可以看出，3 位二进制数对应 1 位八进制数，而 4 位二进制数对应 1 位十六进制数。

例 7-4 完成下列各题：

1）$(27.34)_8 = ($ $)_2$

2）$(2.A6)_{16} = ($ $)_2$

3）$(1101.11)_2 = ($ $)_8$

4）$(101101.01)_2 = ($ $)_{16}$

解：

1）$(27.34)_8 = (010111.011100)_2 = (10111.0111)_2$

（1 位八进制数换成 3 位二进制数，去掉两端无效的 0）

2）$(2.A6)_{16} = (0010.10100110)_2 = (10.1010011)_2$

（1 位十六进制数换成 4 位二进制数，去掉两端无效的 0）

3）$(1101.11)_2 = (001101.110)_2 = (15.6)_8$

（3 位二进制数换成 1 位八进制数，以小数点为界，两端若不够 3 位则用 0 补齐）

4）$(101101.01)_2 = (00101101.0100)_2 = (2D.4)_{16}$

也可以写为

$(101101.01)_B = (2D.4)_H$

（4 位二进制数换成 1 位十六进制数，以小数点为界，两端若不够 4 位则用 0 补齐）

7.1.3 码制

7.1.3.1 关于码的概念

码制是指将数字、文字以及其他对象编制成代码过程中所采取的规则。在数字电路中，常把有特定意义的信息（如数字等）用一定规则的二进制代码来表示。

需要注意，所谓码就是由 0 和 1 组成的二进制代码，是用来表示一个特定的含义。这一组 0 和 1 的组合，不再是表示数量的大小，而是作为特定事物、符号或者状态的代号，可以看作是为表达某种信息的一串二进制代码。

显然，1 位二进制代码可以表示 2 个含义，2 位二进制代码可以表示 4 个含义，n 位代码最多可以表示 2^n 个含义。用 n 位二进制代码来表示 N 个含义时，应满足

$$2^n \geqslant N \tag{7-3}$$

7.1.3.2 常用 BCD 码

用二进制的 0 和 1 来表示十进制数的 0、1、2、…、9 这 10 个数字的代码称为二—十进制代码，简称 BCD 码。

由式（7-3）可知，表示 10 个数字至少需要 4 位代码，几种常见的 BCD 代码如表 7-2 所示。

表 7-2 几种常见的 BCD 代码

十进制数	8421 码	5421 码	2421 码	余 3 码
0	0000	0000	0000	0011
1	0001	0001	0001	0100
2	0010	0010	0010	0101
3	0011	0011	0011	0110
4	0100	0100	0100	0111

（续）

十进制数	8421 码	5421 码	2421 码	余 3 码
5	0101	1000	1011	1000
6	0110	1001	1100	1001
7	0111	1010	1101	1010
8	1000	1011	1110	1011
9	1001	1100	1111	1100
权	8421	5421	2421	

8421 码是 BCD 码中最常用的一种。它每一位的权是固定不变的，分别为 8（即 2^3）、4（即 2^2）、2（即 2^1）、1（即 2^0）。此码与二进制数转换为十进制数的权值一样，因此，8421BCD 码和十进制数之间的转换，可直接按位（或按组）转换。

例 7-5　将 $(325)_{10}$ 转换成 3 位 8421BCD 码。

解：将 325 中各位数 3、2、5 分别转换成 8421BCD 码，按高位到低位的次序由左到右排列，就是 8421BCD 码。即

$$(325)_{10} = (0011\ 0010\ \ 0101)_{8421BCD}$$

5421BCD 码和 2421 BCD 码也是有固定权的 BCD 码。5421 BCD 码每一位的权分别为 5、4、2、1，而 2421 BCD 码每一位的权分别为 2、4、2、1。5421BCD 码和 2421BCD 码与十进制数之间的转换与 8421BCD 码相似，可直接按位（或按组）转换。

余 3 码的编码规则和上述的有权码不同，它是无权码，但它是有规律的。与 8421BCD 码相比，对应同样的十进制数字，它比 8421BCD 码多出 3（即 0011），因此称为余 3 码。

8421BCD 码、5421BCD 码和 2421BCD 码都是有固定权的 BCD 码，也叫恒权码，常用的 BCD 码还有其他的恒权 BCD 码和无权 BCD 码。

7.1.3.3　ASCII 码

ASCII（American Standard Code for Information Interchange）系美国信息交换标准代码的简称，它的编码表如表 7-3 所示，这种编码常用于通信设备和计算机中，它是一组 8 位二进制代码，低 7 位表示信息，最高位用作奇偶校验位，奇偶校验位的数值是 1 还是 0，要根据校验的类型（配奇还是配偶）来决定，从而将任何一个 8 位代码均配成奇数个 1（或是偶数个 1），以便电路进行自校验。表 7-3 中文字符的含义如表 7-4 所示。

表 7-3　ASCII 编码

字符　$b_3b_2b_1b_0$　$b_6b_5b_4$	000	001	010	011	100	101	110	111
0000	NUL	DLE	SP	0	@	P	\	p
0001	SOH	DC1	!	1	A	Q	a	q
0010	STX	DC2	"	2	B	R	b	r
0011	ETX	DC3	#	3	C	S	c	s
0100	EOT	DC4	$	4	D	T	d	t

（续）

字符 $b_6 b_5 b_4$ ＼ $b_3 b_2 b_1 b_0$	000	001	010	011	100	101	110	111
0101	ENQ	NAK	%	5	E	U	e	u
0110	ACK	SYN	&	6	F	V	f	v
0111	BEL	ETB	'	7	G	W	g	w
1000	BS	CAN	(	8	H	X	h	x
1001	HT	EM	)	9	I	Y	i	y
1010	LF	SUB	*	:	J	Z	j	z
1011	VT	ESC	+	;	K	[	k	{
1100	FF	FS	,	<	L	\	l	!
1101	CR	GS	-	=	M	]	m	}
1110	SO	RS	.	>	N	↑	n	~
1111	SI	US	/	?	O	↓	o	DEL

表 7-4　ASCII 编码文字符的含义

字　符	含　　义	字　符	含　　义
NUL	空，无效	DC1	设备控制 1
SOH	标题开始	DC2	设备控制 2
STX	正文开始	DC3	设备控制 3
ETX	本文结束	DC4	设备控制 4
EOT	传输结束	NAK	否　定
ENQ	询　问	SYN	空转同步
ACK	承　认	ETB	信息组传输结束
BEL	报警符（可听见的信号）	CAN	作　废
BS	退一格	EM	纸　尽
HT	横向列表（穿孔卡片指令）	SUB	减
LF	换　行	ESC	换　码
VT	垂直制表	FS	文字分隔符
FF	走纸控制	GS	组分隔符
CR	回　车	RS	记录分隔符
SO	移位输出	US	单元分隔符
SI	移位输入	SP	空间（空格）
DLE	数据键换码	DEL	作　废

7.2　逻辑代数基础

　　在模拟电路中，研究的是如何不失真地放大输入信号等，而在数字电路中则主要讨论输入和输出之间的逻辑关系，这种逻辑关系又都是通过逻辑代数这个基本的数学工具进行数学表达和运算的。因此，本书先介绍逻辑代数的基本知识。

逻辑代数是英国数学家乔治·布尔创立的，所以又称做布尔代数，又因它只有逻辑"0"和"1"两个常量，似开关的两个状态，所以，也叫开关代数。

7.2.1 基本逻辑运算

最基本的逻辑关系有"与"、"或"、"非"3种。下面通过几个简单的开关电路来说明这3种基本逻辑运算关系。

1. 与逻辑运算

如果决定某一事件的所有条件都成立时，这个事件才发生，否则这个事件就不发生。这样的逻辑关系，称为与逻辑（或称逻辑乘）。

如图7-3所示是一个开关串联电路。如果规定开关的"闭合"表示为逻辑"1"、开关的"断开"表示为逻辑"0"，灯"亮"表示为逻辑"1"、灯"灭"表示为逻辑"0"。从如图7-3所示电路可以看出，必须是开关A、B同时满足"闭合"条件（即$A=1$，$B=1$），灯F才"亮"（即$F=1$）。如果开关A、B有一个或两个"断开"（即$A=0$，$B=1$或$A=1$，$B=0$或$A=0$，$B=0$），灯F就不会"亮"（即$F=0$）。F和A、B之间这种逻辑关系，显然是与逻辑或称逻辑乘。

根据上述的与逻辑关系，将F与A、B各种取值一一对应的情况，若用表格形式来反映，就称为"真值表"，如表7-5所示，为F的真值表。

如果把A和B看作输入变量，F看作输出变量。那么，输出变量与输入变量之间的"与"逻辑关系，还可以用逻辑函数表达式表示为

$$F = AB$$

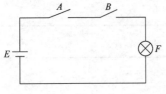

图7-3 与逻辑运算的电路举例

表7-5 与逻辑的真值表

A B	F
0 0	0
0 1	0
1 0	0
1 1	1

与逻辑运算规则如下：

$$0 \times 0 = 0 \qquad 0 \times 1 = 0 \qquad 1 \times 0 = 0 \qquad 1 \times 1 = 1$$

2. 或逻辑运算

如果决定某一事件的条件中只要有一个或一个以上成立时，这个事件就发生，否则这个事件就不发生。这样的逻辑关系，称为或逻辑（或称逻辑加）。

如图7-4所示是一个开关并联电路。按照前面所述"与"的逻辑规定，从如图7-4所示电路可以看出，当开关A和B只要有一个或一个以上满足"闭合"条件（即$A=0$，$B=1$或$A=1$，$B=0$或$A=1$，$B=1$），灯F就"亮"（即$F=1$）。只有开关A、B两个全部"断开"（即$A=0$，$B=0$），灯F才不会"亮"（即$F=0$）。可见，F和A、B之间的逻辑关系是或逻

辑或称逻辑加。

根据上述的"或"逻辑关系，将 F 与 A、B 各种取值一一对应的情况，也可以用真值表来表示，如表 7-6 所示。

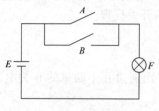

图 7-4 或逻辑运算的电路举例

表 7-6 或逻辑的真值表

A B	F
0 0	0
0 1	1
1 0	1
1 1	1

或逻辑函数表达式为

$$F = A + B$$

或逻辑运算规则如下：

$$0 + 0 = 0 \qquad 0 + 1 = 1 \qquad 1 + 0 = 1 \qquad 1 + 1 = 1$$

3. 非逻辑运算

如果某一事件的条件成立时，这个事件不发生；而该条件不成立时，这个事件就发生。这样的逻辑关系，称为非逻辑（或称逻辑否定）。

如图 7-5 所示也是一个简单开关电路。开关 A "闭合"时，灯 F 就"灭"；开关 A "断开"时，灯 F 就"亮"了。可见，F 和 A 之间的逻辑关系是非逻辑，也叫逻辑否。

F 与 A 的对应关系也可用真值表来表示，如表 7-7 所示。

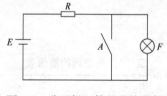

图 7-5 非逻辑运算的电路举例

表 7-7 非逻辑的真值表

A	F
0	1
1	0

非逻辑函数式为

$$F = \bar{A}$$

非逻辑运算规则如下：

$$\bar{0} = 1 \qquad \bar{1} = 0$$

由基本运算与、或、非可以构成各种各样的复合逻辑运算，如与非运算、或非运算和与或非逻辑运算等。与非运算的真值表如表 7-8 所示，与非运算的函数式为

$$F = \overline{AB}$$

表 7-8 与非逻辑的真值表

A B	F	A B	F
0 0	1	1 0	1
0 1	1	1 1	0

7.2.2 逻辑代数的基本公式

逻辑代数的基本公式如表7-9所示。

表7-9 逻辑代数的基本公式表

序号	定律名称	基 本 公 式	
1	0-1律	$A \cdot 0 = 0$	$A + 1 = 1$
2	互补律	$A \cdot \bar{A} = 0$	$A + \bar{A} = 1$
3	自等律	$A \cdot 1 = A$	$A + 0 = A$
4	交换律	$A \cdot B = B \cdot A$	$A + B = B + A$
5	结合律	$A(BC) = (AB)C$	$A + (B + C) = (A + B) + C$
6	分配律	$A(B + C) = AB + AC$	$A + (BC) = (A + B)(A + C)$
7	同一律	$A \cdot A = A$	$A + A = A$
8	还原律	$\bar{\bar{A}} = A$	$\bar{\bar{A}} = A$
9	反演律	$\overline{AB} = \bar{A} + \bar{B}$	$\overline{A + B} = \bar{A} \cdot \bar{B}$
10	吸收律	$A + AB = A$ $A + \bar{A}B = A + B$	$A(A + B) = A$ $A(\bar{A} + B) = AB$
11	冗余律	$AB + \bar{A}C + BC = AB + \bar{A}C$	$(A + B)(\bar{A} + C)(B + C) = (A + B)(\bar{A} + C)$

上述公式的正确性，常用真值表法来检验。由公式分别求得等式两边的真值表，只要结果是相同的，即证明了该公式是正确的；否则，该公式不成立。例如证明分配律：$A(B + C) = AB + AC$，其真值表如表7-10所示。

表7-10 $A(B + C) = AB + AC$ 的真值表

变量取值			等 式 的 左 边		等 式 的 右 边		
A	B	C	$B + C$	$A(B + C)$	AB	AC	$AB + AC$
0	0	0	0	0	0	0	0
0	0	1	1	0	0	0	0
0	1	0	1	0	0	0	0
0	1	1	1	0	0	0	0
1	0	0	0	0	0	0	0
1	0	1	1	1	0	1	1
1	1	0	1	1	1	0	1
1	1	1	1	1	1	1	1

由表7-10可以看出，对于任何一组 A、B、C 的取值，结果是等式左边 $A(B + C)$ 的值等于等式右边 $AB + AC$ 的值，故公式 $A(B + C) = AB + AC$ 是正确的。

7.2.3 逻辑函数表达式及其化简

7.2.3.1 逻辑函数表达式的形式

1. 逻辑函数的定义

逻辑代数中的函数与普通代数中的函数两者是相似的，但逻辑函数具有以下特点：

1）输入变量与输出变量之间是逻辑关系。

2）函数由 3 种基本逻辑运算构成，即与运算、或运算和非运算。

3）输入与输出逻辑变量的取值只能是 0 或 1。

设某一逻辑电路的输入变量为 A_1，A_2，A_3，$\cdots$，A_n，输出逻辑变量为 F，如图 7-6 所示。如果当 A_1，A_2，A_3，$\cdots$，A_n 的值确定后，F 的值就唯一地被确定下来，则 F 被称为 A_1，A_2，A_3，$\cdots$，A_n 的逻辑函数，记为

$$F = (A_1, A_2, A_3, \cdots, A_n)$$

用与、或、非等运算来表达逻辑函数的表达式，叫逻辑表达式，首先介绍最小项表达式。

图 7-6　一般逻辑
函数定义

2. 最小项表达式

（1）最小项的定义　在具有 n 个变量的函数中，若 m 为包含 n 个因子的一个乘积项，这 n 个变量均以原变量或反变量的形式在 m 中出现一次，且仅出现一次，则称 m 为该组变量的一个最小项。n 个变量的最小项总数为 2^n 个。

例如，A、B、C 三个变量有 $\overline{A}\,\overline{B}\,\overline{C}$、$\overline{A}\,\overline{B}C$、$\overline{A}B\,\overline{C}$、$\overline{A}BC$、$A\,\overline{B}\,\overline{C}$、$A\,\overline{B}C$、$AB\,\overline{C}$、$ABC$ 总共 8 个最小项。除这 8 个乘积项是最小项外，其他的乘积项如 $\overline{A}\,\overline{B}$、$(A+B)\,C$ 等不符合上述最小项的定义，故都不是最小项。

（2）最小项的性质

1）每个最小项对应一个取值组合，且只有该对应取值组合使其值为 1。如 $\overline{A}\,\overline{B}\,\overline{C}$ 对应取值组合为 “000”，而 $\overline{A}\,\overline{B}C$ 则对应 “001” 等。

2）任意两个最小项的与恒为 0。如：$(\overline{A}\,\overline{B}\,\overline{C})(\overline{A}\,\overline{B}C)=0$。

3）全部最小项的或恒为 1。如 3 个变量 A、B、C 的 8 个最小项的或，无论取值为何种组合，总是一个 1 加 7 个 0，但结果一定是 1。即

$$\overline{A}\,\overline{B}\,\overline{C}+\overline{A}\,\overline{B}C+\overline{A}B\,\overline{C}+\overline{A}BC+A\,\overline{B}\,\overline{C}+A\,\overline{B}C+AB\,\overline{C}+ABC\equiv 1$$

（3）最小项的编号　为了方便，我们常对最小项进行编号。因为最小项的值和变量取值相对应，所以最小项的号码（m_i）对应于变量取值的十进制数（i），则有

$$m_0 = \overline{A}\,\overline{B}\,\overline{C} \qquad m_1 = \overline{A}\,\overline{B}C \qquad m_2 = \overline{A}B\,\overline{C} \qquad m_3 = \overline{A}BC$$

$$m_4 = A\,\overline{B}\,\overline{C} \qquad m_5 = A\,\overline{B}C \qquad m_6 = AB\,\overline{C} \qquad m_7 = ABC$$

上述编号原则，可以应用于任意 n 个变量。

最小项是标准乘积项，由最小项构成的逻辑函数式叫最小项表达式。一般的与或表达式都可以通过公式中的互补律，进行配项而演变成标准与或表达式。

例 7-6　将一般与或表达式 $F = AB + \overline{B}C$ 转化为标准与或表达式。

解： 　　$F = AB + \overline{B}C$

$\qquad\qquad = AB(C+\overline{C}) + \overline{B}C(A+\overline{A})$ 　　　　　　　　　（用互补律配项）

$\qquad\qquad = ABC + AB\,\overline{C} + A\,\overline{B}C + \overline{A}\,\overline{B}C$ 　　　　（用变量表示的标准与或表达式）

$\qquad\qquad = m_1 + m_5 + m_6 + m_7$ 　　　　　　　（用编号表示的标准与或表达式）

$\qquad\qquad = \sum_m(1,5,6,7)$ 　　　　　　　　　（简化表示的标准与或表达式）

最小项是表示逻辑函数的最小基本单元，任何一个逻辑函数都有唯一的最小项表达式。

3. 逻辑函数表达式的类型

逻辑函数表达式的形式种类有多种，如下例所示：

$$F = AC + \overline{A}B \qquad （与或式）$$
$$= (A+B)(\overline{A}+C) \qquad （或与式）$$
$$= \overline{\overline{AC} \cdot \overline{\overline{A}B}} \qquad （与非—与非式）$$
$$= \overline{\overline{\overline{A}+\overline{B}} + \overline{\overline{A}+C}} \qquad （或非—或非式）$$
$$= \overline{\overline{A}\,\overline{B} + A\,\overline{C}} \qquad （与—或—非式）$$

显然，逻辑函数的最小项表达式是与或表达式的特例，它也叫标准与或式。

7.2.3.2 逻辑函数的公式化简法

1. 化简的意义

逻辑函数表达式与逻辑电路是一一对应的，逻辑函数的表达式越简单，实现其函数的逻辑电路也就越简单，使用的元器件个数也就越少，从而达到使用经济、工作可靠之目的。

2. 化简的标准

（1）最简与或式　同时满足以下两个条件的与或式就是最简与或式。

1）乘积项的个数最少。

2）每个乘积项中相乘的变量个数即因子数也最少。

逻辑函数的最简与或式最容易得到，且由最简与或式也可比较方便地转换为其他类型的最简表达形式，所以，逻辑函数的化简，一般都是先化简成最简与或式。

（2）最简与非—与非式　同时满足以下两个条件的与非—与非式就是最简与非—与非式，简称最简与非式。

1）非号个数最少。

2）每个非号下面相乘的变量个数也最少。

由最简与或式加双非反演一次即可求得该函数的最简与非表达式。如

$$F = AB + AC = \overline{\overline{AB + AC}} = \overline{\overline{AB} \cdot \overline{AC}}$$

由最简与或式也可以很方便地转换为其他类型表达式的最简式，因此，逻辑函数的化简，就是得到逻辑函数的最简与或式。

3. 公式化简方法

所谓逻辑函数的公式化简法，就是利用逻辑代数的公式定理，将逻辑表达式化简为最简与或式，常用的方法有以下几种：

（1）并项法　运用互补律 $A + \overline{A} = 1$，将两项合并为一项，消去一个变量。如

$$Y = ABC + AB\overline{C} + \overline{A}B$$
$$= AB(C + \overline{C}) + \overline{A}B$$
$$= AB + \overline{A}B$$
$$= (A + \overline{A})B$$
$$= B$$

（2）吸收法　运用吸收律 $A + AB = A$，消去多余的与项。如

$$Y = \overline{A}\,\overline{B} + \overline{A}D + \overline{B}E$$
$$= \overline{A} + \overline{B} + \overline{A}D + \overline{B}E$$
$$= \overline{A} + \overline{B}$$

$$Z = \overline{AB} + \overline{A}CD + \overline{B}CD$$
$$= \overline{A} + \overline{B} + \overline{A}CD + \overline{B}CD$$
$$= \overline{A} + \overline{B}$$

（3）消元法（吸收多余因子）　运用吸收律 $A + \overline{A}B = A + B$（也叫消因律），消去多余的因子。如

$$F = AB + \overline{A}C + \overline{B}C$$
$$= AB + (\overline{A} + \overline{B})C$$
$$= AB + \overline{AB}C = AB + C$$

（4）配项法　先通过乘以 $(A + \overline{A})$ 或加上 $(A \cdot \overline{A})$ 或按照冗余律 $AB + \overline{A}C = AB + \overline{A}C + BC$，两项变为 3 项，增加必要的乘积项，再利用上述方法消去更多的项。如

$$F = AB + \overline{A}C + BCD$$
$$= AB + \overline{A}C + BCD(A + \overline{A})$$
$$= AB + \overline{A}C + ABCD + \overline{A}BCD$$
$$= AB + \overline{A}C$$

直接利用冗余律 $AB + \overline{A}C + BC = AB + \overline{A}C$ 等也可以化简函数，但多数情况是综合运用多个定律或转换才能化简，还需要灵活运用上述方法。

例 7-7　化简逻辑函数 $F = A\overline{B} + A\overline{C} + A\overline{D} + ABCD$。

解：
$$F = A\overline{B} + A\overline{C} + A\overline{D} + ABCD$$
$$= A(\overline{B} + \overline{C} + \overline{D}) + ABCD \qquad （分配律）$$
$$= A\overline{BCD} + ABCD \qquad （反演律）$$
$$= A(\overline{BCD} + BCD) \qquad （分配律）$$
$$= A \qquad （互补律）$$

例 7-8　化简函数 $F = A\overline{C} + \overline{A}C + \overline{A}B + A\overline{B}$。

解： $F = A\overline{C}(B + \overline{B}) + \overline{A}C + \overline{A}B(C + \overline{C}) + A\overline{B}$ 　（用互补律配项）
$$= AB\overline{C} + A\overline{B}\,\overline{C} + \overline{A}C + \overline{A}BC + \overline{A}B\overline{C} + A\overline{B} \qquad （分配律）$$
$$= (AB\overline{C} + \overline{A}B\overline{C}) + (A\overline{B}\,\overline{C} + A\overline{B}) + (\overline{A}C + \overline{A}BC) \qquad （结合律）$$
$$= B\overline{C} + A\overline{B} + \overline{A}C \qquad （互补律、吸收律）$$

公式化简法方法灵活、技巧性强，并无一定步骤可遵循。最后能否得到满意的结果，主要取决于设计者对公式掌握的熟练程度、综合应用能力和实践经验，逻辑函数的化简还有其他方法，详见有关参考文献。

7.3　逻辑门电路

实现基本逻辑运算和常用逻辑运算的电子电路称做逻辑门电路，简称门电路或简称门。例如，实现与逻辑运算的电路称做与门，实现或逻辑运算的电路称做或门，实现非运算的电路称做非门，而实现与非运算的电路就称做与非门等。

门电路分为分立元件构成的门电路和集成门电路两大类。用分立的元器件如二极管、晶体管和导线连接起来构成的门电路，称做分立元件门电路。现在一般不使用，但它是学习门电路的入门知识。把构成门电路的元器件和连线，都制作在一块半导体芯片上，再封装起

来，就做成了集成门电路。现在使用最多的是 TTL 集成门电路和 CMOS 集成门电路。集成门电路按照集成度又分为小规模集成电路（SSI）、中规模集成电路（MSI）、大规模集成电路（LSI）、超大规模集成电路（VLSI）和甚大规模集成电路（ULSI）等。

7.3.1 分立元件门电路

7.3.1.1 二极管与门

由二极管和电阻组成的与门电路如图 7-7 所示。图中 A、B 为与门的输入端，F 为与门输出端。

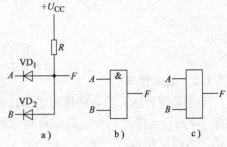

图 7-7 与门电路及其符号
a) 二极管与门电路 b) 国标符号 c) 常用符号

若 A、B 输入端的高、低电平分别为 3V 和 0V，二极管正向导通的压降为 0.7V，$U_{CC} = 5V$。那么，由如图 7-7a 所示电路可知，只要 A、B 有一个为低电平 0V 时，就有一个相应的二极管导通，使输出端 F 为低电平 0.7V。当 A、B 全为高电平 3V 时，两个二极管都导通，输出端 F 为高电平 3.7V。将输出与输入的逻辑电平关系列表，如表 7-11 所示。

如果规定 3V 以上为高电平，用"1"表示；0.7V 及以下为低电平，用"0"表示，那么，表 7-11 可以写成和表 7-5 一样的真值表，所以该电路实现的是与逻辑运算。

表 7-11 图 7-7 电路的逻辑关系表 （单位：V）

A	B	F	A	B	F
0	0	0.7	3	0	0.7
0	3	0.7	3	3	3.7

由于 F 和 A、B 是与逻辑，故其逻辑函数表达式为

$$F = A B$$

与门的逻辑符号如图 7-7b 和图 7-7c 所示。

数字逻辑电路中，高电平和低电平是两种状态，是两个不同的可以截然区别开来的两个电压范围。如，高电平范围是 2.2 ～ 5V，低电平范围是 0 ～ 0.8V。不同电源电压，不同器件，其电压数值范围也不同。

如果高电平用"1"表示，低电平用"0"表示，则叫做正逻辑赋值，反过来，如果用"0"表示高电平，用"1"表示低电平，则为负逻辑赋值。所以，严格来说如图 7-7a 所示电路，为正逻辑与门电路。若没有特别说明，一般使用的都是正逻辑。

7.3.1.2 二极管或门

如图 7-8 所示的或门电路，也是由二极管和电阻构成的。图中 A、B 为或门的输入端，F 为或门的输出端。

按照与门的电平规定，由图 7-8a 电路可知，当 A、B 只要有一个为高电平（即 $A = 1$ 或 $B = 1$ 或 $A = 1$，$B = 1$）时，相应的二极管就导通，输出端 F 就为高电平（即 $F = 1$）；只有当 A、B 两个都为低电平，输出端 F 才为低电平（即 $F = 0$）。

根据上述的逻辑关系可知，此电路实现的是或逻辑功能。即

$$F = A + B$$

或门的逻辑符号如图 7-8b 和图 7-8c 所示。

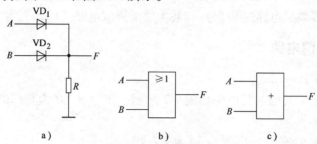

a)　　　　　　　　b)　　　　　　c)

图 7-8　或门电路及其符号

a）二极管或门电路　b）国标符号　c）常用符号

7.3.1.3　晶体管非门

实现非逻辑运算的电路称为非门，它是基本门电路中最简单的一种，只有一个输入端。如图 7-9 所示电路是一个由晶体管构成的非门电路，也叫反相器。

当输入 A 为低电平（0V）时，可以计算出基极电位为低电平（$U_B < 0V$），晶体管 V 截止，二极管 VD 导通（压降 0.5V），输出为高电平（$U_{OH} = 3V$）；输入为高电平（3V）时，选择电路参数保证基极电流大于临界饱和值（$I_B > I_{BS}$），使晶体管 V 饱和导通，输出为低电平（$U_{OL} = 0.3V$）。即输入逻辑"0"时，

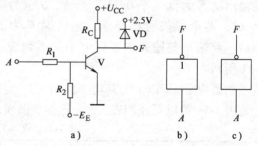

a)　　　　　b)　　　c)

图 7-9　非门电路及其符号

a）晶体管非门电路　b）国标符号　c）常用符号

晶体管截止，输出逻辑"1"，而输入逻辑"1"时，晶体管饱和导通，输出逻辑"0"，所以，实现了非运算。

它的逻辑函数表达式为

$$F = \overline{A}$$

非门的逻辑符号如图 7-9b 和图 7-9c 所示。

7.3.1.4　复合门电路

门电路除了上面讨论的与门、或门、非门这 3 种基本门电路外，还有其他常用的复合门电路。例如将与门和非门级联，就构成与非门；将或门和非门级联，就构成或非门等等。

1. 与非门电路

如图 7-10 所示是与非门电路及其逻辑符号。它由（二极管）与门和（晶体管）非门级联构成。

与非门的真值表如表 7-8 所示，其逻辑函数表达式为

$$F = \overline{AB}$$

2. 或非门电路

如图 7-11 所示是或非门电路及其逻辑符号。它由（二极管）或门和（晶体管）非门级联构成。

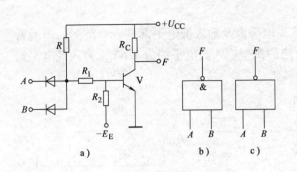

图 7-10　与非门电路及其符号

a) 与与门　b) 国标符号　c) 常用符号

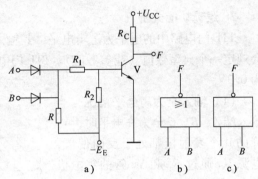

图 7-11　或非门电路及其符号

a) 或非门　b) 国标符号　c) 常用符号

或非门的逻辑关系是先"或"再"非"。不难得到或非门的真值表，如表 7-12 所示。

表 7-12　或非门的真值表

$A\ B$	F	$A\ B$	F
0　0	1	1　0	0
0　1	0	1　1	0

或非门逻辑函数表达式为

$$F = \overline{A + B}$$

此外，还有与或非门等其他复合门电路。

7.3.2　TTL 集成门电路

TTL 集成门电路，因其输入级和输出级都采用晶体管而得名，也叫做晶体管-晶体管逻辑电路，简称为 TTL 集成门电路。

7.3.2.1　TTL 与非门

TTL 集成门电路的基本形式就是与非门。

1. 电路结构

TTL 与非门的典型电路，如图 7-12 所示。它分为输入级、中间级和输出级 3 个部分。

1）输入级由多发射极晶体管 V_1 和电阻 R_1 组成，其等效电路如图 7-13 所示。从等效电路图可知，V_1 看做 3 个发射极独立而基极和集电极分别并联在一起的晶体管，它用来实现与逻辑功能。其中基极电位 $u_{B1} = u_{BE1} + u_I$，u_I 为输入电压。

2）中间级由晶体管 V_2 和电阻 R_2、R_3 组成，从发射极和集电极互补输出（即电压升降方向相反，见图 7-12）。

3）输出级由晶体管 V_3、V_4 和二极管 VD 及电阻 R_4 组成推拉式输出电路。即 V_4 导通时，V_3 和 VD 截止；而 V_3 和 VD 导通时，V_4 截止。

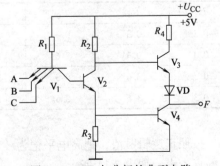

图 7-12　TTL 与非门的典型电路

2. 逻辑功能分析

TTL 门电路中的电平为逻辑电平，其输入高电平以及输入低电平都是一个范围，但通常会规定一个典型数值（或参考值）。TTL 门电路的典型输入高电平约为 3.6V，输入低电平约为 0.3V。

（1）输入全为高电平情况　当输入端 A、B、C 全为高电平时，V_1 管的几个发射极都处于反向偏置，电源 U_{CC} 通过 R_1 和 V_1 管的集电极向 V_2 管提供足够的基极电流，使 V_2 管处于饱和状态；V_2 管的饱和

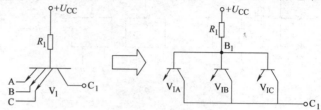

图 7-13　输入级的等效电路

电流在 R_3 上产生的电压也使 V_4 管饱和导通，输出电压 u_o 为低电平 0.3V。

因为 V_2 管和 V_4 管都饱和导通，则 V_2 管的集电极电位 U_{C2} 被钳位在 1V，即

$$U_{C2} = U_{CES2} + U_{BE4} = 0.3V + 0.7V = 1V$$

而 V_3 发射结、VD 和 V_4 的 U_{CES4} 串联起来所施加的正向电压为 U_{C2}，所以，V_3 和 VD 都截止。

由于 V_3 管截止，当接上负载后，V_4 管的集电极电流全部由外接负载门灌入，这种电流称为灌电流，此时，该门电路带灌电流负载。

可见，输入全为高电平时，输出为低电平。

（2）输入有低电平情况　当输入端 A、B、C 中，至少有一个输入端接低电平 $U_{IL} = 0.3V$ 时，V_1 管的相对应的发射结因正向偏置而导通，$U_{B1} = U_{BE1} + U_{IL} = 0.3V + 0.7V = 1V$，即 V_1 管的基极电位被钳位在 1V。显然，V_1 管的集电结、V_2 管和 V_4 管的发射结，3 个 PN 结正向串联后所施加的电压为 $U_{B1} = 1V$，小于导通所需最小电压（$0.5V \times 3 = 1.5V$ 左右），所以，V_2 和 V_4 截止。V_2 的截止使 V_3 和 VD 都导通，因为 R_2 上的压降较小可忽略不计，所以，输出电压为高电平，$u_o = U_{CC} - U_{R2} - U_{BE3} - U_D \approx U_{CC} - U_{BE3} - U_D \approx 3.6V$。

由于 V_4 管截止，当接上负载后，电源 U_{CC} 经 R_4 和 V_3、VD 向每个外接负载门输出电流，这种电流称为拉电流，此时，门电路带拉电流负载。

可见，输入有低电平时，输出为高电平。

综上所述，该门电路是一个与非门。其输出电压和输入电压的关系列成表，如表 7-13 所示。

表 7-13　TTL 与非门输出电压和输入电压的关系表　　（单位：V）

U_A	U_B	U_C	U_O	U_A	U_B	U_C	U_O
0.3	0.3	0.3	3.6	3.6	0.3	0.3	3.6
0.3	0.3	3.6	3.6	3.6	0.3	3.6	3.6
0.3	3.6	0.3	3.6	3.6	3.6	0.3	3.6
0.3	3.6	3.6	3.6	3.6	3.6	3.6	0.3

按照正逻辑赋值，把高电平记为"1"，低电平记为"0"，由表 7-13 可以得到 TTL 与非门的真值表，如表 7-14 所示。

表 7-14　TTL 与非门的真值表

$A\ B\ C$	F	$A\ B\ C$	F
0 0 0	1	1 0 0	1
0 0 1	1	1 0 1	1
0 1 0	1	1 1 0	1
0 1 1	1	1 1 1	0

TTL 与非门电路的逻辑函数式为

$$F = \overline{ABC}$$

由于这种类型门电路的两个输出管 V_3 和 V_4 中，总是一个导通，另一个截止，这就有效地降低了输出级的功耗并提高了驱动负载的能力。

3. 电压传输特性

如果 TTL 与非门的一个输入端接上可变电压 u_I，其余输入端接高电平时，对输出电压 U_O 随输入电压 U_I 的变化进行测试，并用曲线来描绘，就可得到电压传输特性，如图 7-14 所示。

现将电压传输特性曲线分为 4 个区段加以说明。

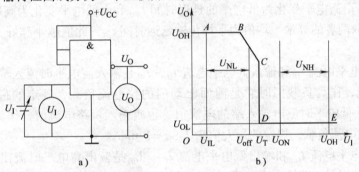

图 7-14　TTL 与非门的电压传输特性

a）测试电路　b）电压传输特性曲线

1）在 AB 段上，当输入电压 $U_I < 0.8V$ 时，$U_{B1} = U_{BE1} + U_I < 1.5V$，由于加在 V_1 的集电结、V_2 的发射结和 V_4 的发射结 3 个正向串联的 PN 结上的电压 $U_{B1} < 1.5V$，每个 PN 结得到的正向电压都小于门槛电压 0.5V，所以 V_4 截止，输出 U_O 保持为高电平，输出电压 U_O 不随 U_I 变化。故这一段称为截止区。

2）在 BC 段上，由于 $U_I > 0.8V$ 但低于 1.4V，此时 $1.5V < U_{B1} < 2.1V$，V_2、V_4 将处于放大导通状态。此时，输出电压 U_O 随着 U_I 的升高而线性地下降。故这一段称为线性区。

3）在 CD 段上，由于 U_I 趋于 1.4V 以后，$U_{B1} = U_{BE1} + U_I > 2.1V$，由于加在 V_1 的集电结、V_2 的发射结和 V_4 的发射结 3 个正向串联的 PN 结上的电压 $U_{B1} > 2.1V$，每个 PN 结得到的正向电压都大于导通电压 0.7V，所以使 V_2、V_4 迅速饱和导通，而 V_3 截止，输出电压 U_O 随着输入 U_I 的升高而急剧地下降为低电平。CD 段中点对应的输入电压叫阈值电压或门槛电压，用 U_T 表示，一般 U_T 为 1.4V。这一段称为过渡区或转折区。

4）在 DE 段上，$U_I > 1.4V$ 以后，V_2 管和 V_4 管都饱和导通，输出电压保持为低电平 0.3V。故这一段称为饱和区。

4. 主要性能参数

1）输出高电平 U_{OH}，是电路处于截止时的输出电平，典型值为 3.6V，最小值 U_{OHmin} 为 2.4V。

2）输出低电平 U_{OL}，是电路处于导通时的输出电平，典型值为 0.3V，最大值 U_{OLmax} 为 0.4V。

3）输入高电平 U_{IH}，是输入逻辑 1 对应的电平，典型值为 3.6V。通常规定输入高电平 U_{IH} 的最小值为开门电平 U_{ON}，一般 U_{ON} 为 1.8V。

4）输入低电平 U_{IL}，是输入逻辑 0 对应的电平，典型值为 0.3V。通常规定输入低电平 U_{IL} 的最大值为关门电平 U_{OFF}，一般 U_{OFF} 为 0.8V。

为了保证电路可靠地工作，应该给输入信号规定一个允许的波动范围（即干扰容限）。例如在输入低电平 U_{IL} 上叠加干扰电压后，只要 $U_I \leqslant U_{OFF}$ 时，则电路输出状态不受影响。所以，输入低电平噪声容限 $U_{NL} = U_{OFF} - U_{IL} = 0.8V - 0.3V = 0.5V$；同理，输入高电平噪声容限 $U_{NH} = U_{IH} - U_{ON} = 3.6V - 1.8V = 1.8V$。显然，$U_{NL}$ 和 U_{NH} 允许的波动范围越宽，电路抗干扰能力就越强。

5）平均传输延迟时间 t_{pd}。在与非门输入端加上一个脉冲电压，则输出电压将有一定的时间延迟，并且由高电平变化为低电平的延迟时间 t_{pHL} 和由低电平变化为高电平的延迟时间 t_{pLH} 一般不同，取两者的算术平均值为平均传输延迟时间 t_{pd}，此值越小越好，TTL 门的 t_{pd} 一般在 3～40ns。

6）输入高电平电流 I_{IH} 和输入低电平电流 I_{IL}。I_{IH} 是输入高电平时流入输入端的电流值，也叫输入漏电流，作为负载门时它是前面驱动门的拉电流负载，规定的最大值为 $I_{IHmax} = 40\mu A$；I_{IL} 是输入低电平时流出输入端的电流值，也叫输入短路电流值，作为负载门时它是前面驱动门的灌电流负载，规定的最大值为 $I_{ILmax} = 1.6mA$。

7）输出高电平电流 I_{OH} 和输出低电平电流 I_{OL}。I_{OH} 是输出高电平时流出输出端的电流，其最大值 I_{OHmax} 是当门电路输出高电平时允许输出的电流极限值，也就是带拉电流负载的能力，产品规定 TTL 门电路的 $I_{OHmax} = 0.4mA$。I_{OL} 是输出低电平时流入输出端的电流，其最大值 I_{OLmax} 是当门电路输出低电平时允许输出端流入的电流极限值，也就是带灌电流负载的能力，产品规定 TTL 门电路的 $I_{OLmax} = 16mA$。

8）扇出系数 N_0。扇出系数是指一个与非门能带同类门的最大数目，它表示门电路带负载的能力。对 TTL 与非门，$N_0 \geqslant 8$。

在产品手册上，除了提供上述参数外，读者还可以从中了解如功耗等其他性能参数。

7.3.2.2　TTL 三态门

三态门是一种特殊的门电路，它有 3 种输出状态，即在门电路原有输出高电平、输出低电平两种工作状态的基础上，多了一种高阻抗状态。输出高阻抗状态时，表示其输出端悬浮，该门电路的输出与其输入变量状态无关。

1. 电路组成

TTL 三态门的电路是在 TTL 与非门基础上增加控制电路所构成的，典型电路如图 7-15 所示。

其中，由 V_5、V_6 和 VD_2 组成控制电路，EN 为三态门的使能输入控制端，其符号上的小圆圈，表示低电平有效。

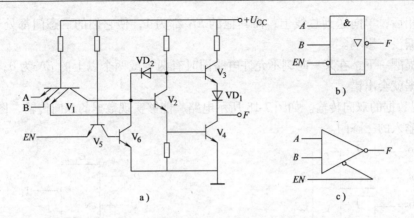

图 7-15 TTL 三态门电路

a) 电路结构 b) 国标符号 c) 常用符号

2. 工作原理

1) $EN = 0$ 时，电路处于与非门工作状态。若控制端 $EN = 0$ 时，控制电路的 V_5 饱和导通，使 V_6 和 VD_2 都截止，则控制电路对 TTL 与非门的工作没有影响。因此，电路处于与非门工作状态，可输出高电平或输出低电平两状态，即 $F = \overline{AB}$。

2) $EN = 1$ 时，电路处于高阻抗状态。若控制端 $EN = 1$ 时，控制电路的 V_5 退出饱和而进入放大状态（即 V_5 集电极电位 U_{C5} 上升），一方面使 V_6 饱和导通，其集电极电位 $U_{C6} \approx 0.3V$，相当于与非门输入级的一个输入端接上了低电平，因此，V_2 管、V_4 管都截止；另一方面 VD_2 因 V_6 饱和而导通，使 V_2 的集电极电位 U_{C2} 钳位在 $1V$（即 $U_{C2} = U_{C6} + U_{D2} = 0.3V + 0.7V = 1V$），从而 V_3 和 VD_1 都截止。此时，三态门输出端因 V_3、V_4、VD_2 的截止而悬浮，即电路处于高阻抗状态。

根据上述分析，得到 TTL 三态门电路的真值表，如表 7-15 所示。

表 7-15 TTL 三态门电路的真值表

输入		输出	功能说明
EN	$A \quad B$	F	
0	0 0	1	与非门 $F = \overline{AB}$
0	0 1	1	
0	1 0	1	
0	1 1	0	
1	× ×	高阻	高阻抗状态

三态门另一种控制输入的逻辑符号如图 7-16 所示。在如图 7-16 所示的电路中，当 $EN = 1$ 时，表示该三态门处于与非门的工作状态，输出 $F = \overline{AB}$；当 $EN = 0$ 时，表示该三态门输出处于高阻抗状态，常用 $F = Z$ 表示。

3. 三态门的应用

1) 用三态门构成单向总线。三态门的基本应用是在数字系统中构成总线。如图 7-17 所示为用三态门构成的单向数据总线，图中的总线是由 N 个三态门的输出连接而成。在任何时刻，仅允许其中一个三态门的输入控制端 EN 为 0，使输入数据 D_i 经过这

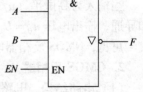

图 7-16 三态门另一种
控制输入的逻辑符号

个三态门反相后，单向送到总线上；而其他的 EN 都为 1，使它们的三态门都处于高阻态，对传送的数据没有影响。

这里要提醒一下，在某一时刻不允许电路同时有两个或两个以上的 EN 为 0，否则，总线传送的数据就会出错。

2）实现数据的双向传输。如图 7-18 所示电路，能够实现数据的双向传输，图中用了两个不同控制输入的三态门。

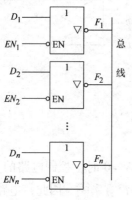

图 7-17　三态门构成
的单向总线

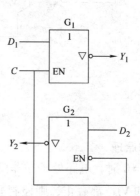

图 7-18　用三态门
构成的双向总线

当 $C=1$ 时，G_1 三态门处于与非门工作态，G_2 三态门处于高阻态，外来输入的数据 D_1 通过 G_1 反相后为 Y_1 送到数据总线上；当 $C=0$ 时，G_2 三态门处于与非门工作状态，G_1 三态门处于高阻态，数据总线上的数据 D_2 通过 G_2 反相后为 Y_2 输出。可见，通过改变控制信号 C，可实现数据的分时双向传送。

7.3.3　MOS 反相器

MOS 门电路的基本单元是反相器，目前数字电路应用的主要有 NMOS 和 CMOS 两种。

1. NMOS 反相器

（1）电路结构　如图 7-19 所示为一个 NMOS 反相器。图中 V_1 是工作管，V_2 为负载管，其栅极和漏极短接，实际上相当于 V_1 的负载电阻，V_1 和 V_2 管都是增强型 NMOS 管。

（2）逻辑功能分析　设 V_1 和 V_2 的开启电压分别为 U_{T1} 和 U_{T2}，典型值为 4V。由于 V_2 栅极接在电源的正端，所以 V_2 总是导通的。

当输入为低电平（$u_I=1V$）时，由于输入 $u_I<U_{T1}$，因此，V_1 管截止。故输出 $u_0=U_{DD}-U_{T2}$ 为高电平，典型值为 8V。

当输入为高电平（$u_I=8V$）时，由于输入 $u_I>U_{T1}$，因此，V_1 管饱和导通，输出电压 $u_0=U_{DS1}\approx1V$ 为低电平。

可见，NMOS 反相器电路实现了非的逻辑功能。

2. CMOS 反相器

（1）电路结构　电路结构如图 7-20 所示，是一个由 NMOS 管 V_1 和 PMOS 管 V_2 构成的互补 MOS 反相器电路。图中 V_1 是增强型 NMOS 工作管，它的源极直接接地，开启电压 U_{T1} 为正值（典型值为 3V）；V_2 是

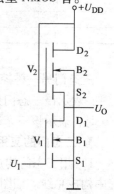

图 7-19　NMOS
反相器电路

一个增强型 PMOS 负载管，它的源极直接接电源 U_{DD}（典型值为 10V），开启电压 U_{T2} 为负值（典型值为负 3V）；V_1 和 V_2 的栅极接在一起作为反相器的输入端，漏极接在一起作为反相器的输出端。

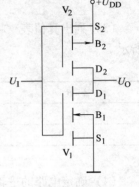

（2）逻辑功能分析 当输入为低电平（$u_I = 0V$）时，由于输入 $u_I < U_{T1}$，因此，V_1 管截止；同时，$U_{GS2} = u_I - U_{DD} = 0V - 10V = -10V$，则 $U_{GS2} < U_{T2}$（负值），使 V_2 饱和导通。故输出 $u_O = U_{DD} - U_{DS2} \approx U_{DD}$ 为高电平，典型值为 10V。

当输入为高电平（$u_I = U_{DD}$）时，由于输入 $u_I > U_{T1}$，因此，V_1 管饱和导通（V_2 管截止），输出电压 $u_O = U_{DS1} \approx 0V$ 为低电平。

可见，CMOS 反相器电路实现了非的逻辑功能。

当输入不变时 V_1 管和 V_2 管总是有一个关断，电源正负极间无通路，即电源电流为 0，只是在输入信号变化引起管子状态发生变化的过程中具有短暂的电源电流，所以 CMOS 门电路消耗功率很小。

图 7-20　CMOS 反相器电路

由 MOS 反相器为基本单元，可以很容易实现 CMOS 与非门和或非门等其他门电路。MOS 门电路的抗干扰能力和带负载能力都比 TTL 门电路强，功耗也特别低，但工作速度一般比 TTL 门电路慢。

7.4　组合逻辑电路的分析

7.4.1　组合逻辑电路分析的基本步骤

组合逻辑电路的分析，就是根据给定的逻辑电路图，通过一定的方法步骤，得到该电路的逻辑功能。一般步骤如下：

1）由给定的逻辑电路图，逐级写出输出表达式，得到电路的逻辑函数表达式。

2）简化或转换逻辑函数表达式。

3）列出函数真值表。

4）确定电路的逻辑功能。

7.4.2　组合逻辑电路的分析示例

下面通过分析实例，来介绍组合逻辑的分析方法。

例 7-9　分析图 7-21a 所示的组合逻辑电路之功能。

解：（1）由逻辑图逐级写出输出表达式

$$G_1 \text{ 门} \quad X = \overline{AB}$$

$$G_2 \text{ 门} \quad Y_1 = \overline{AX} = \overline{A \cdot \overline{AB}}$$

$$G_3 \text{ 门} \quad Y_2 = \overline{BX} = \overline{B \cdot \overline{AB}}$$

$$G_4 \text{ 门} \quad Y = \overline{Y_1 Y_2} = \overline{\overline{A \cdot \overline{AB}} \cdot \overline{B \cdot \overline{AB}}}$$

（2）化简电路的逻辑函数式

$$Y = \overline{\overline{A \cdot \overline{AB}} \cdot \overline{B \cdot \overline{AB}}} = A \cdot \overline{AB} + B \cdot \overline{AB}$$

$$= A \cdot \overline{AB} + B \cdot \overline{AB} = A(\overline{A} + \overline{B}) + B(\overline{A} + \overline{B})$$
$$= A\overline{A} + A\overline{B} + B\overline{A} + B\overline{B} = A\overline{B} + \overline{A}B$$

（3）列出真值表　将输入的全部取值组合分别代入上式计算，可列出真值表，如表7-16所示。

表 7-16　例 7-9 的真值表

A B	F	A B	F
0　0	0	1　0	1
0　1	1	1　1	0

（4）确定电路的逻辑功能　由真值表可以看出，当输入的两个变量相同时输出为"0"，而当输入的两个变量不同时输出为"1"，称这种运算关系为异或运算，异或运算也是一种常用的逻辑运算，实现异或运算的电路为异或门电路，其异或门电路的逻辑符号如图 7-21b所示，异或运算常记作

$$F = \overline{A}B + A\overline{B} = A \oplus B$$

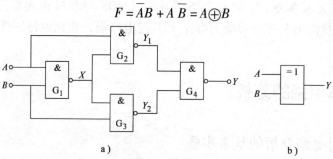

图 7-21　例 7-9 的组合逻辑电路
a）电路图　b）异或门符号

例 7-10　分析图 7-22 所示的组合逻辑电路的功能。

解：（1）由逻辑图写出逻辑表达式，并化简

$$Y = \overline{A \cdot \overline{ABC} + B \cdot \overline{ABC} + C \cdot \overline{ABC}}$$
$$= \overline{(A + B + C)\overline{ABC}}$$
$$= \overline{A + B + C} + \overline{\overline{ABC}}$$
$$= \overline{A}\,\overline{B}\,\overline{C} + ABC$$

（2）由上式列出真值表　真值表如表 7-17 所示。

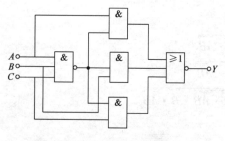

图 7-22　例 7-10 的组合逻辑电路

表 7-17　例 7-10 图的真值表

A B C	F
0　0　0	1
0　0　1	0
0　1　0	0
0　1　1	0
1　0　0	0
1　0　1	0
1　1　0	0
1　1　1	1

（3）由真值表分析逻辑功能　由真值表可以看出，只有当输入变量 A、B、C 全部为 "0" 或全部为 "1" 时，输出 Y 才为 "1"，否则为 "0"。故该电路称为判一致电路，用来判断 3 个输入变量状态是否一致。

到此，我们可以知道，一个逻辑函数可以用逻辑函数表达式、真值表或逻辑图来表示，它们之间也可以相互转换。为了直观地反映输入变量和输出变量之间的逻辑关系，逻辑函数还可以用波形图来表示。

7.5　组合逻辑电路的设计方法

7.5.1　组合逻辑电路设计的基本步骤

组合逻辑电路的设计就是根据具体要求，即提出的逻辑问题，而求出实现该功能的逻辑电路。设计的一般步骤如下：

1）分析题意，确定输入输出变量个数，并进行状态赋值。

2）根据题意列出相应真值表。

3）由真值表求得函数表达式，并化简或转换表达式。

4）根据化简后的函数表达式，画出逻辑电路图。

7.5.2　组合逻辑电路的设计示例

例 7-11　某比赛海选有 3 名评委，只有选手获得两名以上评委的认可才能进入下一轮。试设计一个组合逻辑电路满足该需求。

解：（1）分析题意，确定输入、输出变量，并进行状态赋值。根据设计要求知道，有 3 个输入即 3 个评委的意见和一个输出即评选结果。设定 3 个评委分别为输入变量 A、B、C，用 "1" 表示认可，用 "0" 表示不认可（评委不允许弃权）；电路输出变量为 Y，用 "1" 表示选手可进入下一轮，用 "0" 表示选手被淘汰（选手不存在复活机会）。

（2）据题意列出真值表　所谓真值表就是这样的一个表格：包括输入变量的所有取值组合以及对应每个取值组合的函数值。

这样，此例中有 3 个输入变量 A、B、C，则 A、B、C 就有 8 种组合取值，按照题意，可以列出相应真值表，如表 7-18 所示。

表 7-18　例 7-11 的真值表

$A\ B\ C$	Y	$A\ B\ C$	Y
0　0　0	0	1　0　0	0
0　0　1	0	1　0　1	1
0　1　0	0	1　1　0	1
0　1　1	1	1　1　1	1

（3）由真值表求得函数表达式　化简 $Y=1$ 对应 4 组取值组合，每组对应一个乘积项（取值为 "1" 的用原变量，取值为 "0" 的用反变量），将它们加起来，构成标准与或表达式

$$F = \overline{A}BC + A\overline{B}C + AB\overline{C} + ABC$$

化简逻辑函数，得到最简与或表达式

$$\begin{aligned} F &= \overline{A}BC + A\overline{B}C + AB\overline{C} + ABC \\ &= (\overline{A}BC + ABC) + (A\overline{B}C + ABC) + (AB\overline{C} + ABC) \\ &= BC + AC + AB \end{aligned}$$

（4）画出逻辑电路图　由最简与或表达式看出，其中有 3 个与项，可用 3 个与门和一个或门来实现，如图 7-23a 所示。

若将其最简与或式加"双非"利用一次反演律，则得到其最简"与非—与非"表达式如下：

$$\begin{aligned} Y &= BC + AC + AB \\ &= \overline{\overline{BC + AC + AB}} \\ &= \overline{\overline{BC} \cdot \overline{AC} \cdot \overline{AB}} \end{aligned}$$

由此可以画出用与非门实现的表决权逻辑电路如图 7-23b 所示。

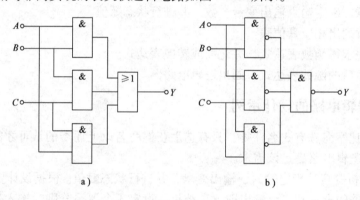

图 7-23　例 7-11 的组合逻辑电路
a）用与门、或门实现　b）用与非门实现

例 7-12　有 3 种试剂分别标记为 A、B、C，使用时要求 A 试剂必须配上 B 试剂、B 试剂必须配上 C 试剂、C 试剂可单独使用。不符合使用要求时需发出警示信号。试设计组合逻辑电路满足该需求。

解：（1）分析题意，确定输入、输出变量，并进行状态赋值。

设定使用试剂时用"1"来表示，而未使用时用"0"表示；警示信号用输出变量 Y 来表示，设定需要警示用"1"来表示，不需要警示则用"0"来表示。

（2）据题意列出真值表　这样，由输入变量 A、B、C 的 8 种取值组合，按照题意，可以列出相应真值表，如表 7-19 所示。

表 7-19　例 7-12 的真值表

A B C	Y	A B C	Y
0 0 0	0	1 0 0	1
0 0 1	0	1 0 1	1
0 1 0	1	1 1 0	1
0 1 1	0	1 1 1	0

（3）由真值表求得函数表达式　化简 $Y=1$ 对应 4 组取值组合，每组对应一个乘积项（取值为"1"的用原变量，取值为"0"的用反变量），将它们加起来，构成标准与或表达式

$$F = \bar{A} B \bar{C} + A \bar{B} \bar{C} + A \bar{B} C + A B \bar{C}$$

化简逻辑函数，得到最简与或表达式

$$
\begin{aligned}
F &= \bar{A} B \bar{C} + A \bar{B} \bar{C} + A \bar{B} C + A B \bar{C} \\
&= A \bar{B} \bar{C} + A \bar{B} C + \bar{A} B \bar{C} + A B \bar{C} \\
&= A \bar{B}(\bar{C} + C) + (\bar{A} + A) B \bar{C} \\
&= A \bar{B} + B \bar{C}
\end{aligned}
$$

由上式容易看出，第 1 项 $A\bar{B}$ 对应违背了第 1 条要求，而第 2 项 $B\bar{C}$ 对应违背了第 2 条要求。若无要求列真值表的话，也可以由题意直接写出上述简化表达式。

将上式转换为与非表达式有

$$
\begin{aligned}
Y &= A\bar{B} + B\bar{C} \\
&= \overline{\overline{A\bar{B} + B\bar{C}}} \\
&= \overline{\overline{A\bar{B}} \cdot \overline{B\bar{C}}}
\end{aligned}
$$

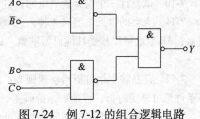

图 7-24　例 7-12 的组合逻辑电路

（4）画出逻辑电路图　由此可以画出用与非门实现的报警信号逻辑电路如图 7-24 所示。

习　题

7-1　常用的脉冲信号有哪几种？矩形波有哪些主要参数？脉冲信号和模拟信号的主要区别是什么？

7-2　将下列二进制数分别转换成八进制、十进制和十六进制形式。

(1) $(11111111)_2$ 　　　　　(2) $(110000.0101)_2$

(3) $(1010.1001)_2$ 　　　　　(4) $(110.1111)_2$

7-3　将下列 8421BCD 码转换成十进制数形式。

1) $(0100\ 0101\ 1001)$ 　　　　2) $(0110\ 0111\ 1001)$

3) $(0110\ 0100\ 0101)$ 　　　　4) $(0101\ 0011\ 0001)$

7-4　将下列函数表达式转换为最小项表达式。

1) $F = A\bar{B} + B\bar{C} + \bar{A}C + \bar{A}B + BC + A\bar{C}$

2) $F = AC + \bar{A}BC + A\bar{B}C + B\bar{C}$

3) $F = A\bar{B} + \bar{C}D + \bar{A}C$

4) $F = \bar{A}B + \bar{B}CD + AB\bar{C}$

7-5　用公式法化简下列逻辑函数。

1) $F = A + B + C + \overline{AB}$

2) $F = \bar{A}\bar{B} + AC + BC + \bar{B}\bar{C}D + B\bar{C} + \bar{B}C$

3) $F = (A \oplus B)C + ABC + \bar{A}\bar{B}$

4) $F = (A+B+C)(\bar{A}+\bar{B}+\bar{C}) + ABC$

7-6　TTL 与非门的噪声容限是多大，如何算得？

7-7　试求出图 7-25 所示各门电路的输出状态。

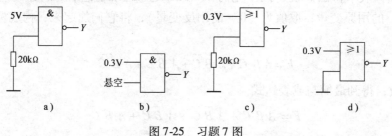

图 7-25　习题 7 图

7-8　输入变量 A 和 B 同时为"1"或同时为"0"时，输出变量 F 为"1"；否则 F 输出为"0"。列出该逻辑关系对应的真值表、写出其逻辑函数、画出其逻辑电路图。

7-9　设 ABCD 是一组 4 位二进制数，要求当 8 < ABCD ≤ 15 时，F 输出有效信号。试设计组合逻辑电路实现该要求。

7-10　试设计一个组合逻辑电路，其 4 个输入对应为余三码，而 4 个输出对应为 8421BCD 码。

7-11　人类的常见血型有 4 种，急救时血型配合规则为：相同血型可以输血；O 型血可以给其他血型输血；AB 型血可以接受其他血型输血。试设计一个组合逻辑电路，血型配合不符合以上要求时给出警示信号。

7-12　某品牌促销打折活动规则为：必须购买商品 A 的基础上，商品 B 和商品 C 再至少选其一。满足该条件则可享受打折，否则需原价购买。试设计一个组合逻辑电路满足以上要求。

7-13　某重要大型活动期间，为保证道路通畅，实行单双号限行，规则为：单日尾号为单数车辆可上路；双日尾号为双数车辆可上路；尾号为英文字母的视为双号。试设计一个组合逻辑电路满足以上要求。

7-14　试分析如图 7-26 所示组合逻辑电路的逻辑功能。

7-15　由与非门构成的某表决电路如图 7-27 所示，其中输入信号 A、B、C、D 表示 4 个人，取"1"表示赞同；输出信号 Z 表示表决结果，取"1 时"表示议案通过。

（1）试分析电路，说明议案能通过情况共有几种；

（2）分析 A、B、C、D 这 4 人中谁的权力最大。

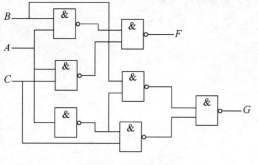

图 7-26　习题 14 图

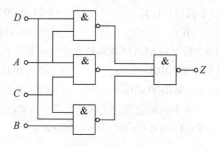

图 7-27　习题 15 图

第8章 常用组合逻辑器件及其应用

由于人们在实践中遇到的问题各式各样、层出不穷，为解决问题每一次都重新设计逻辑电路又会造成大量的重复工作导致效率低下、浪费人力物力。为了便于使用，目前已将这些电路的设计标准化，并制成中、小规模的集成电路产品，类型包括编码器、译码器、数据选择器、数值比较器、加法器等。这些集成电路具有通用性强、兼容性好、功耗小、工作稳定可靠等优点，因此应用十分广泛。本章分别介绍这些器件的工作原理和使用方法等。

8.1 编码器

一般地说，人们日常生活中用数字或某种文字符号来表示一个对象或某种信号的过程，可称为编码。具有编码功能的逻辑电路称为编码器。编码器是专门用于将输入的数字信号或文字符号，按照一定规则编成若干位的二进制代码信号，以便于数字电路进行处理。按照被编码信号的不同特点和要求，编码器有二进制编码器、二—十进制编码器、优先编码器等。

8.1.1 二进制编码器

一位二进制代码有 0 和 1 两种取值，可以表示两个信号，两位二进制代码有 00、01、10 和 11 四种取值，可以表示 4 个信号，n 位二进制代码有 2^n 种，可以表示 2^n 个信号。用 n 位二进制代码对 $N = 2^n$ 个信号进行编码的电路叫做二进制编码器。如图 8-1 所示为二进制编码器的框图。

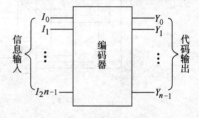

图 8-1 二进制编码器框图

现以 3 位二进制编码器的设计为例来了解它的工作原理，即要把 8 个输入信号 I_0、I_1、…I_7 编成对应的二进制代码输出。其编码过程为

1. 确定二进制代码位数

首先分析设计要求，由于输入信号（被编码的对象）共有 $N = 8$ 个，根据 $N = 2^n = 8$ 可知，输出应该是 $n = 3$ 位的二进制代码，用 Y_2、Y_1、Y_0 表示。

2. 列真值表

输出的 3 位码共有 8 个组合，分别表示 I_7、I_6、I_5、I_4、I_3、I_2、I_1、I_0 8 个输入信号，用哪一个输出组合来表示哪一个输入信号，显然其分配方式有 8! 种。设编码器的输入为高电平有效，其最常用的一种编码方式的真值表如表 8-1 所示，这个真值表也叫做编码表。

表 8-1 真值表

输入								输出		
I_7	I_6	I_5	I_4	I_3	I_2	I_1	I_0	Y_2	Y_1	Y_0
0	0	0	0	0	0	0	1	0	0	0
0	0	0	0	0	0	1	0	0	0	1
0	0	0	0	0	1	0	0	0	1	0
0	0	0	0	1	0	0	0	0	1	1
0	0	0	1	0	0	0	0	1	0	0
0	0	1	0	0	0	0	0	1	0	1
0	1	0	0	0	0	0	0	1	1	0
1	0	0	0	0	0	0	0	1	1	1

3. 写出逻辑表达式

由表 8-1 可分别写出输出函数 $Y_0 Y_1 Y_2$ 的表达式为

$$Y_0 = I_1 + I_3 + I_5 + I_7 = \overline{\overline{I_1} \, \overline{I_3} \, \overline{I_5} \, \overline{I_7}}$$

$$Y_1 = I_2 + I_3 + I_6 + I_7 = \overline{\overline{I_2} \, \overline{I_3} \, \overline{I_6} \, \overline{I_7}}$$

$$Y_2 = I_4 + I_5 + I_6 + I_7 = \overline{\overline{I_4} \, \overline{I_5} \, \overline{I_6} \, \overline{I_7}}$$

4. 画逻辑图

根据以上逻辑表达式画出逻辑图如图 8-2 所示。其中图 a 用或门实现，图 b 用与非门实现，它们都可以实现如表 8-1 所示的功能，即当 $I_0 \sim I_7$ 中某一个输入为 1 时，其输出 $Y_2 Y_1 Y_0$ 即为相对应的代码，例如当 I_1 为 1 时，$Y_2 Y_1 Y_0$ 为 001。编码器也可以设计为低电平有效。

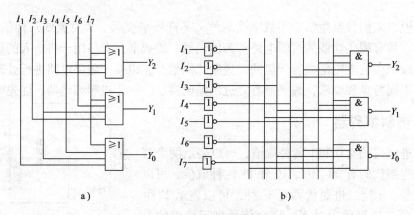

图 8-2　3 位二进制编码器

a）用或门　b）用与非门

该编码器在任意时刻只能对一个输入信号进行编码，否则输出信号将发生混乱。这个编码器因为有 8 个输入和 3 个输出，所以也称为 8 线-3 线编码器。

8.1.2　二—十进制编码器

二—十进制编码器是将 0、1、2、…、9 这 10 个数字编成对应的二进制代码的电路。

十进制编码器至少需用 4 位二进制 BCD 代码来表示 0、1、2、…、9 这 10 个数字输入信号，常采用 4 位二进制代码。4 位二进制代码可以组成 16 种组合，而十进制编码器只需其中的 10 个组合，所以，其编码方式也很多，常用的 BCD 码参见表 7-2。下面以 8421BCD 码为例说明其编码过程，因为它有 10 个输入变量、4 个输出变量，因此也称为 10 线-4 线编码器。

8421BCD 码编码器输入是十进制 0~9 数码，相应有 10 个输入端，输出是 4 位二进制信号，并在任何时刻 $I_9(9)$ ~ $I_0(0)$ 当中，仅有一个取值为 1，其真值表如表 8-2 所示。

表 8-2　8421BCD 码编码器的真值表

输　　入										输　　出			
$I_9(9)$	$I_8(8)$	$I_7(7)$	$I_6(6)$	$I_5(5)$	$I_4(4)$	$I_3(3)$	$I_2(2)$	$I_1(1)$	$I_0(0)$	Y_3	Y_2	Y_1	Y_0
0	0	0	0	0	0	0	0	0	1	0	0	0	0
0	0	0	0	0	0	0	0	1	0	0	0	0	1
0	0	0	0	0	0	0	1	0	0	0	0	1	0
0	0	0	0	0	0	1	0	0	0	0	0	1	1
0	0	0	0	0	1	0	0	0	0	0	1	0	0
0	0	0	0	1	0	0	0	0	0	0	1	0	1
0	0	0	1	0	0	0	0	0	0	0	1	1	0
0	0	1	0	0	0	0	0	0	0	0	1	1	1
0	1	0	0	0	0	0	0	0	0	1	0	0	0
1	0	0	0	0	0	0	0	0	0	1	0	0	1

由表 8-2 可写出逻辑表达式

$$Y_0 = I_1 + I_3 + I_5 + I_7 + I_9 = \overline{\overline{I_1}\,\overline{I_3}\,\overline{I_5}\,\overline{I_7}\,\overline{I_9}}$$

$$Y_1 = I_2 + I_3 + I_6 + I_7 = \overline{\overline{I_2}\,\overline{I_3}\,\overline{I_6}\,\overline{I_7}}$$

$$Y_2 = I_4 + I_5 + I_6 + I_7 = \overline{\overline{I_4}\,\overline{I_5}\,\overline{I_6}\,\overline{I_7}}$$

$$Y_3 = I_8 + I_9 = \overline{\overline{I_8}\,\overline{I_9}}$$

该编码器的电路图读者可自行完成。现在编码器也有不少的集成芯片可供选择，不必用分立元件来设计，读者可查找有关产品手册加以使用，这里不再细述。

以上介绍的为普通编码器，其普通的编码器有一个缺点，即在某一时刻只能允许有一个输入信号有效，如果同时有两个或两个以上的输入信号要求编码，输出端会发生错误。为了解决这一问题，人们设计了优先编码器。

8.1.3　优先编码器

在数字系统中，常常要控制几个工作对象，例如微型计算机主机要控制打印机、磁盘驱动器、键盘等设备。当某个设备需要实行操作时，必须先送一个信号给主机（称为服务请求），经主机识别后再发出允许操作信号（称为服务响应），这里会有几个设备同时发出服务请求的可能，而在同一时刻只能给其中一个部件发出允许操作信号，因此，必须根据轻重缓急，规定好这些控制对象允许操作的先后次序，即优先级别。识别这类请求信号的优先级别并进行编码的逻辑部件称为优先编码器。下面以 8 线-3 线优先编码器 74LS148 为例，介绍优先编码器。

74LS148 的功能表如表 8-3 所示，74LS148 的电路及符号如图 8-3 所示。

在优先编码器电路中，允许同时输入两个以上编码信号。该编码器有 8 个信号输入端 $\overline{I_0} \sim \overline{I_7}$，$\overline{I_7}$ 优先级别最高，$\overline{I_0}$ 最低，输入低电平有效，3 个二进制码输出端 $\overline{Y_2}\,\overline{Y_1}\,\overline{Y_0}$。还有输入使能端 $\overline{ST}$，输出使能端 Y_S 和优先编码工作状态标志 $\overline{Y_{ES}}$ 端。

当 $\overline{ST} = 1$ 时，则不论 8 个输入端为何种状态，3 个输出端 $\overline{Y_2}\,\overline{Y_1}\,\overline{Y_0}$ 均为高电平，输出使能端 Y_S 和优先编码工作状态标志 $\overline{Y_{ES}}$ 端也均为高电平，编码器处于非工作状态。

表 8-3　优先编码器 74LS148 功能表

输入									输出				
$\overline{ST}$	$\overline{I_0}$	$\overline{I_1}$	$\overline{I_2}$	$\overline{I_3}$	$\overline{I_4}$	$\overline{I_5}$	$\overline{I_6}$	$\overline{I_7}$	$\overline{Y_2}$	$\overline{Y_1}$	$\overline{Y_0}$	$\overline{Y_{ES}}$	Y_S
1	×	×	×	×	×	×	×	×	1	1	1	1	1
0	1	1	1	1	1	1	1	1	1	1	1	1	0
0	×	×	×	×	×	×	×	0	0	0	0	0	1
0	×	×	×	×	×	×	0	1	0	0	1	0	1
0	×	×	×	×	×	0	1	1	0	1	0	0	1
0	×	×	×	×	0	1	1	1	0	1	1	0	1
0	×	×	×	0	1	1	1	1	1	0	0	0	1
0	×	×	0	1	1	1	1	1	1	0	1	0	1
0	×	0	1	1	1	1	1	1	1	1	0	0	1
0	0	1	1	1	1	1	1	1	1	1	1	0	1

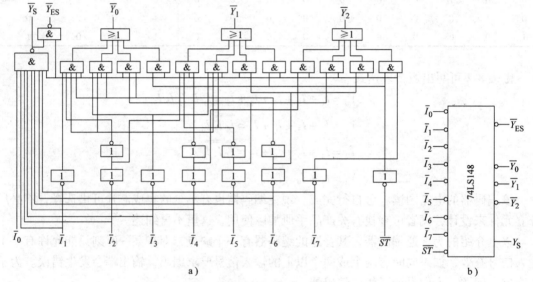

图 8-3　优先编码器 74LS148 电路

a) 74LS148 电路　b) 74LS148 符号

当 $\overline{ST}=0$ 时，有两种情况：

1）输入端没有编码请求信号，即 $\overline{I_0}\,\overline{I_1}\,\overline{I_2}\,\overline{I_3}\,\overline{I_4}\,\overline{I_5}\,\overline{I_6}\,\overline{I_7}$ 均为 1 时，3 个输出端 $\overline{Y_2}\,\overline{Y_1}\,\overline{Y_0}=111$，$\overline{Y_{ES}}=1$，$Y_S=0$。

2）输入端至少有一个编码请求信号，输出 $\overline{Y_{ES}}=0$；$Y_S=1$，编码器按输入的优先级别进行编码，从功能表不难看出，输入优先级别的次序依次为 $\overline{I_7}$、$\overline{I_6}$、…、$\overline{I_0}$。输入有效信号为低电平，当某一输入端有低电平输入，且比它优先级别高的输入端无低电平输入时，输出端才输出相对应的输入端的代码。例如，当输入 $\overline{I_7}=0$ 时，无论 $\overline{I_0}$、$\overline{I_1}$、$\overline{I_2}$、$\overline{I_3}$、$\overline{I_4}$、$\overline{I_5}$、$\overline{I_6}$ 为何值，电路只对 $\overline{I_7}$ 进行编码，其输出 $\overline{Y_2}\,\overline{Y_1}\,\overline{Y_0}=000$，当输入 $\overline{I_5}$ 为 0，且优先级别比它高的输入 $\overline{I_6}$ 和输入 $\overline{I_7}$ 均为 1 时，输出为 $\overline{I_5}$ 的代码是 010。

8 线-3 线编码器 74LS148 的输入为低电平有效，其输出是二进制数编码的反码。其输入信号上方的"一"号不是求反，是表示输入低电平有效，而输出信号上方的"一"号也不是表示反向输出，而是表示编码方式是二进制码的反码。

8.2　译码器

译码是编码的逆过程，是将具有特定含义的一组代码"翻译"出它的原意，例如将二进制数码或二—十进制数码译成数字显示出来，或译成控制电平去进行操作。能完成译码功能的电路叫做译码器。

译码器的使用场合颇为广泛，例如，数字仪表中的各种显示译码器，计算机中的地址译码器、指令译码器，通信设备中由译码器构成的分配器，以及各种代码变换译码器等。

译码器可以分为二进制译码器、二—十进制译码器和数字显示译码器等。

8.2.1　二进制译码器

8.2.1.1　3 位二进制译码器

下面以 3 位二进制的译码为例，来介绍译码器的工作原理。该器件输入有 3 个变量 A、B、C，取值组合应有 8 种，则表示代码原意的输出变量对应有 8 个，分别用 $Y_0 \sim Y_7$ 表示，其真值表（也叫译码表）如表 8-4 所示。

表 8-4　3 位二进制译码器的真值表

输　　入			输　　　出							
A	B	C	Y_0	Y_1	Y_2	Y_3	Y_4	Y_5	Y_6	Y_7
0	0	0	1	0	0	0	0	0	0	0
0	0	1	0	1	0	0	0	0	0	0
0	1	0	0	0	1	0	0	0	0	0
0	1	1	0	0	0	1	0	0	0	0
1	0	0	0	0	0	0	1	0	0	0
1	0	1	0	0	0	0	0	1	0	0
1	1	0	0	0	0	0	0	0	1	0
1	1	1	0	0	0	0	0	0	0	1

由表 8-4 看出，在输入 A、B、C 的任一取值下，只有一个输出为 1，其余都为 0，可见，输入任何一组编码，在输出中就只有一个与众不同，它输出高电平，就是把它给译出来了。如果把输出都取反，仍然能实现译码，只不过是变成输出低电平有效了，即哪个是低电平，哪个就是输入的一组码对应的含义了。

由表 8-4 可以写出逻辑表达式

$$\left. \begin{array}{llll} Y_0 = \bar{A}\,\bar{B}\,\bar{C} & Y_1 = \bar{A}\,\bar{B}\,C & Y_2 = \bar{A}\,B\,\bar{C} & Y_3 = \bar{A}\,B\,C \\ Y_4 = A\,\bar{B}\,\bar{C} & Y_5 = A\,\bar{B}\,C & Y_6 = A\,B\,\bar{C} & Y_7 = A\,B\,C \end{array} \right\} \qquad (8\text{-}1)$$

由逻辑表达式可画出逻辑电路图，如图 8-4 所示。

因为这种译码器有 3 线输入，8 线输出，所以也称为 3 线-8 线译码器。

8.2.1.2　集成译码器

在实际应用中，有许多译码器集成芯片可供选择。例如型号为 74LS138 的译码器，是以上述译码器为主干电路构成的 3 线-8 线译码器。74LS138 译码器电路如图 8-5 所示。

74LS138 的真值表如表 8-5 所示，也就是 74LS138 的功能表。

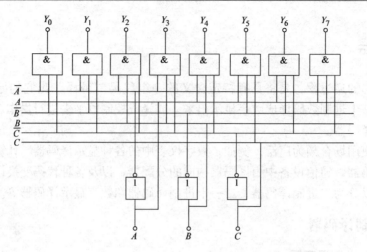

图 8-4　3 位二进制译码器

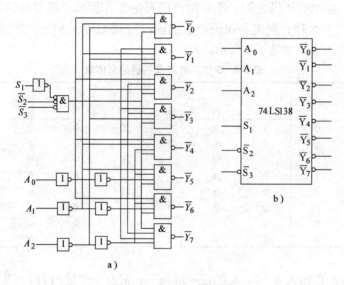

a)

图 8-5　74LS138 译码器
a）逻辑图　b）符号图

表 8-5　74LS138 3 位二进制译码器的真值表

输　入						输　出							
S_1	$\overline{S_2}$	$\overline{S_3}$	A_2	A_1	A_0	$\overline{Y_0}$	$\overline{Y_1}$	$\overline{Y_2}$	$\overline{Y_3}$	$\overline{Y_4}$	$\overline{Y_5}$	$\overline{Y_6}$	$\overline{Y_7}$
0	×	×	×	×	×	1	1	1	1	1	1	1	1
×	×	1	×	×	×	1	1	1	1	1	1	1	1
×	1	×	×	×	×	1	1	1	1	1	1	1	1
1	0	0	0	0	0	0	1	1	1	1	1	1	1
1	0	0	0	0	1	1	0	1	1	1	1	1	1
1	0	0	0	1	0	1	1	0	1	1	1	1	1
1	0	0	0	1	1	1	1	1	0	1	1	1	1
1	0	0	1	0	0	1	1	1	1	0	1	1	1
1	0	0	1	0	1	1	1	1	1	1	0	1	1
1	0	0	1	1	0	1	1	1	1	1	1	0	1
1	0	0	1	1	1	1	1	1	1	1	1	1	0

其中 $A_2A_1A_0$ 是输入端，$\overline{Y_0} \sim \overline{Y_7}$ 是输出端。$S_1 \overline{S_2} \overline{S_3}$ 是控制端。$\overline{S_2}$ 和 $\overline{S_3}$ 为低电平有效，S_1 为高电平有效。当 $\overline{S_2}$、$\overline{S_2}$ 均为低电平及 S_1 为高电平时，译码器使能，输出 $\overline{Y_0} \sim \overline{Y_7}$ 依赖当前输入逻辑变量 $A_2A_1A_0$ 的状态。如果 $\overline{S_2}$、$\overline{S_3}$ 和 S_1 有任意一个不满足要求，则输出 $\overline{Y_0} \sim \overline{Y_7}$ 全为高电平，译码器被禁止。由表 8-5 可见，74LS138 的输出为低电平有效。

8.2.1.3 用译码器实现组合逻辑函数

如前所述，逻辑式可用门电路来实现。从二进制译码器的功能可知，译码器的每一个输出代表了相应的输入变量的一个最小项，一个 n 变量的完全译码器（即变量译码器）的输出包含了 n 变量的所有最小项。例如，3 线-8 线译码器，8 个输出包含了 3 个变量的全部最小项。用 n 变量译码器加上简单的输出门，就能获得任何形式的输入变量数不大于 n 的组合逻辑函数。

例 8-1 用译码器和简单门电路实现一组多输出逻辑函数。

$$F_1 = A\overline{B} + \overline{B}C + AC$$
$$F_2 = \overline{A}\,\overline{B} + B\overline{C} + ABC$$
$$F_3 = \overline{A}C + B\overline{C} + A\overline{C}$$

解： 这是一组 3 输入变量的多输出逻辑函数，可以用 3 线-8 线译码器实现。例如 3 线-8 线译码器 74LS138。在使能端 $S_1 = 1$，$\overline{S_2}$、$\overline{S_3}$ 为 0 时，电路完成译码功能。即

$$\overline{Y_0} = \overline{\overline{A}\,\overline{B}\,\overline{C}} \quad \overline{Y_1} = \overline{\overline{A}\,\overline{B}C} \quad \overline{Y_2} = \overline{\overline{A}B\overline{C}} \quad \overline{Y_3} = \overline{\overline{A}BC}$$
$$\overline{Y_4} = \overline{A\overline{B}\,\overline{C}} \quad \overline{Y_5} = \overline{A\overline{B}C} \quad \overline{Y_6} = \overline{AB\overline{C}} \quad \overline{Y_7} = \overline{ABC}$$

将多输出逻辑函数分别写成最小项表达式，并进行变换，有

$$F_1 = A\overline{B} + \overline{B}C + AC = \overline{A}\,\overline{B}C + A\overline{B}\,\overline{C} + A\overline{B}C + ABC$$
$$= \overline{\overline{\overline{A}\,\overline{B}C + A\overline{B}\,\overline{C} + A\overline{B}C + ABC}}$$
$$= \overline{\overline{\overline{A}\,\overline{B}C} \cdot \overline{A\overline{B}\,\overline{C}} \cdot \overline{A\overline{B}C} \cdot \overline{ABC}}$$
$$= \overline{\overline{Y_1} \cdot \overline{Y_4} \cdot \overline{Y_5} \cdot \overline{Y_7}}$$

同理

$$F_2 = \overline{A}\,\overline{B} + B\overline{C} + ABC = \overline{\overline{Y_0} \cdot \overline{Y_1} \cdot \overline{Y_2} \cdot \overline{Y_6} \cdot \overline{Y_7}}$$
$$F_3 = \overline{A}C + BC + A\overline{C} = \overline{\overline{Y_1} \cdot \overline{Y_3} \cdot \overline{Y_4} \cdot \overline{Y_6} \cdot \overline{Y_7}}$$

将输入变量 A、B、C 分别加到译码器的输入端 A_2、A_1、A_0，用 3 个与非门分别作为 F_1、F_2、F_3 的输出门，就可以得到用 3 线-8 线译码器实现 F_1、F_2、F_3 函数的逻辑电路，如图 8-6 所示。

8.2.2 二—十进制译码器

能将二进制代码翻译成 10 个不同输出信号的逻辑电路称为二—十进制译码器，其输入是 BCD 码，输出是与输入 BCD 码相应十进制数的 10 个数字信号，如图 8-7 所示电路是二—十进制译码器 74LS42 的逻辑图，这种译码器有 4 个输入端，10 个输出端，其各逻

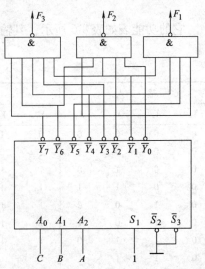

图 8-6 用译码器实现例 8-1 的逻辑电路

辑表达式为

$$\overline{Y_0} = \overline{\overline{X_8}\,\overline{X_4}\,\overline{X_2}\,\overline{X_1}} \qquad \overline{Y_1} = \overline{\overline{X_8}\,\overline{X_4}\,\overline{X_2}\,X_1}$$

$$\overline{Y_2} = \overline{\overline{X_8}\,\overline{X_4}\,X_2\,\overline{X_1}} \qquad \overline{Y_3} = \overline{\overline{X_8}\,\overline{X_4}\,X_2\,X_1}$$

$$\overline{Y_4} = \overline{\overline{X_8}\,X_4\,\overline{X_2}\,\overline{X_1}} \qquad \overline{Y_5} = \overline{\overline{X_8}\,X_4\,\overline{X_2}\,X_1}$$

$$\overline{Y_6} = \overline{\overline{X_8}\,X_4\,X_2\,\overline{X_1}} \qquad \overline{Y_7} = \overline{\overline{X_8}\,X_4\,X_2\,X_1}$$

$$\overline{Y_8} = \overline{X_8\,\overline{X_4}\,\overline{X_2}\,\overline{X_1}} \qquad \overline{Y_9} = \overline{X_8\,\overline{X_4}\,\overline{X_2}\,X_1}$$

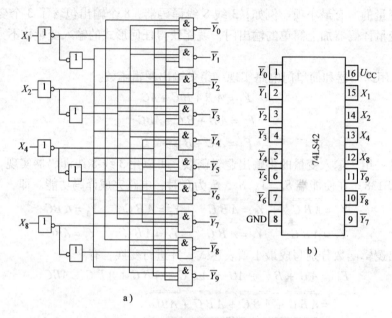

图 8-7　74LS42 电路

a) 74LS42 电路图　b) 74LS42 管脚图

它的功能表如表 8-6 所示，其输入为 8421BCD 码，输出为低电平有效。

表 8-6　74LS42 功能表

输	入			输	出								
X_8	X_4	X_2	X_1	$\overline{Y_0}$	$\overline{Y_1}$	$\overline{Y_2}$	$\overline{Y_3}$	$\overline{Y_4}$	$\overline{Y_5}$	$\overline{Y_6}$	$\overline{Y_7}$	$\overline{Y_8}$	$\overline{Y_9}$
0	0	0	0	0	1	1	1	1	1	1	1	1	1
0	0	0	1	1	0	1	1	1	1	1	1	1	1
0	0	1	0	1	1	0	1	1	1	1	1	1	1
0	0	1	1	1	1	1	0	1	1	1	1	1	1
0	1	0	0	1	1	1	1	0	1	1	1	1	1
0	1	0	1	1	1	1	1	1	0	1	1	1	1
0	1	1	0	1	1	1	1	1	1	0	1	1	1
0	1	1	1	1	1	1	1	1	1	1	0	1	1
1	0	0	0	1	1	1	1	1	1	1	1	0	1
1	0	0	1	1	1	1	1	1	1	1	1	1	0

8.2.3　显示译码器

在数字测量仪表和各种数字系统中，需要将数字量直观地显示出来，一方面供人们直接读取测量和运算的结果，另一方面用于监视数字系统的工作情况。因此，数字显示电路是许多数字设备不可缺少的部分。将二进制代码用十进制数直观地显示出来，就要用二—十进制显示译码器，通常是把 8421BCD 码译成能用数码显示器件显示的十进制数。

8.2.3.1　数码显示器

数码显示器是用来显示数字、文字或符号的器件，现在已有多种不同类型的产品，广泛应用于各种数字设备中，目前数码显示器件正朝着小型、低功耗、平面化方向发展。

按发光物质不同，数码显示器可分为下列几类：

1）半导体显示器，亦称发光二极管显示器。

2）荧光数字显示器，如荧光数码管、场致发光数字板等。

3）液体数字显示器，如液晶显示器等。

4）气体放电显示器，如辉光数码管、等离子体显示板等。

在数字系统中，广泛使用的显示方式有点矩阵式和七段字符显示器（称七段数码管）等。常用的七段字符显示器有半导体数码管和液晶显示器两种，这里仅介绍半导体七段显示器。

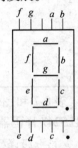

图 8-8　半导体数码管

半导体数码管是分段式数码显示器件，它有 7 个字段，每段为一个半导体发光二极管（Light Emitting Diode，简称 LED），如图 8-8 所示是半导体数码管的字形结构，选择不同字段发光，可显示出不同的字形。

发光二极管与普通二极管一样，具有单向导电性。当外加反向电压时，发光二极管截止；当外加正向电压且数值足够大时，发光二极管导通，并发出清晰的光线。

七段字符显示器分为共阴极接法和共阳极接法两种，分别如图 8-9a、b 所示。当共阴极接法时，若需某光段亮，则需使该光段（a、b、c、d、e、f、g）为高电平；同理，当共阳极接法时，若需某光段亮，则需使该光段（a、b、c、d、e、f、g）为低电平。

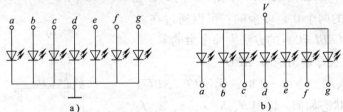

图 8-9　共阴极接法和共阳极接法

a) 共阴极接法　b) 共阳极接法

发光二极管正向工作电压一般为 1.5～3V，驱动电流需要几至十几毫安。在实际应用中，应在每个二极管支路串接限流电阻以防电流过大而损坏二极管。

8.2.3.2　七段显示译码器

七段显示译码器的主要功能是把 8421BCD 码译成对应于半导体数码管的七字段信号，驱动半导体数码管，显示相应的十进制数码。即输入的是 8421BCD 码，而输出是 a～g，用来驱动七段字符显示器，下面介绍一下七段显示译码器 74LS247。

表 8-7　74LS247 功能表

$\overline{LT}$	$\overline{RBI}$	$\overline{BI}$	A_3	A_2	A_1	A_0	$\overline{a}$	$\overline{b}$	$\overline{c}$	$\overline{d}$	$\overline{e}$	$\overline{f}$	$\overline{g}$	显示
0	×	1	×	×	×	×	0	0	0	0	0	0	0	8
×	×	0	×	×	×	×	1	1	1	1	1	1	1	全灭
1	0	0	0	0	0	0	1	1	1	1	1	1	1	灭0
1	×	1	0	0	0	0	0	0	0	0	0	0	1	0
1	×	1	0	0	0	1	1	0	0	1	1	1	1	1
1	×	1	0	0	1	0	0	0	1	0	0	1	0	2
1	×	1	0	0	1	1	0	0	0	0	1	1	0	3
1	×	1	0	1	0	0	1	0	0	1	1	0	0	4
1	×	1	0	1	0	1	0	1	0	0	1	0	0	5
1	×	1	0	1	1	0	0	1	0	0	0	0	0	6
1	×	1	0	1	1	1	0	0	0	1	1	1	0	7
1	×	1	1	0	0	0	0	0	0	0	0	0	0	8
1	×	1	1	0	0	1	0	0	0	1	1	0	0	9

表 8-7 和图 8-10 分别是七段译码器（共阳接法）74LS247 的功能表和外引线排列图。74LS247 译码器的输入是 8421BCD 码的 A_3、A_2、A_1、A_0 共 4 位输入信号，$\overline{a}$、$\overline{b}$、$\overline{c}$、$\overline{d}$、$\overline{e}$、$\overline{f}$、$\overline{g}$ 是七段译码输出信号，LT、RBI、BI 是功能端，起辅助控制作用，功能如下：

1. 灯测试输入端 $\overline{LT}$

$\overline{LT}$ 为灯测试输入端。当 $\overline{LT}=0$ 时，无论 $A_3 \sim A_0$ 为何种状态，$\overline{a}$、$\overline{b}$、$\overline{c}$、$\overline{d}$、$\overline{e}$、$\overline{f}$、$\overline{g}$ 的状态均为 0，半导体数码管七段全亮，显示"8"字形，用以检查七段字符显示器各字段是否能正常工作。

2. 灭零输入端 $\overline{RBI}$

$\overline{RBI}$ 为灭零输入端。当 $\overline{RBI}=0$ 时，若 $A_3 \sim A_0$ 的状态也为 0，则所有光段均灭，在多位数字显示中用以熄灭不必要的 0，以提高视读的清晰度。例如若显示 0021，21 前面的两个 0 是多余的，可以通过在对应位加灭零信号（$\overline{RBI}=0$）的方法去掉多余的零。

3. 灭灯输入/灭零输出端 $\overline{BI}/\overline{RBO}$

$\overline{BI}$ 为灭灯输入端。当 $\overline{BI}=0$ 时，无论 $\overline{LT}$、$\overline{RBI}$ 及数码输入 $A_3 \sim A_0$ 状态如何，输出 $\overline{a}$、$\overline{b}$、$\overline{c}$、$\overline{d}$、$\overline{e}$、$\overline{f}$、$\overline{g}$ 均为 1，七段全灭，不显示数字；当 $\overline{BI}=1$ 时，七段显示译码器正常工作。

$\overline{RBO}$ 为灭零输出端。由表 8-7 可知，$\overline{RBI}=0$，且 $A_3 \sim A_0$ 均为 0 时，本片灭 0，输出 $\overline{RBO}=0$；该信号既可以使本位灭灯（$\overline{BI}=0$），又同时输出低电平信号，为相邻位提供灭零信号。

如图 8-11 所示电路是 74LS247 和共阳极 TL-RO5O1HRA 半导体数码管连接图。

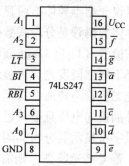

图 8-10　74LS247 外引线排列图

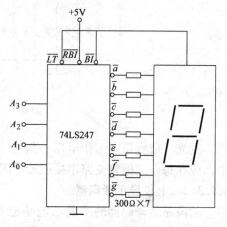

图 8-11　74LS247 和半导体数码管的连接图

8.3 加法器

在数字系统中，尤其是在计算机数字系统中，二进制数加法器是它的基本部件，两个二进制数之间的算术运算如加、减、乘、除，在数字计算机中均是利用加法来实现的。

8.3.1 半加器

半加是只求本位两个 1 位二进制数（A、B）的和，不考虑低位的进位数，其真值表如表 8-8 所示。表中 S 为和数，C 为向高位的进位数。

表 8-8　半加器的真值表

A	B	S	C
0	0	0	0
0	1	1	0
1	0	1	0
1	1	0	1

由真值表可直接写出逻辑函数式

$$S = \overline{A} B + A \overline{B}$$

$$C = AB$$

由逻辑函数式看出，可以用一个异或门和一个与门组成半加器，利用一个集成异或门和与门来实现的半加器如图 8-12a 所示。若将上式变换成与非形式为

$$S = \overline{\overline{A B} \cdot \overline{A B}}$$

$$C = \overline{\overline{AB}}$$

由上式可得由与非门组成的半加器如图 8-12b 所示。如图 8-12c 所示电路是半加器的逻辑符号，A、B 为两输入端，S 为本位输出端，CO 为进位输出端。

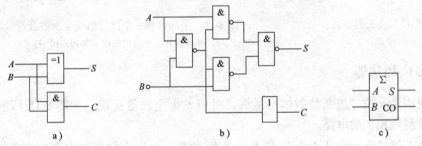

图 8-12　半加器的电路和逻辑符号

a）由异或门及与门组成　b）由与非门组成　c）半加器逻辑符号

8.3.2 全加器

在实际运算中，如果考虑低位 C_{i-1} 送来的进位，这就是全加运算，其真值表如表 8-9 所示。其中 A_i 和 B_i 分别是两个加数，C_{i-1} 为相邻低位来的进位数，S_i 为本位和数（称为全加和）C_i 为向相邻高位的进位数。

表 8-9　全加器的真值表

A_i	B_i	C_{i-1}	S_i	C_i	A_i	B_i	C_{i-1}	S_i	C_i
0	0	0	0	0	1	0	0	1	0
0	0	1	1	0	1	0	1	0	1
0	1	0	1	0	1	1	0	0	1
0	1	1	0	1	1	1	1	1	1

根据真值表可以写出其逻辑函数表达式

$$S_i = \overline{A_i}\,\overline{B_i}C_{i-1} + \overline{A_i}B_i\overline{C_{i-1}} + A_i\overline{B_i}\,\overline{C_{i-1}} + A_iB_iC_{i-1}$$
$$= A_i \oplus B_i \oplus C_{i-1}$$
$$C_i = \overline{A_i}B_iC_{i-1} + A_i\overline{B_i}C_{i-1} + A_iB_i\overline{C_{i-1}} + A_iB_iC_{i-1}$$
$$= \overline{A_i}B_iC_{i-1} + A_i\overline{B_i}C_{i-1} + A_iB_i$$
$$= (\overline{A_i}B_i + A_i\overline{B_i})C_{i-1} + A_iB_i$$
$$= (A_i \oplus B_i)C_{i-1} + A_iB_i \tag{8-2}$$

全加器逻辑图如图 8-13 所示，由整理后的逻辑函数表达式可知，全加器也可用两个半加器和一个或门组成，如图 8-14 所示。

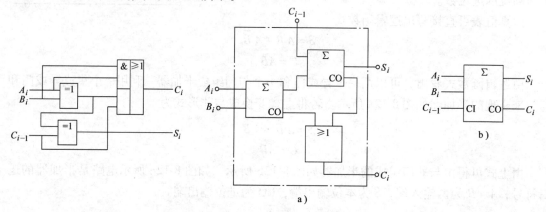

图 8-13　全加器　　　　　图 8-14　半加器和一个或门组成全加器及符号

a）半加器和一个或门组成全加器　b）符号

8.3.3　多位加法器

要实现两个 n 位二进制数的加法运算，可用 n 个全加器实现，如图 8-15 所示为实现两个 4 位二进制数相加的电路。

有两个 4 位二进制数 $A_3A_2A_1A_0$ 和 $B_3B_2B_1B_0$ 相加，可以采用两片内含两个全加器或 1 片内含 4 个全加器的集成电路组成，由图 8-15 可以看出，每 1 位的进位信号送给下 1 位作为输入信号，因此，任 1 位的加法运算必须在低 1 位的运算完成之后进行，这种进位方式称为串行进位。这种加法器的逻辑电路比较简单，但它的运算速度不高。为克服这一缺点，可以采用超前进位等方式的加法运算电路。

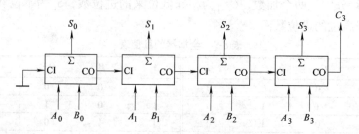

图 8-15　4 位串行进位全加器

8.4　数据选择器

8.4.1　数据选择器的功能

所谓数据选择，是指从多个数据输入通道中选择一个传送到唯一的公共数据通道上去。在选择信号的控制下，从多路输入数据中选择一路作为输出，实现这种数据选择功能的逻辑电路称为数据选择器。

下面以 4 选 1 数据选择器为例，说明工作原理及基本功能。其逻辑图如图 8-16 所示，根据逻辑电路可直接写出逻辑表达式：

$$Y = \overline{A_1}\ \overline{A_0}\ D_0 + \overline{A_1}\ A_0 D_1 + A_1\ \overline{A_0}\ D_2 + A_1 A_0 D_3 \tag{8-3}$$

由式（8-3）可以列出其功能表如表 8-10 所示。为了对 4 个数据进行选择，使用了两位地址码 $A_1 A_0$ 产生 4 个地址信号，由 $A_1 A_0$ 分别等于 00、01、10、11 控制选择 4 个与门的开闭。显然，任何时刻 $A_1 A_0$ 只有一种取值组合，所以只有一个与门打开，使对应的那一路数据通过，送到 Y 端。同样原理，可以构成更多输入通道的数据选择器。被选数据越多，所需地址码的位数也就越多，如常用的 8 选 1 选择器，有 8 路输入，需要 3 位地址码。

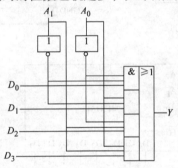

图 8-16　4 选 1 数据选择器逻辑图

表 8-10　4 选 1 数据选择器功能表

A_1	A_0	Y
0	0	D_0
0	1	D_1
1	0	D_2
1	1	D_3

8.4.2　集成数据选择器 74LS151

74LS151 是一种典型的集成数据选择器，它有 3 个地址输入端 $A_2 A_1 A_0$，可对 8 个数据 $D_0 \sim D_7$ 进行选择，具有两个互补输出端，同相输出端 Y 和反相输出端 $W = \overline{Y}$。其逻辑图、引脚图和逻辑符号分别如图 8-17a、b、c 所示，功能表如表 8-11 所示。根据表 8-11 所示的 8 选 1 数据选择器的真值表（也就是 74LS151 的功能表），可以写出

$$Y = \overline{A_2}\ \overline{A_1}\ \overline{A_0}\ D_0 + \overline{A_2}\ \overline{A_1}\ A_0 D_1 + \overline{A_2}\ A_1\ \overline{A_0}\ D_2 + \overline{A_2}\ A_1 A_0 D_3 + A_2\ \overline{A_1}\ \overline{A_0}\ D_4 +$$
$$A_2\ \overline{A_1}\ A_0 D_5 + A_2 A_1\ \overline{A_0}\ D_6 + A_2 A_1 A_0 D_7$$

或者写为

$$Y = m_0 D_0 + m_1 D_1 + m_2 D_2 + m_3 D_3 + m_4 D_4 + m_5 D_5 + m_6 D_6 + m_7 D_7 \tag{8-4}$$

由如图 8-17a 所示电路可知，该逻辑电路的基本结构为"与—或—非"形式。输入使能端 $\overline{G}$ 为低电平有效。输出 Y 的表达式为

$$Y = \sum_{i=0}^{7} m_i D_i$$

式中，m_i 为 $A_2 A_1 A_0$ 的最小项。例如，当 $A_2 A_1 A_0 = 010$ 时，根据最小项性质，只有 m_2 为 1，其余各项为 0，故得 $Y = D_2$，即只有 D_2 传送到输出端。

表 8-11　74LS151 的功能表

$\overline{G}$	A_2	A_1	A_0	Y
1	×	×	×	0
0	0	0	0	D_0
0	0	0	1	D_1
0	0	1	0	D_2
0	0	1	1	D_3
0	1	0	0	D_4
0	1	0	1	D_5
0	1	1	0	D_6
0	1	1	1	D_7

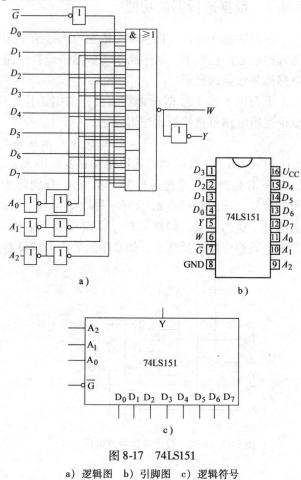

图 8-17　74LS151

a）逻辑图　b）引脚图　c）逻辑符号

采用 8 选 1 数据选择器，可以实现任意 3 输入变量的组合逻辑函数。

例 8-2　用 8 选 1 数据选择器实现函数

$$F_1 = \overline{A}\,\overline{B}\,\overline{C} + ABC$$

$$F_2 = AB + AC + BC$$

解： $F_1 = \overline{A}\,\overline{B}\,\overline{C} + ABC$

$$= m_0 \cdot 1 + m_1 \cdot 0 + m_2 \cdot 0 + m_3 \cdot 0 + m_4 \cdot 0 + m_5 \cdot 0 + m_6 \cdot 0 + m_7 \cdot 1$$

将函数输入变量 A、B、C 作为 8 选 1 数据选择器的地址，取 $A_2 = A$；$A_1 = B$；$A_0 = C$ 将上式与式（8-4）比较得

$$D_0 = 1 \quad D_1 = 0 \quad D_2 = 0 \quad D_3 = 0 \quad D_4 = 0 \quad D_5 = 0 \quad D_6 = 0 \quad D_7 = 1$$

其接线图如图 8-18 所示。

$$F_2 = AB + AC + BC$$

化成最小项表达式为

$$F_2 = \overline{A}BC + A\overline{B}C + AB\overline{C} + ABC = m_3 \cdot 1 + m_5 \cdot 1 + m_6 \cdot 1 + m_7 \cdot 1$$

取 $A_2 = A$；$A_1 = B$；$A_0 = C$，将上式与式（8-4）比较得

$$D_0 = 0 \quad D_1 = 0 \quad D_2 = 0 \quad D_3 = 1 \quad D_4 = 0 \quad D_5 = 1 \quad D_6 = 1 \quad D_7 = 1$$

其接线图如图 8-19 所示。

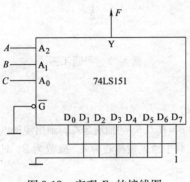

图 8-18　实现 F_1 的接线图

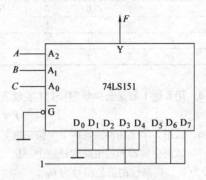

图 8-19　实现 F_2 的接线图

习　题

8-1　一个 4 段共阳极 LED 显示器及其译码电路如图 8-20 所示，各发光段用 P_1、P_2、P_3、P_4 表示。试分析当输入 ABC 分别取 000 至 111 时所显示的字形。

8-2　试用 3 线-8 线译码器 74LS138 和门电路构建电路，同时实现下列逻辑函数：

$$F_1 = \overline{A}\,\overline{B}\,\overline{C} + ABC + \overline{A}\,\overline{B}C + A\overline{B}\,\overline{C}$$
$$F_2 = AB + AC$$

8-3　用 3 线-8 线译码器 74LS138 和门电路组成的组合逻辑电路如图 8-21 所示，请写出 F 的逻辑表达式。

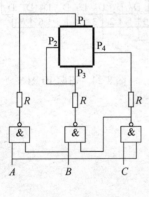

图 8-20　习题 1 图

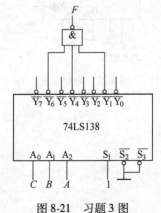

图 8-21　习题 3 图

8-4　已知 CC4512 为 8 选 1 数据选择器，其逻辑功能如表 8-12 所示。由 CC4512 组成的组合逻辑电路如图 8-22 所示，试写出输出 Z 的逻辑表达式。

表 8-12　CC4512 逻辑功能

DIS	INH	A_2	A_1	A_0	Y
1	×	×	×	×	高阻
0	1	×	×	×	0
0	0	0	0	0	D_0
0	0	0	0	1	D_1
0	0	0	1	0	D_2
0	0	0	1	1	D_3
0	0	1	0	0	D_4
0	0	1	0	1	D_5
0	0	1	1	0	D_6
0	0	1	1	1	D_7

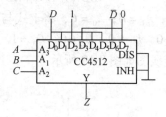

图 8-22　习题 4 图

8-5　用 8 选 1 数据选择器 74LS151 实现下列逻辑函数：

$$F = \bar{A}\,\bar{B}\,\bar{C} + AB\bar{C} + BC$$

8-6　试用 3 个全加器实现两个 3 位二进制数 $A = A_2A_1A_0$ 和 $B = B_2B_1B_0$ 的加法运算，画出逻辑电路。

8-7　试用全加器和门电路构建一个一位二进制数全减器，其中输入被减数为 A，减数为 B，低位的借位信号为 C_I，向高位的借位信号为 C_0。

8-8　试用下列方法设计全加器：

（1）用与非门实现；

（2）用 8 选 1 数据选择器 74LS151 实现；

（3）用 3 线-8 线译码器 74LS138 和门电路实现。

8-9　用 74LS138 构建的电路如图 8-23 所示，试分析该电路的逻辑功能。

8-10　用 74LS151 构建的电路如图 8-24 所示，试分析该电路的逻辑功能。

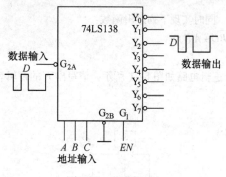

图 8-23　习题 9 图

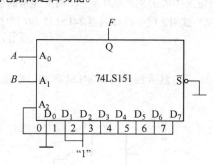

图 8-24　习题 10 图

第9章 触发器与时序逻辑电路

数字电路包括组合逻辑电路和时序逻辑电路两大类。组合逻辑电路是由门电路组成的，它的输出变量状态完全由当时的输入变量的状态来决定，而与电路的原来状态无关，即组合逻辑电路不具有记忆功能。时序逻辑电路是由触发器组成的，它的输出状态不仅取决于当时的输入状态，而且还与电路的原来状态有关，即时序电路具有记忆功能。首先我们讨论具有记忆功能的器件——触发器，主要讨论触发器的类型、功能及其触发器功能间的相互转换等。

9.1 触发器

触发器可分为双稳态触发器、单稳态触发器和无稳态触发器（多谐振荡器）等，通常所说的触发器是指双稳态触发器。双稳态触发器按逻辑功能分为 RS 触发器、JK 触发器、D 触发器，T 触发器和 T′触发器等多种类型；按其电路结构分为主从型触发器和维持阻塞型触发器类型等。

时序逻辑电路中的触发器是存放二进制数字信号的基本单元，因此触发器起码应具有下述功能：其一，有两个稳定状态——0 状态和 1 状态；其二，能接收、保持和传递数字信号。

9.1.1 RS 触发器

9.1.1.1 基本 RS 触发器

基本 RS 触发器可由两个与非门交叉连接组成，如图 9-1 所示是它的逻辑图和逻辑符号。图中 G_1、G_2 代表两个集成的与非门，Q 与 $\overline{Q}$ 是基本触发器的两个输出端。两者的逻辑状态在正常条件下能保持相反。触发器有两个稳定状态：一个状态是 $Q=1$，$\overline{Q}=0$，称触发器处于"1"态，也叫置位状态；另一个状态是 $Q=0$，$\overline{Q}=1$，称触发器处于"0"态，也叫复位状态。

如图 9-1 所示电路中，S_D 输入端称为直接置位端或置 1 端，R_D 输入端称为直接复位端或置 0 端。

下面分 4 种情况来分析基本 RS 触发器输出与输入间的逻辑关系。

1）$S_D=1$，$R_D=0$。当 $S_D=1$，即 S_D 端加高电平，$R_D=0$，即 R_D 端加低电平，此时，与非门 G_2 有一个输入端为"0"，其输出 $\overline{Q}$ 为"1"；而与非门 G_1 的两个输入端全为"1"、其输出 Q 为"0"。因此触发器被置 0。

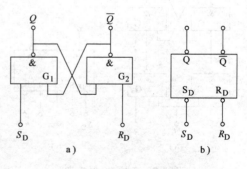

图 9-1 基本 RS 触发器

a）逻辑图 b）逻辑符号

2）$S_D = 0$，$R_D = 1$。当 S_D 端加低电平，R_D 端加高电平时，此时与非门 G_1 有一个输入端为"0"，其输出 Q 为"1"，而与非门 G_2 的两个输入全为"1"，其输出 $\overline{Q}$ 为"0"。因此触发器被置1。

3）$S_D = 1$，$R_D = 1$。设触发器的初始状态为"0"态，即 $Q = 0$，$\overline{Q} = 1$，这时与非门 G_2 有一个输入端为"0"，其输出 $\overline{Q}$ 为"1"，而"与非"门 G_1 的两个输入端全为"1"，其输出 Q 为"0"；同样的分析方法可知，当触发器的原始状态 $Q = 1$、$\overline{Q} = 0$ 时，在 $R_D = 1$、$S_D = 1$ 时触发器的新状态还是 $Q = 1$，$\overline{Q} = 0$，即 $S_D = 1$、$R_D = 1$ 时触发器保持原状态不变。

4）$S_D = 0$，$R_D = 0$。当 S_D 端和 R_D 端同时加负脉冲时，当 $S_D = R_D = 0$ 时，两个与非门输出端都为"1"，这就达不到 Q 与 $\overline{Q}$ 的状态应该相反的逻辑要求。当两负脉冲同时除去后，即变为 $S_D = R_D = 1$ 时，由于与非门的传输时间不同，输出状态是随机的，可能是"1"态，也可能是"0"态，因此这种输入情况，在使用中应严禁出现。

从上述可知：基本 RS 触发器有两个稳定状态——置位状态和复位状态，并具有接收输入信号以及存储或记忆的功能，其状态表见表9-1。

9.1.1.2 可控 RS 触发器

如图 9-2a 所示电路是可控 RS 触发器的逻辑图。图中，与非门 G_1 和 G_2 构成基本 RS 触发器，"与非"门 G_3 和 G_4 构成导引电路。R 和 S 是置 0 和置 1 信号输入端。R_D 和 S_D 是直接复位和直接置位端，用于在工作之前，预先使触发器处于某一给定状态，不使用时让它们处于高电平。受 CP 脉冲控制的输入端 R、S 称为同步输入端，而不受 CP 脉冲控制的输入端 R_D、S_D 称为异步输入端（也叫直接复位、置位端）。

表9-1　基本 RS 触发器的状态表

S_D	R_D	Q
1	0	0
0	1	1
1	1	不变
0	0	不允许

CP 是时钟脉冲输入端，时钟脉冲通过引导电路来实现对输入端 R 和 S 的控制，故称为可控 RS 触发器。当时钟脉冲来到前，即 $CP = 0$ 时，不论 R 和 S 端的电平如何变化，G_3、G_4 门的输出均为"1"基本触发器保持原状态不变，这时称触发器被禁止，不接收同步输入信号。当时钟脉冲来到后，即 $CP = 1$ 时触发器才按 R、S 端的输入状态来决定其输出状态，这时称触发器被使能。

触发器的输出状态与 R、S 端输入状态的关系列在表9-2 中。

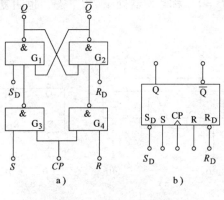

图9-2　可控 RS 触发器

a) 逻辑图　b) 图形符号

表9-2　可控 RS 触发器的状态表

S	R	Q^{n+1}
0	0	Q^n
0	1	0
1	0	1
1	1	不允许

状态表中，Q^n 表示时钟脉冲来到之前触发器的输出状态，称为现态，Q^{n+1} 表示时钟脉冲来到之后的状态，称为次态。可控 RS 触发器要实现表 9-2 的逻辑功能，需在可控脉冲的作用下实现，也就是说，只有来一个触发脉冲 CP 上升沿后，触发器才有次态 Q^{n+1}。

9.1.2　JK 触发器和 D 触发器

9.1.2.1　JK 触发器

JK 触发器有主从型和边沿型两类，其逻辑符号如图 9-3b 所示。J、K 是输入端，CP 为脉冲输入端，CP 引线上的小圆圈表示触发器的使能由下降沿触发（如果没有小圆圈则表示触发器由上升沿触发），S_D、R_D 分别为异步置"1"、置"0"输入端。

主从型 JK 触发器的逻辑图如图 9-3a 所示，它由两个可控 RS 触发器组成，分别被称为主触发器和从触发器。主、从触发器之间的脉冲控制端通过一个非门联系起来。这样工作时，时钟脉冲先使主触发器翻转，后使从触发器翻转，故称主从 JK 触发器。

JK 触发器工作过程分析如下：

主从触发器在时钟脉冲到来前（$CP = 0$）时，因为从触发器的 S 接主触发器的 Q，而从触发器的 R 接主触发器的 $\overline{Q}$，所以使得主从触发器状态一致；CP 由 0 变为 1 时，非门的输出为"0"，故从触发器的状态不变，而主触发器使能，其状态由 J、K 输入端输入信号所决定，这样，输入信号暂存在主触发器中，再到时钟脉冲由"1"跳变为"0"即下降沿到来时，从触发器使能，接收暂存在主触发器中的信号，使从触发器翻转或保持原态。因此使用主从 JK 触发器时，若遵守 $CP = 1$ 期间 J、K 的状态保持不变。图 9-3 所示主从 JK 触发器的工作过程归结为：上升沿接收，下降沿触发。

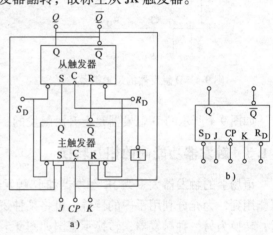

图 9-3　主从型 JK 触发

a）逻辑图　b）逻辑符号

反映 JK 触发器的 Q^n 和 Q^n、J、K 之间的逻辑关系的状态表，如表 9-3 所示。由表 9-3 可得到 JK 触发器的特性方程为

$$Q^{n+1} = J\overline{Q^n} + \overline{K}\,Q^n \qquad CP \text{ 下降沿到来后有效} \quad (9-1)$$

需要说明的是，JK 触发器也有 CP 上升沿到来后触发有效的，特性方程与上式相同。

由其特性方程或状态表可知 JK 触发器的逻辑功能为

1）当 $J = 0$，$K = 0$ 时，来一个 CP 脉冲后，触发器的状态保持不变，即具有"保持"功能。

2）当 $J = 0$，$K = 1$ 时，来一个 CP 脉冲后，触发器置 0，即具有"置 0"功能。

3）当 $J = 1$，$K = 0$ 时，来一个 CP 脉冲后，触发器置 1，即具有"置 1"功能。

4）当 $J = 1$，$K = 1$ 时，来一个 CP 脉冲后，触发器的状

表 9-3　JK 触发器的状态表

J	K	Q^n	Q^{n+1}
0	0	0	0
0	0	1	1
0	1	0	0
0	1	1	0
1	0	0	1
1	0	1	1
1	1	0	1
1	1	1	0

态翻转，即具有"翻转"功能。

总之，JK 触发器在 CP 脉冲的作用下，根据同步输入 JK 的情况不同，具有"置 0、置 1、保持、翻转"功能。

9.1.2.2　D 触发器

D 触发器有主从型和维持阻塞型两类。D 触发器具有"置 0"和"置 1"功能，其逻辑符号如图 9-4 所示。表 9-4 为 D 触发器的状态表。

如图 9-4 所示的 D 触发器的逻辑功能为：在 CP 上升沿到来时，若 $D=1$，则触发器置 1；若 $D=0$，则触发器置 0，D 触发器的特性方程为

$$Q^{n+1} = D \qquad CP \text{ 上升沿到来后有效} \tag{9-2}$$

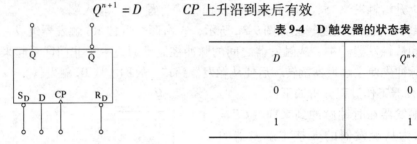

图 9-4　D 触发器的逻辑符号

表 9-4　D 触发器的状态表

D	Q^{n+1}
0	0
1	1

如图 9-4 所示的 D 触发器是上升沿触发的，也有下降沿触发的 D 触发器。

9.1.3　触发器功能间的相互转换

市场上的触发器大多为 JK 触发器和 D 触发器。而实际数字电路中各种类型的触发器都可能用到，为充分利用手中的器件，可将某种逻辑功能的触发器经过改接或附加一些门电路后，转换为另一种触发器，转换示意图如图 9-5 所示。

转换的方法有多种，常用的一种方法为公式法，公式法就是联立求解特性方程求出转换逻辑，下面举例说明。

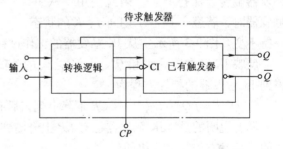

图 9-5　转换示意图

9.1.3.1　将 JK 触发器转换为 D 触发器

已知的 JK 触发器的特性方程为

$$Q^{n+1} = J\,\overline{Q^n} + \overline{K}Q^n$$

待求的 D 触发器的特性方程为

$$Q^{n+1} = D$$

上式转换为

$$Q^{n+1} = D(\overline{Q^n} + Q^n) = D\,\overline{Q^n} + D\,Q^n$$

与 JK 触发器的特性方程联立求解，得

$$J = D$$
$$K = \overline{D}$$

转换成的逻辑图如图 9-6 所示。

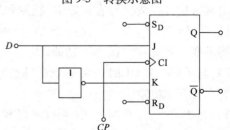

图 9-6　JK 触发器转换成 D 触发器的逻辑图

9.1.3.2　D 触发器转换为 JK 触发器

已知的 D 触发器的特性方程

$$Q^{n+1} = D$$

待求的 JK 触发器的特性方程

$$Q^{n+1} = J\overline{Q^n} + \overline{K}Q^n$$

比较两特性方程得转换逻辑

$$D = J\overline{Q^n} + \overline{K}Q^n = \overline{\overline{J\overline{Q^n}} \cdot \overline{\overline{K}Q^n}}$$

转换后的逻辑图如图 9-7 所示。

9.1.3.3　JK 触发器转换为 T 触发器

若使 JK 触发器的输入信号 $J = K = T$，如图 9-8 所示，则触发器的次态表达式为

$$Q^{n+1} = J\overline{Q^n} + \overline{K}Q^n = T\overline{Q^n} + \overline{T}Q^n = T \oplus Q^n \tag{9-3}$$

可见，当 $T = 0$ 时，CP 脉冲作用后，$Q^{n+1} = Q^n$，即触发器具有"保持"功能；当 $T = 1$ 时，CP 脉冲作用后，$Q^{n+1} = \overline{Q^n}$，即触发器具有"翻转"功能。具有这种"保持"和"翻转"功能的触发器称为 T 触发器。转换后的逻辑图如图 9-8 所示。

若总是保持 $T = 1$ 时，则触发器仅具有"翻转"功能，即来一个 CP 脉冲，触发器状态翻转一次，称这种触发器为 T′触发器。

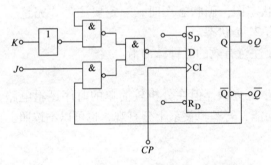

图 9-7　D 触发器转换为 JK 触发器的逻辑图

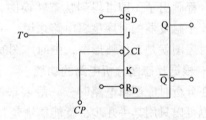

图 9-8　JK 触发器转换为 T
触发器的逻辑图

9.2　时序逻辑电路的分析方法

9.2.1　时序逻辑电路的特点及其分类

时序逻辑电路的特点主要有两点：一是从功能上看，它的输出不仅与当时的输入有关，还与当时电路的状态（也就是过去的输入）有关；二是从组成结构上看，一定存有记忆元件，也就是含有触发器。

时序电路按照工作方式的不同分为同步时序逻辑电路和异步时序逻辑电路两大类。同步时序逻辑电路中的各个触发器都使用的是同一个时钟脉冲，而异步时序逻辑电路中使用的时钟脉冲是不同的。

9.2.2　同步时序逻辑电路分析的基本步骤

所谓时序逻辑电路分析，就是根据给定的时序逻辑电路图，分析出该电路的逻辑功能。分析的一般步骤如下：

1. 写出有关方程

从给定的逻辑图中，写出时钟方程、驱动方程和输出方程。

在同步时序逻辑电路中，时钟方程也可以省略不写，驱动方程就是所用触发器的同步输入端的逻辑表达式。需注意，驱动方程和输出方程，都是电路现态和输入变量的函数，电路状态就是全部触发器状态的组合。

2. 求电路的状态方程

状态方程就是全部触发器的次态方程组，把驱动方程代入触发器的特性方程即可求得。

3. 进行计算，列出状态转换表

将输入变量和触发器现态的全部组合，分别代入状态方程和输出方程，然后将计算结果对应画在一张表格上，从而得到状态表。显然，状态表类似于组合逻辑的真值表，只要把触发器的现态看作输入变量，而把触发器的次态看作输出变量就可以了。

4. 根据状态表画出状态转换图或时序图

每一个现态组合都有确定的次态组合，在各种输入变量的取值下，将全部现态组合的次态组合都画出了，即可得到状态转换图，简称状态图。画状态图时，一定要注意"完整"，对于 n 个触发器的时序逻辑电路来说，一定要有 2^n 个状态。

时序图就是工作波形图，画时序图时一定要注意有效的时钟脉冲沿。

5. 根据状态图分析电路的功能

在分析时序逻辑电路时，一般要根据以上步骤去做，但在分析较简单的时序逻辑电路时，也可以只用其中几步，就能搞清楚其逻辑功能，若逻辑关系十分直观，也可以不按照上述步骤进行分析，可灵活掌握。

9.2.3　同步时序逻辑电路的分析示例

例 9-1　试分析图 9-9 所示的时序逻辑电路。

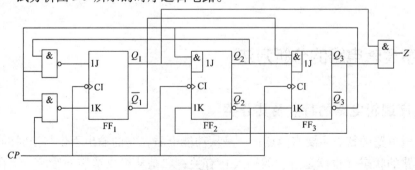

图 9-9　例 9-1 图

解： 由图 9-9 可见，该时序电路由 3 个 JK 触发器和一些与非门组成，而所有触发器的触发脉冲均有同一个时钟信号 CP 控制，所以这是同步时序逻辑电路。该电路没有外部输入变量，只有外部输出函数 Z，其分析过程如下：

（1）由逻辑图写出驱动方程和输出方程

$$J_1 = \overline{Q_3^n Q_2^n}, \qquad K_1 = \overline{\overline{Q_3^n}\ \overline{Q_2^n}}$$

$$J_2 = \overline{Q_3^n} Q_1^n, \qquad K_2 = Q_3^n$$

$$J_3 = Q_2^n \overline{Q_1^n}, \qquad K_3 = \overline{Q_2^n}$$

$$Z = Q_3^n Q_1^n$$

（2）求状态方程　将上面的驱动方程分别代入 JK 触发器的特性方程 $Q^{n+1} = J\ \overline{Q^n} + \overline{K}Q^n$，便可得到

$$Q_1^{n+1} = \overline{\overline{Q_3^n Q_2^n}\ \ \overline{Q_1^n}} + \overline{Q_3^n}\ \overline{Q_2^n} Q_1^n$$

$$Q_2^{n+1} = \overline{Q_3^n}\ \overline{Q_2^n} Q_1^n + \overline{Q_3^n}\ \overline{Q_2^n}$$

$$Q_3^{n+1} = \overline{Q_3^n} Q_2^n \overline{Q_1^n} + Q_3^2 Q_2^n$$

（3）进行计算，列状态表　填写状态表的具体做法是：在表 9-5 中先按照二进制加法规律填入现态 Q_3^n、Q_2^n、Q_1^n 的 8 种取值组合，然后将这 8 种组合值分别代入上面的状态方程和输出方程，计算出对应每组现态组合的值并填入表中，其状态转换表如表 9-5 所示。

表 9-5　例 9-1 的状态转换表

Q_3^n	Q_2^n	Q_1^n	Q_3^{n+1}	Q_2^{n+1}	Q_1^{n+1}	Z
0	0	0	0	0	1	0
0	0	1	0	1	1	0
0	1	0	1	1	0	0
0	1	1	0	1	0	0
1	0	0	0	0	0	0
1	0	1	0	0	0	1
1	1	0	1	0	1	0
1	1	1	0	0	0	1

（4）由状态表画状态图　状态图能够直观地显示时序逻辑电路状态的转换规律，所以，是时序逻辑分析与设计常采用的重要工具之一。由状态转换表 9-5 画出的状态转换图如图 9-10 所示。

状态图中，带箭头的线表示状态的变化方向，箭头的起点为现态，箭头的终点指向次态，箭头线旁边的斜线上方用来表示输入信号的情况（此例中没有外部输入变量），斜线下方用来表示现态组合下的输出信号的状态（此例中为 Z）。

画状态图时首先要确定排序和输出，如图 9-10 所示电路中为 $Q_3Q_2Q_1$，初态可以任意，如取 "000" 组合开始画，由状态表的左侧找出现态组合 "000"，在右侧找出其对应的次态组合为 "001"，输出 $Z = 0$，状态图中就表示为

$\text{000} \xrightarrow{/0} \text{001}$ ；接下来再以 "001" 为现态组合，由状态表

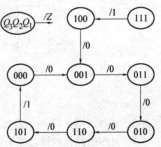

图 9-10　例 9-1 的状态图

找出它对应的次态组合"011"和输出 $Z=0$，状态图中就表示为 $\textcircled{001}\xrightarrow{/0}\textcircled{011}$；这样，按照状态表把每个组态作为现态时所对应的次态和输出都画出来，就得到完整地状态图了。

　　状态图中，"000"，"001"，"011"，"010"，"110" 和 "101" 构成了一个状态循环，并称之为有效循环或主循环；有效循环中的状态都称为有效状态。而状态 "100"，"111" 在有效循环之外，则称为无效状态。对于具有无效状态的时序电路，如果其中任意一个"无效状态"经过一定数量的 CP 作用后，最终都能转入有效状态，即进入有效循环，则称该电路能够自启动，显然，例9-1 电路能够自启动。否则，则称该电路不能够自启动，不能够自启动的时序逻辑电路一定存在无效循环。

　　（5）根据状态图分析电路功能　由状态图知，该电路有有效循环，即每 6 个 CP 脉冲，电路状态循环一次。称这样的电路为计数器，显然，如图9-9 所示电路为六进制计数器，其 Z 可以理解为是该六进制计数器的进位输出，每 6 个 CP 进位一次，实现了"逢六进一"。关于计数器，第 10 章将详细讨论。

　　（6）根据状态图画出时序图（波形图）　时序电路在时钟脉冲 CP 的作用下，电路的状态和输出随时间的变化关系，即时序电路的波形图，也叫时序图。画时序图时注意：①触发器更新状态时一定在 CP 的有效作用沿处；②从某个有效状态开始画起；③CP 脉冲的个数至少要够一个循环。

　　设如图9-9 所示电路的初始状态为 "000"，其时序图如图9-11 所示。

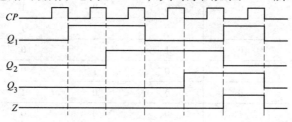

图9-11　例9-1 的时序图

习　　题

9-1　触发器的4 种功能分别是什么？按照逻辑功能可以把触发器分成哪几种类型？每一种触发器具备了 4 种功能里面的哪几种？

9-2　试画出图9-12 所示各触发器 Q 输出端的波形（假设 Q 初始状态为 "0"）。

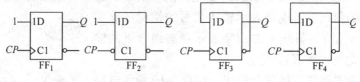

图9-12　习题 2 图

9-3　试写出图9-13 所示各触发器的特性方程并指出具有哪些功能。

9-4　时序电路在逻辑功能上和电路结构上与组合电路有什么不同之处？同步时序和异步时序如何来区分？

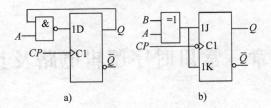

图 9-13 习题 3 图

9-5 试说明图 9-14 所示电路中触发器的触发方式是同步还是异步；JK 触发器是上升沿触发还是下降沿触发。写出该电路的驱动方程和输出方程并求出状态方程。画出状态表和状态图并判断其能否自启动。

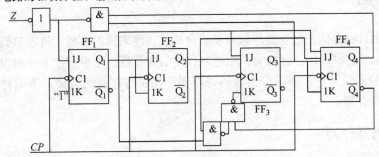

图 9-14 习题 5 图

9-6 试分析图 9-15 所示状态图，指出其有效循环的计数长度并判断能否自启动。

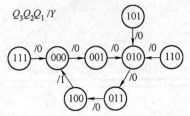

图 9-15 习题 6 图

第10章 常用时序逻辑电路及其应用

常用时序逻辑器件有数码寄存器、移位寄存器、计数器、顺序脉冲发生器等，它们广泛地用于数字测量、运算和现代数字控制系统中，本章主要介绍寄存器和计数器。

10.1 寄存器

寄存器是由具有存储记忆功能的触发器组合构成，用来暂时存放二进制数码的。一个触发器可以存储 1 位二进制代码，存放 n 位二进制代码的寄存器，至少需用 n 个触发器来构成。

按照功能的不同，寄存器可分为数码寄存器和移位寄存器两大类。下面将分别介绍数码寄存器和移位寄存器。

10.1.1 数码寄存器

数码寄存器是存放 0、1 数码的逻辑部件，它具有接收数码和寄存数码的功能。触发器有两个稳定状态，所以一个触发器可以寄存 1 位二进制数码，n 个触发器可以寄存 n 位二进制数码。

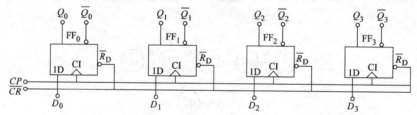

图 10-1　4 位数码寄存器

如图 10-1 所示，是 4 位数码寄存器，它的功能如下：

（1）清零　当 $\overline{CR}=0$，异步清零。即有 $Q_3^n Q_2^n Q_1^n Q_0^n = 0000$。

（2）送数　当 $\overline{CR}=1$ 时，CP 上升沿到来后有 $Q_3^{n+1} Q_2^{n+1} Q_1^{n+1} Q_0^{n+1} = D_3 D_2 D_1 D_0$。

（3）保持　当没有 CP 脉冲上升沿时，寄存器内容将保持不变。

当外部电路需要这组数码时，可从寄存器的各 Q 输出端同时读出。由上述分析可见，数码寄存器为并行输入并行输出的寄存器。

10.1.2 移位寄存器

移位寄存器不仅有寄存数码的功能，还有移位的功能，所谓移位就是在移位命令作用下能够把寄存器中的数码依次向左或向右移位。

根据移位情况不同，移位寄存器分为单向移位寄存器（左移寄存器或右移寄存器）和双向移位寄存器两大类。移位寄存器中的数据可以在移位脉冲作用下依次逐位右移或左移，数据既可以并行输入、并行输出，也可以串行输入、串行输出，还可以并行输入、串行输出，串行输入、并行输出，输入输出方式十分灵活，用途也很广。

10.1.2.1　单向移位寄存器

如图 10-2 所示电路是由 D 触发器组成的 4 位右移寄存器，触发器自左至右依次编号，其中前一级的 Q 输出端接到下一级的同步 D 输入端，第一级触发器的同步输入端 D 为右移数据输入端 D_{IR}，CP 是移位脉冲输入端，$Q_0 \sim Q_3$ 是并行输出端。

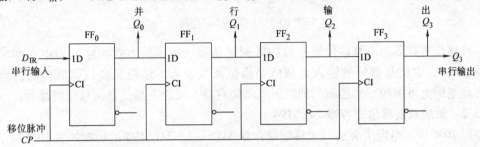

图 10-2　由 D 触发器组成的 4 位右移寄存器

其工作过程如下：

设移位寄存器初态 $Q_0 Q_1 Q_2 Q_3 = 0000$，在数据右移输入端 D_{IR} 送入的数据为 1101，依次逐位送入（按先送 1，后送 0，再送 1，最后再送 1 的顺序），在第一个移位脉冲作用前，数据右移输入端 $D_{IR} = 1$，则在第一个 CP 移位脉冲的上升沿到来后有

$$Q_0^{n+1} = D_{IR} = 1 \text{、} Q_1^{n+1} = Q_0^n = 0 \text{、} Q_2^{n+1} = Q_1^n = 0 \text{、} Q_3^{n+1} = Q_2^n = 0$$

即各 Q 依次右移一位。

接着使数据输入端 $D_{IR} = 0$，再来第 2 个 CP 脉冲，第 2 个 CP 脉冲上升沿过后有

$$Q_0^{n+1} = D_{IR} = 0 \text{、} Q_1^{n+1} = Q_0^n = 1 \text{、} Q_2^{n+1} = Q_1^n = 0 \text{、} Q_3^{n+1} = Q_2^n = 0$$

各触发器 Q 状态依次右移一位，依次类推，如功能表 10-1 所示，直到第 4 个移位脉冲的上升沿来到后，串行输入的 4 个数据 1101 移入移位寄存器。这时可以从 4 个触发器的 Q 端得到并行的数码输出，如果再经过 4 个移位脉冲，数码也可从 Q_3 端全部移出寄存器。这说明存入该寄存器中的数码也可以从 Q_3 端串行输出。根据需要，依次连接触发器，可以组成更多位的寄存器。

表 10-1　右移位寄存器的状态表

输　　入		现　　态				次　　态			
D_{IR}	CP	Q_0^n	Q_1^n	Q_2^n	Q_3^n	Q_0^{n+1}	Q_1^{n+1}	Q_2^{n+1}	Q_3^{n+1}
1	↑	0	0	0	0	1	0	0	0
0	↑	1	0	0	0	0	1	0	0
1	↑	0	1	0	0	1	0	1	0
1	↑	1	0	1	0	1	1	0	1

如图 10-3 所示电路为 4 位左移寄存器，它由 4 个 D 触发器组成，数据由左移输入端 D_{IL} 输入，被存储的数码由高位至低位逐位送入。该触发器为串行输入，其输出既可以并行输出也可以串行输出。

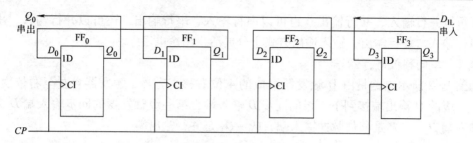

图 10-3　4 位左移寄存器

左移移位寄存器与右移移位寄存器的区别只是输入数据的方式不同（即由左端输入还是右端输入），也就是数码的输入是从低至高位依次输入，还是从高位到低位的区别。因此，在此基础上可添加一些控制门即可组成既能右移，又能左移的双向移位寄存器。

10.1.2.2　集成双向移位寄存器 74LS194

如图 10-4 所示电路为集成双向移位寄存器 74LS194，74LS194 的功能如表 10-2 所示。

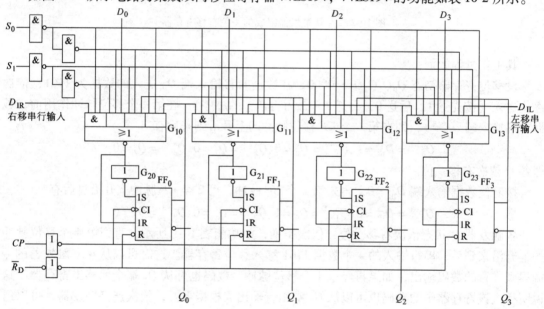

图 10-4　集成双向移位寄存器 74LS194

表 10-2　74LS194 的功能表

功能	输入										输出			
	$\overline{R}_D$	S_1	S_0	CP	D_{IR}	D_{IL}	D_0	D_1	D_2	D_3	Q_0	Q_1	Q_2	Q_3
清零	0	×	×	×	×	×	×	×	×	×	0	0	0	0
保持	1	×	×	0	×	×	×	×	×	×	Q_0^n	Q_1^n	Q_2^n	Q_3^n
并入	1	1	1	↑	×	×	D_0	D_1	D_2	D_3	D_0	D_1	D_2	D_3
右移	1	0	1	↑	1	×	×	×	×	×	1	Q_0^n	Q_1^n	Q_2^n
	1	0	1	↑	0	×	×	×	×	×	0	Q_0^n	Q_1^n	Q_2^n
左移	1	1	0	↑	×	1	×	×	×	×	Q_1^n	Q_2^n	Q_3^n	1
	1	1	0	↑	×	0	×	×	×	×	Q_1^n	Q_2^n	Q_3^n	0
保持	1	0	0	0	×	×	×	×	×	×	Q_0^n	Q_1^n	Q_2^n	Q_3^n

74LS194 的功能如表 10-2 所示。其功能如下：

1. 异步清零

当 $\overline{R}_D = 0$，实现异步清零。

2. 保持功能

当 $\overline{R}_D = 1$，无 CP 脉冲输入，无论有无输入数据信号，各触发器禁止保持原状态不变，见表 10-2。

3. 工作模式

当 $\overline{R}_D = 1$ 时，根据控制信号 $S_1 S_0$ 的 4 种不同取值组合，在 CP 脉冲作用下，实现 4 种不同的操作：

$S_1 S_0 = 00$，保持，各触发器保持原状态不变。

$S_1 S_0 = 01$，右移。

$S_1 S_0 = 10$，左移。

$S_1 S_0 = 11$，并行输入，4 个触发器分别接入并行数据输入端 $D_0 D_1 D_2 D_3$ 的信号，CP 脉冲作用后，4 个触发器 $Q_0^n Q_1^n Q_2^n Q_3^n = D_0 D_1 D_2 D_3$。

10.2　计数器

在数字系统中，计数通常是指累积脉冲的个数。计数器就是实现计数操作的时序逻辑电路，它是数字系统中最常用的时序逻辑器件。计数器除了用于计数和分频以外，还广泛用于数字测量、运算和控制。从小型数字仪表到大型数字电子计算机，计数器几乎是无处不在，可以说它是任何现代数字系统中不可缺少的组成部分。

计数器的类型很多，按其进制不同分为二进制计数器、十进制计数器、N 进制计数器；按触发器翻转是否同步分为异步计数器和同步计数器；按计数增减分为加法计数器、减法计数器和加/减法（可逆）计数器；按计数器中使用元件分有 TTL 计数器和 CMOS 计数器。下面首先介绍二进制计数器。

10.2.1　二进制计数器

二进制只有 0 和 1 两个数码，一个触发器可以表示 1 位二进制数，所以如果要表示 n 位二进制数至少需用 n 个触发器。下面介绍两种二进制加法计数器。

10.2.1.1　同步二进制计数器

在同步计数器内部，各个触发器都受同一时钟脉冲——输入计数脉冲的控制，因此，它们状态的更新几乎是同时的，故被称为"同步计数器"。

1. 电路组成

用 3 个 JK 触发器组成的同步二进制加法计数器的逻辑电路如图 10-5 所示。

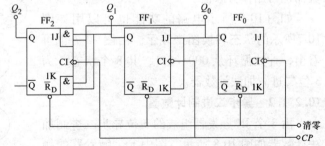

图 10-5　3 个 JK 触发器组成的同步二进制加法计数器的逻辑电路

2. 工作原理

各位 JK 触发器的 J、K 端的逻辑
表达式及状态方程为

$$FF_0 \quad J_0 = K_0 = 1$$

$$FF_1 \quad J_1 = K_1 = Q_0^n$$

$$FF_2 \quad J_2 = K_2 = Q_1^n Q_0^n$$

$$Q_0^{n+1} = \overline{Q_0^n}$$

$$Q_1^{n+1} = Q_0^n \overline{Q_1^n} + \overline{Q_0^n} Q_1^n$$

$$Q_2^{n+1} = Q_0^n Q_1^n \overline{Q_2^n} + \overline{Q_0^n Q_1^n} Q_2^n$$

先按照二进制数递增规律填入现态 Q_3^n、Q_2^n、Q_1^n 的 8 种取值组合，然后将这 8 种组合值分别代入上面的状态方程，计算出对应每组现态组合的结果并填入表中，其状态表如表 10-3 所示。由表可见，如图 10-5 所示电路是一个 3 位二进制加法计数器，又各触发器均是由计数脉冲 CP 触发的，故为同步计数器。其时序图如图 10-6 所示。

表 10-3　二进制同步加法计数器的状态表

Q_2^n	Q_1^n	Q_0^n	Q_2^{n+1}	Q_1^{n+1}	Q_0^{n+1}
0	0	0	0	0	1
0	0	1	0	1	0
0	1	0	0	1	1
0	1	1	1	0	0
1	0	0	1	0	1
1	0	1	1	1	0
1	1	0	1	1	1
1	1	1	0	0	0

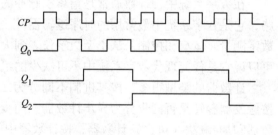

图 10-6　时序图

从时序图可以清楚地看到 Q_0、Q_1、Q_2 的周期分别是计数脉冲（CP）周期的 2 倍、4 倍、8 倍，也就是说 Q_0、Q_1、Q_2 分别对 CP 波形进行了二分频、四分频、八分频，因而计数器也可用作分频器。

如图 10-5 所示电路的功能也可以用如图 10-7所示的状态转换图来表示。由图 10-7 也可看出，计数循环从 000 ~ 111，共 8 个状态，为 3 位二进制加法计数器。

10.2.1.2　异步二进制计数器

由 3 个 JK 触发器组成的 3 位异步二进制加法计数器如图 10-8 所示。图中 FF$_0$ 触发器的触发脉冲是输入的计数脉冲，其他触发器则由相邻低位触发器的 Q 输出端来触发，因此触发器

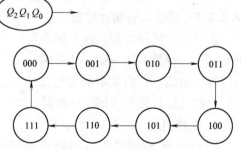

图 10-7　3 位二进制加法计数
器的状态转换图

状态变换有先有后，是异步的。

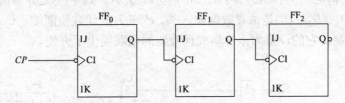

图 10-8　3 位异步二进制加法计数器

图 10-8 中，各位 JK 触发器的 J、K 端的输入为

$$J_0 = K_0 = 1 \qquad J_1 = K_1 = 1 \qquad J_2 = K_2 = 1$$

即每个触发器都转换成为了 T' 触发器。对于第一位触发器 FF_0 来讲，每来一个 CP 脉冲就翻转一次；第二位触发器 FF_1 则在 Q_0 由 "1" 变 "0" 时，即 Q_0 出现下降沿时翻转；当 Q_1 由 "1" 变 "0" 时，即 Q_1 出现下降沿时就会触发第三位触发器 FF_2 而翻转，图 10-8 电路的工作波形图如图 10-9 所示。

该计数器的状态表如表 10-4 所示，由表可见，该电路经过 8 个计数脉冲循环一次，且触发脉冲不是同时加入各触发器的，故为异步 3 位二进制加法计数器。

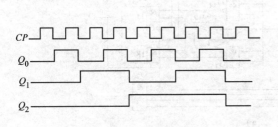

图 10-9　工作波形图

表 10-4　二进制异步加法计数器的状态表

输入脉冲数	Q_2^n	Q_1^n	Q_0^n	Q_2^{n+1}	Q_1^{n+1}	Q_0^{n+1}
1	0	0	0	0	0	1
2	0	0	1	0	1	0
3	0	1	0	0	1	1
4	0	1	1	1	0	0
5	1	0	0	1	0	1
6	1	0	1	1	1	0
7	1	1	0	1	1	1
8	1	1	1	0	0	0

由 3 个 JK 触发器组成的 3 位异步二进制减法计数器如图 10-10 所示。图中 FF_0 触发器的触发脉冲是输入的计数脉冲，其他触发器则由相邻低位触发器的 $\overline{Q}$ 输出端来触发。读者可自行分析。

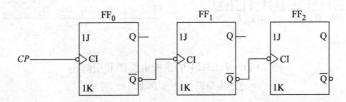

图 10-10　3 位异步二进制减法计数器

10.2.1.3　集成二进制计数器

集成计数器具有体积小、功耗低、功能灵活等优点，因此，在一些小型数字系统中被广泛应用。集成计数器的类型很多，本节仅介绍 4 位二进制同步加计数器 74LS161 的功能和应

用。

74LS161 的逻辑电路图和引脚排列图如图 10-11 所示，其中$\overline{CR}$是异步清零端，$\overline{LD}$是预置数控制端，D_0、D_1、D_2、D_3 是预置数据输入端，P 和 T 是计数使能端，$C = T \cdot Q_3 \cdot Q_2 \cdot Q_1 \cdot Q_0$ 是进位输出端，它的设置为多片集成计数器的级联提供了方便。

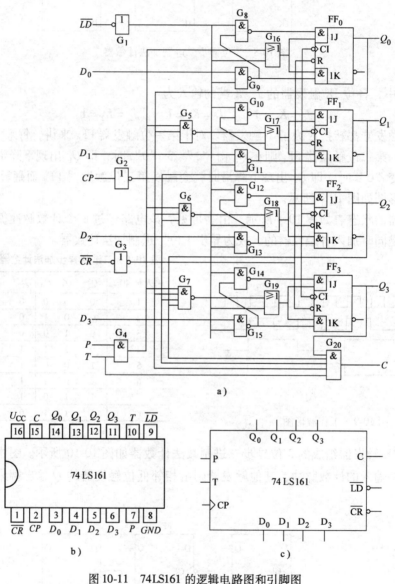

图 10-11　74LS161 的逻辑电路图和引脚图

a）逻辑电路图　b）引脚图　c）符号

表 10-5 所示是 74LS161 的功能表。由表可知，74LS161 具有以下功能：

1. 异步清零

当$\overline{CR}$ = 0 时，不管其他输入端的状态如何（包括时钟信号 CP），计数器输出将被直接置零，称为异步清零。显然，异步清零优先级别最高。

2. 同步并行预置数

在 $\overline{CR}=1$ 的条件下，当 $\overline{LD}=0$、且有时钟脉冲 CP 的上升沿作用时，D_0、D_1、D_2、D_3 输入端的数据将分别被 $Q_0 \sim Q_3$ 所接收。由于这个置数操作要与 CP 上升沿同步，且 D_0、D_1、D_2、D_3 的数据同时置入计数器，所以称为同步并行置数。

3. 保持

在 $\overline{CR}=\overline{LD}=1$ 的条件下，当 $T=P=0$，即两个计数使能端中有 0 时，不管有无 CP 脉冲作用，计数器都将保持原有状态不变（停止计数）。需要说明的是，当 $P=0$、$T=1$ 时，进位输出 C 也保持不变；而当 $T=0$ 时，不管 P 状态如何，进位输出 $C=0$。

4. 计数

当 $\overline{CR}=\overline{LD}=P=T=1$ 时，74LS161 处于计数状态，电路从 0000 状态开始，连续输入 16 个计数脉冲后，电路将从 1111 状态返回到 0000 状态，C 端从高电平跳变至低电平。可以利用 C 端输出的高电平或下降沿作为进位输出信号。

表 10-5　74LS161 的功能表

输　　入									输　　出			
CP	$\overline{CR}$	$\overline{LD}$	P	T	D_0	D_1	D_2	D_3	Q_0	Q_1	Q_2	Q_3
×	0	×	×	×	×	×	×	×	0	0	0	0
↑	1	0	×	×	a	b	c	d	a	b	c	d
×	1	1	0	1	×	×	×	×	保持 $C=Q_0Q_1Q_2Q_3$			
×	1	1	×	0	×	×	×	×	保持（$C=0$）			
↑	1	1	1	1	×	×	×	×	计数			

10.2.2　同步十进制计数器

10.2.2.1　同步十进制加法计数器

采用 8421BCD 编码方式的十进制加法计数器的状态由 "0000" 状态开始计数，每 10 个脉冲一个循环，也就是第 10 个脉冲到来时，由 "1001" 变为 "0000"，就实现了 "逢十进一"。其逻辑图如图 10-12 所示。

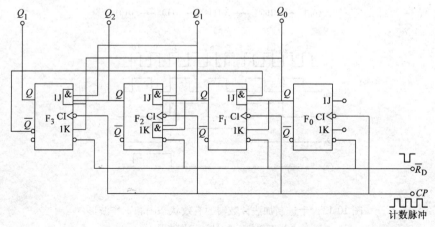

图 10-12　8421BCD 同步十进制加法计数器

十进制加法计数器由 4 个 JK 触发器组成，J、K 端的逻辑关系式为

$$J_0 = K_0 = 1$$
$$J_1 = Q_0^n \overline{Q_3^n}, K_1 = Q_0^n$$
$$J_2 = K_2 = Q_0^n Q_1^n$$
$$J_3 = Q_0^n Q_1^n Q_2^n, K_3 = Q_0^n$$

状态方程为

$$Q_0^{n+1} = \overline{Q_0^n}$$
$$Q_1^{n+1} = Q_0^n \overline{Q_3^n}\ \overline{Q_1^n} + \overline{Q_0^n} Q_1^n$$
$$Q_2^{n+1} = Q_0^n Q_1^n \overline{Q_2^n} + \overline{Q_0^n Q_1^n} Q_2^n$$
$$Q_3^{n+1} = Q_0^n Q_1^n Q_2^n \overline{Q_3^n} + \overline{Q_0^n} Q_3^n$$

十进制加法计数器的状态表如表 10-6 所示。

表 10-6　十进制加法计数器的状态表

Q_3^n	Q_2^n	Q_1^n	Q_0^n	Q_3^{n+1}	Q_2^{n+1}	Q_1^{n+1}	Q_0^{n+1}
0	0	0	0	0	0	0	1
0	0	0	1	0	0	1	0
0	0	1	0	0	0	1	1
0	0	1	1	0	1	0	0
0	1	0	0	0	1	0	1
0	1	0	1	0	1	1	0
0	1	1	0	0	1	1	1
0	1	1	1	1	0	0	0
1	0	0	0	1	0	0	1
1	0	0	1	0	0	0	0
1	0	1	0	1	0	1	1
1	0	1	1	0	1	0	0
1	1	0	0	1	1	0	1
1	1	0	1	0	1	0	0
1	1	1	0	1	1	1	1
1	1	1	1	0	0	0	0

　　如图 10-13 所示是十进制加法计数器的有效状态图和工作波形，读者可结合表 10-6 自行分析。

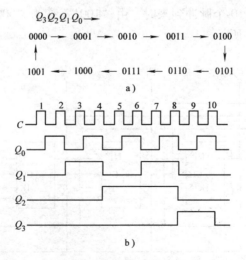

图 10-13　十进制加法计数器的有效状态图和工作波形
a）有效状态图　b）工作波形

10.2.2.2　集成十进制计数器

74LS160 是集成同步十进制加法计数器，它是按 8421BCD 码进行加法计数的。电路如图10-14所示。

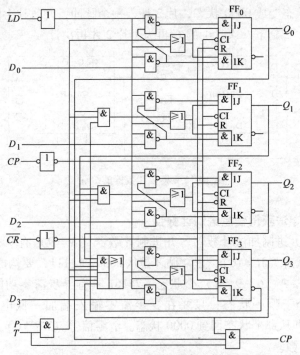

图 10-14　集成同步十进制计数器 74LS160

74LS160 的管脚图、逻辑功能与 74LS161 相似，只是计数状态是按照十进制加法规律来计数的，因此不再重述。

10.2.3　利用集成计数器构成 N 进制计数器

目前集成计数器的品种很多，功能完善，通用性强，在实际应用中，如果要设计各种进制的计数器，可以直接选用集成计数器，外加适当的电路连接而成。在使用集成计数器时，不必去剖析集成电路的内部结构，一般只需查阅手册给出的功能表和芯片引脚，按其指定的功能使用即可。

10.2.3.1　集成计数器计数长度的扩展

4 位或 8 位的二进制以及十进制集成计数器比较常见，但其计数长度有限，当计数值超过计数范围时，可采用计数器的级连来实现。

如用现有的 M 进制集成计数器构成 N 进制计数器时，如果 $M > N$，则只需一片 M 进制计数器；如果 $M < N$，则要用多片 M 进制计数器，集成计数器一般都设置有级联的输入输出端，只要把它们连接起来，便可得到容量更大的计数器。

如用 74161 组成 256 进制计数器，因为 $N(=256) > M(=16)$，且 $256 = 16 \times 16$，所以要用两片 74161 构成此计数器，每片均接成十六进制。

如图 10-15 所示是把两片 74161 级联起来构成的 256 进制同步加法计数器。两片 74161

的 CP 端均与计数脉冲 CP 连接，因而是同步计数器。低位片（片1）的使能端 $P=T=1$，因而它总是处于计数状态；高位片（片2）的使能端接至低位片的进位信号输出端 C，因而只有当片1计数至1111状态，使其 $C=1$ 时，片2才能处于计数状态。在下一个计数脉冲作用后，片1由1111状态变成0000状态，片2计入一个脉冲，同时片1的进位信号 C 也变成0，使片2停止计数，直到下一次片1的 C 再为1片2才再次计数。

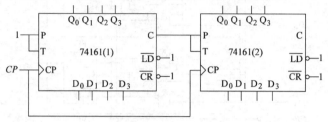

图 10-15　集成计数器的级联

10.2.3.2　用反馈清零法获得任意进制计数器

如用74161构成九进制加法计数器。九进制计数器（$N=9$）有9个状态，而74161在计数过程中有16个状态（$M=16$），正常循环是从0000到1111，要构成九进制加法计数器，此时必须设法跳过 $M-N(16-9=7)$ 个状态。74161具有异步清零功能，在其计数过程当中，不管它的输出处于哪一状态，只要在异步清零输入端加一低电平电压，使 $\overline{CR}=0$，74161的输出就会立即从那个状态回到0000状态。清零信号（$\overline{CR}=0$）消失后，74161又从0000状态开始重新计数。

如图10-16所示的九进制计数器，就是借助74161的异步清零功能实现的。如图10-17所示电路是该九进制计数器的主循环状态图。

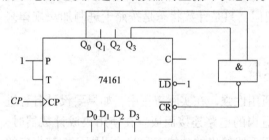

图 10-16　用反馈清零法将74161接成九进制计数器

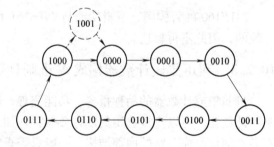

图 10-17　用反馈清零法获得九进制计数器状态图

由图可知，74161从0000状态开始计数，当输入第9个 CP 脉冲（上升沿）时，输出 $Q_3Q_2Q_1Q_0=1001$，此时 $\overline{CR}=\overline{Q_3Q_0}=0$，反馈给 $\overline{CR}$ 端一个清零信号，立即使 $Q_3Q_2Q_1Q_0$ 返回0000状态，随后，R_D 端的清零信号也随之消失，74161重新从0000状态开始新的计数周期。要说明的是，此电路一进入1001状态后，立即又被置成0000状态，即1001状态仅在极短的瞬间出现，因此，在主循环状态图中用虚线表示。这样就跳过了 1001～1111 共7个状态，获得了九进制计数器。

最后说明一点，用集成计数器获得任意进制计数器的方法有好多种，读者若有兴趣，可查看有关书籍。

习　题

10-1　N 位的移位寄存器串行输出它寄存 N 位数码时，需要多少个时钟脉冲？左移寄存器和右移寄存器有哪些区别？

10-2　由 JK 触发器组成的移位寄存器如图 10-18 所示，试分析该寄存器是右移寄存器还是左移寄存器？并根据 CP 脉冲和 D 输入信号波形画出输出端波形。

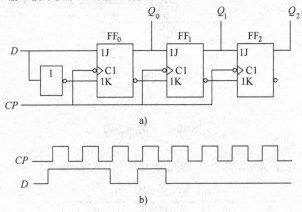

a)

b)

图 10-18　习题 2 图

a）逻辑电路　b）输入信号波形和 CP 时脉

10-3　JK 触发器组成的同步计数器如图 10-19 所示，试分析该电路为几进制计数器。

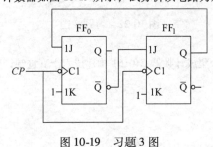

图 10-19　习题 3 图

10-4　JK 触发器构成的异步计数器如图 10-20 所示，试分析该电路为几进制计数器并画出输出端 Z 的波形图。

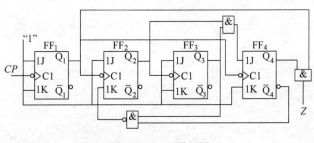

图 10-20　习题 4 图

10-5　集成计数器 74LS161 组成的 N 进制计数器如图 10-21 所示，试分别画出它们的状态图并说明计数长度。

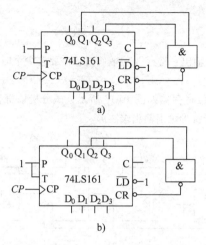

图 10-21　习题 5 图

10-6　试查找集成计数器 C40161 的功能表并说明其各个引脚的功能（见图 10-22）。

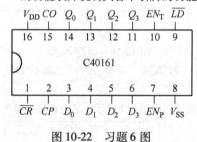

图 10-22　习题 6 图

10-7　试用反馈清零法将两个集成计数器 C40161 构建成六十五进制计数器。

第11章 数据的存储、采集与转换

随着数字电子技术的迅速发展，超大规模集成电路工艺的成熟和应用的普及，数字电子计算机及数字控制系统已应用于通信、控制、测量仪表、医疗设备和家用电器等各个领域，在实行应用中都需要对许多参量进行存储、采集和转换，本章主要介绍半导体存储器、采样保持电路、模/数转换和数/模转换电路。

11.1 半导体存储器

存储器是存储信息的器件，主要用来存放二进制数据、程序和信息，是计算机等数字系统中不可缺少的组成部分。按存取功能，半导体存储器可分为：只读存储器（Read Only Memory，ROM）、随机存取存储器（Random Access Memory，RAM）和顺序存取存储器（Sequential Access Memory，SAM）。按器件类型，可分为双极型存储器和MOS型存储器，双极型的速度快，但功耗大，一般用于大型超高速计算机中；MOS型的速度相对较低，但功耗很小，集成度高，在大规模集成电路中采用较多。

半导体存储器是由多个存储单元组成，每个单元都能存放1位二进制数"1"或"0"，只读存储器ROM中存储的内容一旦写入（即将数据存入存储器），在工作过程中不会改变，断电后数据也不会丢失，所以ROM也称为固定存储器。ROM在正常工作时，只能读出信息，不能随时写入信息。随机存储器RAM中存储的数据可以在工作过程中根据需要随时写入和读出，断电后数据就会丢失，所以RAM也称为读写存储器。顺序存取存储器对数据的存入和取出是按顺序进行的，分为"先入先出"或"先入后出"的两种类型。本节介绍只读存储器和随机存储器的电路结构和工作原理。

11.1.1 只读存储器

只读存储器（ROM）器件的种类很多，从制造工艺上看，有二极管ROM、双极型ROM和MOS型ROM。按存储内容存入方式的不同，又可以分成固定ROM（掩膜ROM）、一次可编程存储器（Programmable Read Only Memory，PROM）、可擦除可编程存储器（Erasable Programmable Read Only Memory，EPROM）等。本节主要介绍固定ROM的电路结构和工作原理。

11.1.1.1 ROM的电路结构

ROM的电路结构主要包括3部分：地址译码器，存储矩阵，输出缓冲器，如图11-1所示。

存储矩阵是ROM的主体，含有大量的存储单元，每个存储单元可以存放1位二进制数码，存储单元排

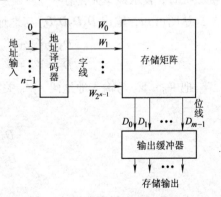

图11-1 ROM的结构图

成若干行和列，形成矩阵结构。

图中地址译码器有 n 个输入，它的输出 W_0、W_1、$\cdots$、W_{2^n-1} 共有 $N = 2^n$ 个，称为字线（或称选择线）。字线是 ROM 矩阵的输入，ROM 矩阵有 M 条输出线，称为位线（或叫数据线）。字线与位线的交点，即是 ROM 矩阵的存储单元，存储单元可以用二极管构成，也可以用双极型晶体管或 MOS 管构成，存储单元代表了 ROM 矩阵的容量：

$$ROM 矩阵的容量 = 字数 \times 位数 = 2^n \times M$$

输出缓冲器的作用有两个：一是能提高存储器的带负载能力；二是实现对输出状态的三态控制，以便与系统的总线连接。

11.1.1.2　ROM 的工作原理

如图 11-2 所示电路为用二极管构成的容量为 $2^2 \times 4$ 位的固定 ROM。用 $A_1 A_0$ 表示存储器的地址输入，通过二极管构成的地址译码器将 $A_1 A_0$，所代表的 4 个不同地址（00，01，10，11）分别译成 $W_0 \sim W_3$ 共 4 条字线，每输入一个地址，地址译码器的字线输出 $W_0 \sim W_3$ 中将有一根线为高电平，其余为低电平。其表达式为

$$W_0 = \overline{A_1}\,\overline{A_0} \qquad W_1 = \overline{A_1} A_0$$
$$W_2 = A_1 \overline{A_0} \qquad W_3 = A_1 A_0$$

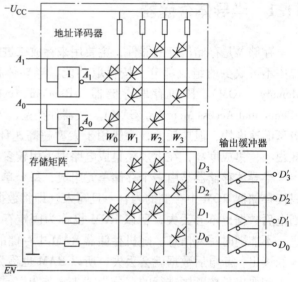

当字线 $W_0 \sim W_3$ 某根线上给出高电平信号时，都会在位线 $D_3 \sim D_0$ 共 4 根线上输出一个 4 位二进制代码。输出端的缓冲器不但可以提高带负载能力，还可以将输出的高、低电平变换为标准的逻辑电平。三态门作为输出缓冲器，可以通过使能端 $\overline{EN}$ 实现对输出的三态控制。

图 11-2　用二极管构成的容量为 $2^2 \times 4$ 位的固定 ROM

存储矩阵：存储矩阵有 4 条字线和 4 条位线，共有 16 个交叉点，每个交叉点是一个存储单元，共有 $4 \times 4 = 16$ 个存储单元，交叉点处接二极管，表示该单元是存"1"，交叉点处不接二极管，表示该单元是存"0"。

从图可知，输出 $D_3 D_2 D_1 D_0$ 与地址译码器输出端字线 $W_0 \sim W_3$ 的逻辑关系为

$$D_3 = W_1 + W_2 \qquad D_2 = W_1 + W_2 + W_3$$
$$D_1 = W_0 + W_1 + W_2 \qquad D_0 = W_3$$

把 $W_0 \sim W_3$ 与输入地址码 $A_1 A_0$ 关系代入有

$$D_3 = \overline{A_1} A_0 + A_1 \overline{A_0}$$
$$D_2 = \overline{A_1} A_0 + A_1 \overline{A_0} + A_1 A$$
$$D_1 = \overline{A_1}\,\overline{A_0} + \overline{A_1} A_0 + A_1 \overline{A_0}$$
$$D_0 = A_1 A_0$$

在如图 11-2 所示电路中，例如，当输入一个地址码 $\begin{bmatrix} A_1 A_0 \end{bmatrix} = 00$ 时，字线 W_0 被选中（输出高电平），其他为低电平，则该字线上信息就从相应的位线上读出，$\begin{bmatrix} D_3 D_2 D_1 D_0 \end{bmatrix} =$

0010。当输入一个地址码 $[A_1A_0]$ =01 时，字线 W_1 被选中（高电平），其他为低电平，则该字线上信息就从相应的位线上读出，此时 $[D_3D_2D_1D_0]$ =1110。

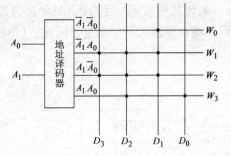

图 11-3 简化的 ROM 存储矩阵阵列图

从上分析可以看出，从地址译码器输出端字线 $W_0 \sim W_3$ 和输入地址码 A_1A_0 的逻辑关系可以看出，地址译码器是与逻辑阵列，位线与字线间的逻辑关系是或逻辑关系，位线与地址码 A_1、A_2 之间是与或逻辑关系。最小项译码器相当一个与矩阵，ROM 矩阵相当或矩阵，整个存储器 ROM 是一个与阵列加上一个或阵列组成。

在绘制中、大规模集成电路的逻辑图时，为了方便起见，常用如图 11-3 所示的简化画法，有二极管的存储单元用一黑点表示。

例 11-1 用简化的 ROM 存储矩阵设计全加器。

解： 首先列出真值表如表 11-1 所示。

根据真值表可以写出其逻辑函数表达式

$$S_i = \overline{A_i}\,\overline{B_i}C_{i-1} + \overline{A_i}B_i\overline{C_{i-1}} + A_i\overline{B_i}\,\overline{C_{i-1}} + A_iB_iC_{i-1}$$

$$C_i = \overline{A_i}B_iC_{i-1} + A_i\overline{B_i}C_{i-1} + A_iB_i\overline{C_{i-1}} + A_iB_iC_{i-1}$$

$W_0 \sim W_7$ 分别对应于 A、B、C_{i-1} 的一个最小项。因此得出存储器的简化矩阵阵列图如图 11-4 所示。

表 11-1 全加器的真值表

A_i	B_i	C_{i-1}	S_i	C_i
0	0	0	0	0
0	0	1	1	0
0	1	0	1	0
0	1	1	0	1
1	0	0	1	0
1	0	1	0	1
1	1	0	0	1
1	1	1	1	1

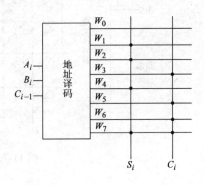

图 11-4 简化的存储矩阵阵列图

如图 11-2 所示的存储矩阵是由二极管构成的，由双极型晶体管和 MOS 型场效应晶体管构成的存储矩阵分别如图 11-5 和图 11-6 所示。存储矩阵中每个存储单元存储的二进制数码也是以该单元有无管子来表示的。在如图 11-5 所示的电路中，字线和位线交叉点接有晶体管时，相当于存"1"，无晶体管时，相当于存"0"。读者可自行分析其工作原理。

以上的固定 ROM 在出厂后存储的数据不能再改变，而可一次编程只读存储器（PROM）在出厂时，存储内容全为 1（或者全为 0），用户可以根据自己的需要，用通用或专用的编程器，将某些单元改写为 0（或者 1）。图 11-7 所示电路是一个简单的 PROM 结构示意图，它采用熔丝结构，译码器输出高电平有效。出厂时，熔丝是接通的，也就是全部存储单元为1，若使某些单元改写为0，只要通过编程，并给这些单元通以足够大的电流将熔丝熔断即可。熔丝熔断后不能恢复，因此，PROM 只能改写一次，叫做一次编程只读存储器。

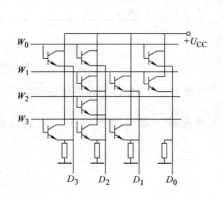

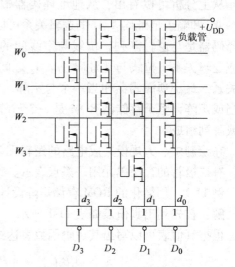

图 11-5　存储矩阵是由双极型晶体管构成　　　　图 11-6　存储矩阵是由 MOS 型场效应晶体管构成

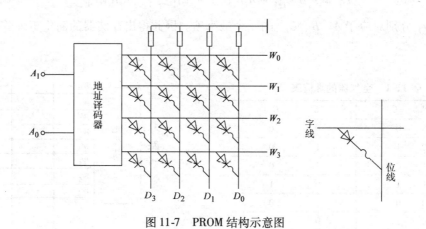

图 11-7　PROM 结构示意图

11.1.2　随机存取存储器

随机存取存储器（RAM）可以随时从指定的存储单元读出数据，也可以随时向指定的存储单元写入数据。

11.1.2.1　RAM 的基本结构和工作原理

随机存取存储器（RAM）由存储矩阵、地址译码器和读/写控制电路（也叫输入/输出控制电路）3 部分组成，其结构如图 11-8 所示，由此看出进出存储器有 3 类信号线，即地址线、数据线和控制线。

1. 存储矩阵

一个存储器由许多存储单元组成，每个存储单元存放 1 位二进制数据。通常存储单元排列成矩阵形式。存储器以字为单位组织内部结构，1 个字含有若干个存储单元（即位数）。1 个字中所含的位数称为字长。实际应用中，常以字数和字长的乘积来表示存储器的容量，存储器的容量越大，意味着存储器可以存储的数据越多。例如，一个 RAM 芯片有 2048 个字，每个字长是 8 位，则它的存储容量为 2048×8 位，即有 16384 个存储单元，存储器的字数常以 $2^{10} = 1024$ 的倍数来表示，并把 1024 称为 1KB，例如，一个存储容量为 2048×8 的存储器常表示为 $2KB \times 8bit$，也可以说它的存储容量为 16KB。

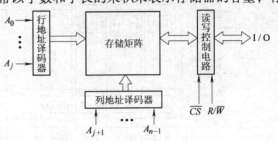

图 11-8　随机存取存储器结构

2. 地址译码

地址译码电路的功能是实现字的选择，每输入一组地址码就选择出一个字，只能对选择出的这个字进行读操作或写操作。地址码的个数（总字数）N 与二进制地址码的位数 n 满足关系式 $N = 2^n$，例如 256 个字需要 8 位二进制地址码即 8 根（$A_7 \sim A_0$）地址线，1K 个字的存储器需要 10 根地址线。与 ROM 一样，RAM 的容量计算方法为

$$存储容量 = 字数 \times 位数 = 2^n \times M$$

其中，n 就是地址线的根数，M 就是数据线的根数，如 $2K \times 8$ 位的存储器需要 11 根地址线和 8 根数据线。

3. 读/写控制电路与片选控制电路

读/写控制电路用于对电路的工作状态进行控制。当一个地址码选中相应的存储单元时，是读还是写，取决于 $R/\overline{W}$ 是高电平还是低电平，当读写控制信号 $R/\overline{W} = 1$，执行读操作，RAM 将存储矩阵中的内容送到输入/输出端（I/O）；当 $R/\overline{W} = 0$ 时，执行写操作，RAM 将输入/输出端上的输入数据写入存储矩阵中。在同一时间内不可能把读/写指令同时送到 RAM 芯片，读和写的功能只能一项一项地执行。因此可以将输入线和输出线放在一起，合用一条双向数据线（I/O），利用读/写控制信号和读/写控制电路，通过 I/O 线读出或写入数据。

4. 片选控制

在读/写控制电路上都设有片选输入端 $\overline{CS}$，当 $\overline{CS} = 0$ 时，该芯片被选中，RAM 为正常工作状态；当 $\overline{CS} = 1$ 时，该芯片未被选中，或者说该芯片被禁止工作，所有的输入/输出端均为高阻状态，不能对 RAM 进行读/写操作。

如图 11-9 所示电路是一个 1024×4 位 RAM 的型号为 2114 的结构框图。其中 4096 个存储单元排列成 64 行 × 64 列的矩阵。10 位输入地址代码分成两组译码。其中 $A_0 \sim A_3$ 共 4 位地址码加到列地址译码器上，利用它的输出信号再从已选中的一行里挑出要进行读写的 4 个存储单元，$A_4 \sim A_9$ 共 6 位地址码加到行地址译码器上，用它的输出信号从 64 行存储单元中选出指定的一行。$I/O_0 \sim I/O_3$ 是数据线，当 $\overline{CS} = 0$，$R/\overline{W} = 1$ 时读/写控制电路工作在读出状态。这时由地址译码器选中的 4 个存储单元中的数据被送到 $I/O_0 \sim I/O_3$。

当 $\overline{CS} = 0$、$R/\overline{W} = 0$ 时，读/写控制电路工作在写入状态。加到 $I/O_0 \sim I/O_3$ 端的输入数据便被写入指定的 4 个存储单元中。

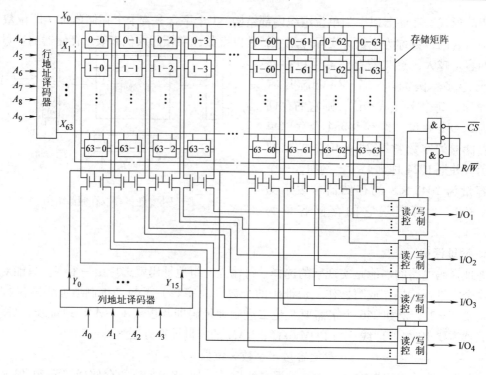

图 11-9　1024×4 位 RAM

11.1.2.2　RAM 容量的扩展

存储器芯片种类很多，容量有大有小。当一块芯片不能满足存储器容量要求时可用多块芯片进行适当连接以扩展存储器的容量。

1. 位扩展（字长扩展）

位扩展的方法是将几片 RAM 的地址输入端、读/写控制端、片选端都一一对应地并接起来，I/O 端的位数自然就得到了扩展，总位数就等于几片 RAM 的位数之和。图 11-10 所示是两片 RAM2114 组成的存储器位数扩展电路，两片 RAM 的 $I/O_3 \sim I/O_0$ 分别作为高 4 位数据端和低 4 位数据端。单片 RAM2114 随机存储器的容量是 1024 字 ×4 位，扩展后的容量是 1024 字 ×8 位。

2. 字扩展（地址扩展）

字扩展的方法是将几片 RAM 的 I/O 端、读/写控制端、地址输入端都对应的并接起来，再用一个译码器控制各个 RAM 的片选

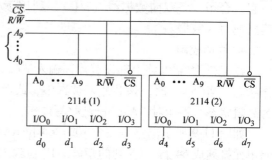

图 11-10　RAM（2114）位数扩展连接图

端即可。如图 11-11 所示是由 4 片 RAM2114 组成的存储器字线扩展电路，2 线-4 线最小项译码器的 4 个输出端分别接到 4 片 RAM 的片选端，由地址码的最高两位 A_{10} 和 A_{11} 选择 4 片 RAM 中的哪一片处于工作状态，其他 3 片则处于高阻态，将不能与总线交换数据。A_{10}、A_{11} 取 00、01、10 和 11 共 4 个状态，对应的控制关系如表 11-2 所示，由表可以确定当 A_{10} 和 A_{11} 处于不同状态时，4 片 RAM 分别被选中，其所对应的存储单元即可进行读/写操作。

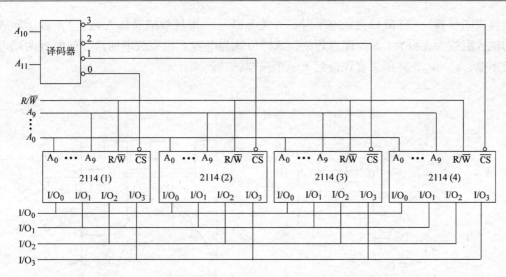

图 11-11　RAM（2114）字线的扩展连接图

$A_0 \sim A_9$ 作为地址码连到 4 片 RAM 的地址输入上，被片选端选中 RAM 才能真正与地址线相连。所以该电路有 $A_0 \sim A_9$ 和 $A_{10} \sim A_{11}$ 共 12 条地址输入线，组成 $2^{12} = 4K$ 个字，每个字为 4 位的存储电路，这样字线就得到了扩展。

表 11-2　$A_{11}A_{10}$ 状态对应的控制关系

A_{11}	A_{10}	$\overline{CS_1}$	$\overline{CS_2}$	$\overline{CS_3}$	$\overline{CS_4}$	被选中的芯片
0	0	0	1	1	1	1
0	1	1	0	1	1	2
1	0	1	1	0	1	3
1	1	1	1	1	0	4

在使用中，位和字还需要同时扩展，掌握了位扩展和字扩展的方法，就不难实现位和字同时进行扩展。

11.2　采样和保持电路

采样和保持电路的任务是：在采样期间，输出信号能快速而准确的跟随输入信号变化，而在两次采样之间的保持时间，输出信号保持上一次采样结束时的输入信号状态不变。采样和保持电路被广泛地应用在计算机测控系统中。

如图 11-12 所示电路为采样保持电路的原理图和输出波形，采样保持电路由运算放大器、保持电容 C 和开关 S 组成。

S 是一模拟开关，可以由场效应晶体管构成。$S(t)$ 为采样脉冲，T_s 为采样脉冲周期，t_w 为采样脉冲持续时间，当 $S(t)$ 为高电平时，开关闭合（即场效应晶体管导通），电路处于采样周期。这时 u_i 对存储电容元件 C 充电，$u_o = u_C = u_i$，即输出电压等于输入电压（运算放大器接成同号器），当 $S(t)$ 为低电平时，开关 S 断开（即场效应晶体管截止），若运算放大器的输入阻抗为无穷大、S 为理想开关，这样可认为电容 C 没有放电回路，使电容两端电压保持不变，$u_o = u_C$，并能一直保持到下一个采样脉冲到来。

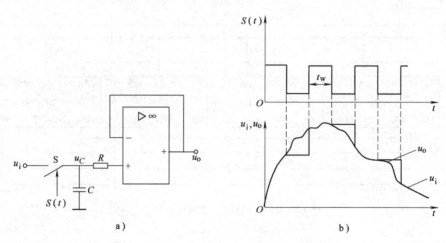

图 11-12　采样保持电路的原理图和输出波形

a）原理图　b）波形

　　可见采样脉冲的频率 f_s 越高，采样越密，采样值就越多，其采样保持电路的输出信号也就越接近输入信号的波形，为了使有限个采样值能够很好地代表输入的模拟信号，对采样脉冲的频率有一定的要求。

　　设采样信号 $S(t)$ 的频率为 f_s，输入模拟信号 $u_i(t)$ 最高频率分量的频率为 f_{imax}，则 f_s 与 f_{imax} 必须满足下面的关系：$f_s \geq 2f_{imax}$，采样信号 u_o 才能正确反映输入信号，这就是采样定理，工程上一般取 $f_s \geq (3 \sim 5)f_{imax}$。如语音信号的 $f_{imax} = 3.5\text{kHz}$，则可取采样频率为 $f_s = 14\text{kHz}$。

　　如图 11-13 所示电路是集成采样-保持电路 LF198 的电路原理图及符号。

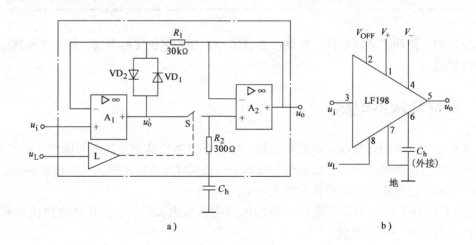

图 11-13　单片集成取样-保持电路 LF198 的电路原理图及符号

a）电路原理图　b）符号

它是一个经过改进的采样—保持电路。图中 A_1、A_2 是两个运算放大器，S 是电子开关，L 是开关的驱动电路，当逻辑输入 u_L 为 1，即 u_L 为高电平时，S 闭和；u_L 为 0，即低电平时，S 断开。

当 S 闭合时，A_1、A_2 均工作在单位增益的电压跟随器状态，所以 $u_o = u'_o = u_i$。如果将电容 C_h 接到 R_2 的引出端和地之间，则电容上的电压也等于 u_i。当 u_L 返回低电平以后，虽然 S 断开了，但由于 C_h 上的电压不变，所以输出电压 u_o 的数值得以保持下来。图中二极管 VD_1 和 VD_2 构成保护电路。

11.3 数/模转换电路

随着数字电子技术的发展，数字计算机、数字控制系统和数字测量仪表已广泛应用于各个领域，但数字电路与数字系统只能加工和处理数字信号，而日常处理的物理量如温度、压力和图像信号等大多都是连续变化的模拟量，因此，必须要把这些模拟信号转换成相应的数字信号，才能够送进电子计算机或其他数字系统进行处理。而经过数字电路处理后的数字量，有时也需要变换成模拟信号。

能将模拟量转换为数字量的电路称为模/数转换器，简称 A/D 转换器或 ADC（Analog to Digital Converter）；能将数字量转换为模拟量的电路称为数/模转换器，简称 D/A 转换器或 DAC（Digital to Analog Converter）。ADC 和 DAC 是沟通模拟电路和数字电路的桥梁，也可称之为两者之间的接口。

如图 11-14 所示电路是一个典型的数字控制系统框图。从图中可以看出 A/D 和 D/A 转换器在系统中的重要地位。传感器的输入为非电模拟量，输出为模拟电压或电流，它们作为 A/D 转换器的输入，A/D 转换器的输出为相应的数字量，这些数字量经过数字系统或计算机系统处理后输出数字量，再经过 D/A 转换器变换成模拟量控制执行元件。

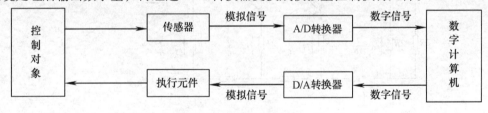

图 11-14 数字控制系统框图

11.3.1 D/A 转换器的基本原理

一个 n 位二进制数可表示为 $D = d_{n-1}d_{n-2}\cdots d_1d_0$，其最高位到最低的权依此为 2^{n-1}、2^{n-2}、$\cdots$、2^1、2^0，为了将数字量转换到模拟量，必须将二进制数的每一位代码按"权"值转换成相应的模拟量，然后将代表各位二进制数的模拟量相加，这样便得到与数字量成正比的模拟量，输出模拟量与输入数字量的关系为

$$u_o = K_u(d_{n-1}2^{n-1} + d_{n-2}2^{n-2} + \cdots + d_1 2^1 + d_0 2^0)$$

式中，K_u 为比例系数（转换系数）。

输出模拟量和输入数字量之间的转换关系称为 D/A 转换器的转换特性，如图 11-15 所示是输入为 3 位二进制数时的 D/A 转换器的转换特性。图中二进制代码 111 对应的输出电压称为满度电压 U_{omax}，假如令 $U_{omax} = 7V$，则 3 位二进制数 D/A 转换器有 8 个输出的模拟电压，即从 0V 变化到 7V，由图 11-15 可知，输入的数字量为 n 位时，其输出的模拟量可以分为 $2^n - 1$ 个阶梯等级，当最大的输出电压确定之后，输入数字量的位数越多，输出模拟量的阶梯间隔越小，相邻两组代码转换出来的模拟量之差越小，表明转换器的分辨率越高。

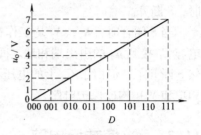

图 11-15　D/A 转换器的转换特性

D/A 转换器的种类较多，有 T 形电阻网络 D/A 转换器和倒 T 形电阻网络 D/A 转换器等。下面介绍一下目前使用较为广泛的倒 T 形电阻网络 D/A 转换器。

11.3.2　倒 T 形电阻网络 D/A 转换器

倒 T 形电阻网络 D/A 转换器如图 11-16 所示，该电路由 $R-2R$ 构成的倒 T 形电阻网络、模拟开关、运算放大器，基准电压 U_R 组成。开关 S_3、S_2、S_1、S_0 分别受代码 d_3、d_2、d_1、d_0 的控制，如 $d_3 = 1$，对应的开关 S_3 接到运算放大器的反相输入端，如 $d_3 = 0$，对应的开关 S_3 接地。

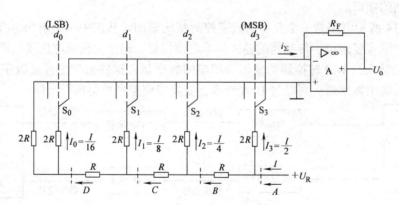

图 11-16　$R-2R$ 倒 T 形电阻网络 D/A 转换器

$R-2R$ 倒 T 形电阻网络的特点：

1）分别从虚线 A、B、C、D 处向右看的二端网络等效电阻都是 R。

2）不论模拟开关接到运算放大器的反相输入端（虚地）还是接到地，也就是不论输入数字信号是 1 还是 0，各支路的电流不变。

从参考电压端输入的电流为 $I = \dfrac{U_R}{R}$

根据分流公式得到各支路电流

$$I_3 = \frac{1}{2}I = \frac{U_R}{2R} \qquad\qquad I_2 = \frac{1}{4}I = \frac{U_R}{4R}$$

$$I_1 = \frac{1}{8}I = \frac{U_R}{8R} \qquad I_0 = \frac{1}{16}I = \frac{U_R}{16R}$$

因此输出电压

$$u_o = -R_F I_F = -R_F (I_0 + I_1 + I_2 + I_3) = -\frac{U_R R_F}{2^4 R}(2^3 \cdot d_3 + 2^2 \cdot d_2 + 2^1 \cdot d_1 + 2^0 \cdot d_0)$$

当 $R_F = R$ 时，上式可表示为

$$u_o = -\frac{U_R}{2^4}(2^3 \cdot d_3 + 2^2 \cdot d_2 + 2^1 \cdot d_1 + 2^0 \cdot d_0)$$

如果是 n 位 D/A 转换器，当 $R_F = R$ 时，输出模拟电压值可表示为

$$u_o = -\frac{U_R}{2^n}(d_{n-1} \cdot 2^{n-1} + d_{n-2} \cdot 2^{n-2} + \cdots + d_1 \cdot 2^1 + d_0 \cdot 2^0)$$

11.3.3　集成 D/A 转换器

随着集成电路的发展，集成 D/A 转换器的种类也越来越多。按输入二进制的位数分类有 8 位、10 位、12 位、16 位等。如 AD7524（CB7520）是 CMOS 单片低功耗 8 位并行 D/A 转换器。供电电源 V_{DD} 为 +5 ～ +15V，功耗为 20mW，采用倒 T 形电阻网络结构。该芯片的主要引出脚有

V_{DD}：供电电源正端；

GND：接地端；

U_{REF}：基准电源端；

R_F：反馈电阻端；

$D_0 \sim D_7$：输入数据端；

OUT$_1$、OUT$_2$：电阻网络的电流输出端；

$\overline{CS}$：片选端；

$\overline{WR}$：写入控制端。

图 11-17 所示为 AD7524 典型实用电路。AD7524 没有集成放大器，因此选用 μA741 并接入 AD7524 的 OUT$_1$、OUT$_2$ 端。AD7524 的功能表如表 11-3 所示。

当输出电压片选信号 $\overline{CS}$ 与写入命令 $\overline{WR}$ 为低电平时，AD7524 处于写入状态，可将 $D_0 \sim D_7$ 的数据写入寄存器并转换成模拟电压输出。

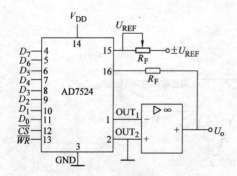

图 11-17　AD7524 典型实用电路

表 11-3　AD7524 功能表

$\overline{CS}$	$\overline{WR}$	功　能
0	0	写入寄存器，并行输出
0	1	保持
1	0	保持
1	1	保持

11.3.4　D/A 转换器的主要参数

1. 分辨率

D/A 转换器的分辨率定义为电路所能分辨的最小输出电压 U_{LSB}（输入的 n 位数字代码最低有效位为 1，其余各位都为 0）与最大输出电压 U_m（此时输入数字代码所有各位全为 1）之比来表示，即

$$分辨率 = \frac{U_{LSB}}{U_m} = \frac{1}{2^n - 1}$$

分辨率也可用输入的位数表示。上式说明，输入数字代码的位数 n 越多，分辨率的数值越小，分辨能力越高，例如 10 位 D/A 转换器的分辨率为

$$\frac{U_{LSB}}{U_m} = \frac{1}{2^{10} - 1} = \frac{1}{1023} \approx 0.001$$

2. 转换精度

D/A 转换器的转换精度是指输出模拟电压的实际值与理想值之差，即最大静态转换误差。通常要求 D/A 转换器的误差小于 $U_{LSB}/2$。

3. 转换时间（输出建立时间）

从输入数字信号起，到输出电压或电流到达稳定值时所需要的时间，称为转换时间，也称输出建立时间。

11.4　模/数转换电路

A/D 转换的作用是将时间连续、幅值也连续的模拟量转换为时间离散、幅值也离散的数字信号，A/D 转换一般要经过取样、保持、量化及编码 4 个过程。

11.4.1　A/D 转换器的基本原理

A/D 转换器的基本原理框图如图 11-18 所示，模拟电子开关 S 在采样脉冲 CP 的控制下重复接通、断开的过程。S 接通时，u_i 对 C 充电，为采样过程，S 断开时，C 上的电压保持不变，为保持过程。在保持过程中，采样的模拟电压经数字化编码电路转换成一组 n 位的二进制数输出。采样和保持电路前面已经介绍了，下面介绍量化和编码。

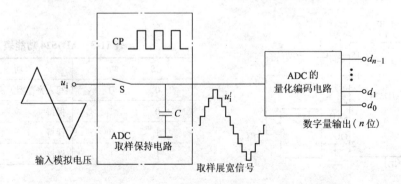

图 11-18　A/D 转换器的基本原理框图

数字信号不仅在时间上是离散的，而且在幅值上也是不连续的。任何一个数字量的大小只能是某个规定的最小数量单位的整数倍。为将模拟信号转换为数字量，在 A/D 转换过程中，还必须将采样-保持电路的输出电压，按某种近似方式归化到相应的离散电平上，这一转化过程称为数值量化，简称量化。量化后的数值最后还需通过编码过程用一个代码表示出来。经编码后得到的代码就是 A/D 转换器输出的数字量。

量化过程中所取最小数量单位称为量化单位，用 Δ 表示。它是数字信号最低位为 1 时所对应的模拟量，即 1LSB。

在量化过程中，由于取样电压不一定能被 Δ 整除，所以量化前后不可避免地存在误差，此误差称之为量化误差，用 ε 表示。量化误差属原理误差，它是无法消除的。A/D 转换器的位数越多，各离散电平之间的差值越小，量化误差越小。

假定需要把 $0 \sim +1V$ 的模拟电压信号转换成 3 位二进制代码，这时便可以取 $\Delta = (1/8)V$，并规定凡数值在 $0 \sim (1/8)V$ 之间的模拟电压都当作 $0 \times \Delta$ 看待，用二进制的 000 表示；凡数值在 $(1/8) \sim (2/8)V$ 之间的模拟电压都当作 $1 \times \Delta$ 看待，用二进制的 001 表示，以此类推，如图 11-19a 所示。不难看出，最大的量化误差可达 Δ，即 $(1/8)V$，这种量化方法常称为去尾法。

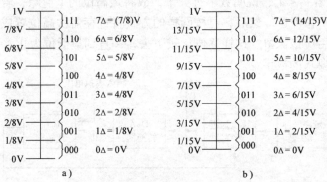

图 11-19　划分量化电平的两种方法
a）去尾法　b）四舍五入法

为了减小量化误差，通常采用图 11-19b 所示的划分方法，取量化单位 $\Delta = (2/15)V$，并将 000 代码所对应的模拟电压规定为 $0 \sim (1/15)V$，即 $0 \sim \Delta/2$ 以内用 000 表示，$1/15 \sim (3/15)V$ 以内用 001 表示……，这时，最大量化误差将减少为 $\Delta/2 = (1/15)V$。这个道理不难理解，因为现在把每个二进制代码所代表的模拟电压值规定为它所对应的模拟电压范围的中点，所以最大的量化误差自然就缩小为 $\Delta/2$ 了，这种量化方法常称为四舍五入法。

A/D 转换器的种类很多，有并行比较型 A/D 转换器、逐次比较型 A/D 转换器、双积分型 A/D 转换器等，本节主要介绍逐次比较型 A/D 转换器。

11.4.2　逐次比较型 A/D 转换器

逐次比较转换过程和用天平称物体重量的过程非常相似。天平称重物过程是：从最重的砝码开始试放，与被称物体行进比较，若物体重于砝码，则该砝码保留，否则移去；再加上第二个次重砝码，由物体的重量是否大于砝码的重量决定第二个砝码是留下还是移去；照此一直加到最小一个砝码为止；将所有留下的砝码重量相加，就得此物体的重量。仿照这一思路，逐次比较型 A/D 转换器，就是将输入模拟信号与不同的参考电压作多次比较，使转换所得的数字量在数值上逐次逼近输入模拟量的对应值。

如分别用重 4g、2g、1g 的砝码去称重 5g 的物体，秤重过程如表 11-4 所示。

表 11-4　称重过程

顺　　序	砝码重量/g	比　　较/g	砝码留或去
1	4	4 < 5	留
2	4 + 2	6 > 5	去
3	4 + 1	5 = 5	留

逐次比较型 A/D 转换器原理框图如图 11-20 所示，是由顺序脉冲发生器、逐次逼近寄存器、D/A 转换器和电压比较器等几部分组成。

转换开始前先将所有寄存器清零。开始转换以后，时钟脉冲首先将寄存器最高位置成 1，使输出数字为 $100\cdots0$。这个数码被 D/A 转换器转换成相应的模拟电压 u_o，送到比较器中与 u_i 进行比较。若 $u_i < u_o$，说明数字过大了，故将最高位的 1 清除；若 $u_i > u_o$，说明数字还不够大，应将这一位保留。然后，再按同样的方式将寄存器次高位置成 1，并且经过比较以后确定这个 1 是否应该保留。这样逐位比较下去，一直到最低位为止，比较完毕后，寄存器中的状态就是所要求的数字量。

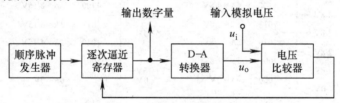

图 11-20　逐次比较型 A/D 转换器原理框图

逐次比较型 A/D 转换器电路如图 11-21 所示。

开始转换前，先使 $Q_1 = Q_2 = Q_3 = Q_4 = 0$，$Q_5 = 1$，第一个 CP 到来后，$Q_1 = 1$，$Q_2 = Q_3 = Q_4 = Q_5 = 0$，于是 FF_A 被置 1，FF_B 和 FF_C 被置 0。这时加到 D/A 转换器输入端的代码为 100，并在 D/A 转换器的输出端得到相应的模拟电压输出 u_o。u_o 和 u_i 在比较器中比较，当若 $u_i < u_o$ 时，比较器输出 $u_C = 1$；当 $u_i \geq u_o$ 时，$u_C = 0$。

第二个 CP 到来后，$Q_2 = 1$，$Q_1 = Q_3 = Q_4 = Q_5 = 0$，这时门 G_1 打开，若此时 $u_C = 1$，则 FF_A 被置 0，若此时 $u_C = 0$，则 FF_A 的 1 状态保留。与此同时，Q_2 的高电平将 FF_B 置 1。

第三个 CP 到来后，$Q_3 = 1$，$Q_1 = Q_2 = Q_4 = Q_5 = 0$，一方面将 FF_C 置 1，同时将门 G_2 打开，并根据比较器的输出决定 FF_B 的 1 状态是否应该保留。

第四个 CP 到来后，$Q_4 = 1$，$Q_1 = Q_2 = Q_3 = Q_5 = 0$，门 G_3 打开，根据比较器的输出决定 FF_C 的 1 状态是否应该保留。

第五个 CP 到来后，$Q_5 = 1$，$Q_1 = Q_2 = Q_3 = Q_4 = 0$，$FF_A$、$FF_B$、$FF_C$ 的状态作为转换结果，通过门 G_6、G_7、G_8 送出。

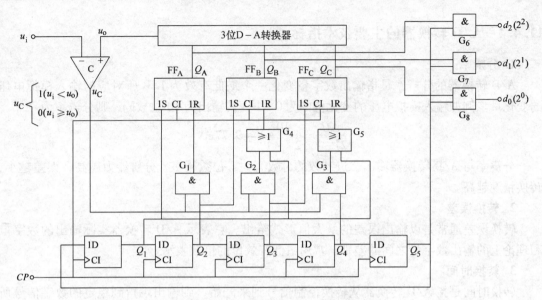

图 11-21　逐次比较型 A/D 转换器原理电路

11.4.3　集成 A/D 转换器

ADC0804 是用 CMOS 集成工艺制成的逐次比较型模数转换芯片。其分辨率为 8 位，转换时间 $100\mu s$，输入电压范围为 $0 \sim 5V$，增加某些外部电路后，输入模拟电压可为 $\pm 5V$。该芯片内有输出数据锁存器，当与计算机连接时，转换电路的输出可以直接连接在 CPU 数据总线上，无需附加逻辑接口电路。ADC0804 芯片引脚如图 11-22 所示，引脚名称及意义如下：

V_{IN+}、V_{IN-}：ADC0804 的两模拟信号输入端，用以接收单极性、双极性和差模输入信号。

$D_7 \sim D_0$：A/D 转换器数据输出端，该输出端具有三态特性，能与微机总线相接。

AGND：模拟信号地。

DGND：数字信号地。

CLKIN：外电路提供时钟脉冲输入端。

CLDR：内部时钟发生器外接电阻端，与 CLKIN 端配合可由芯片自身产生时钟脉冲，其频率为 $1.1/(RC)$。

$\overline{CS}$：片选信号输入端，低电平有效，一旦 $\overline{CS}$ 有效，表明 A/D 转换器被选中，可启动工作。

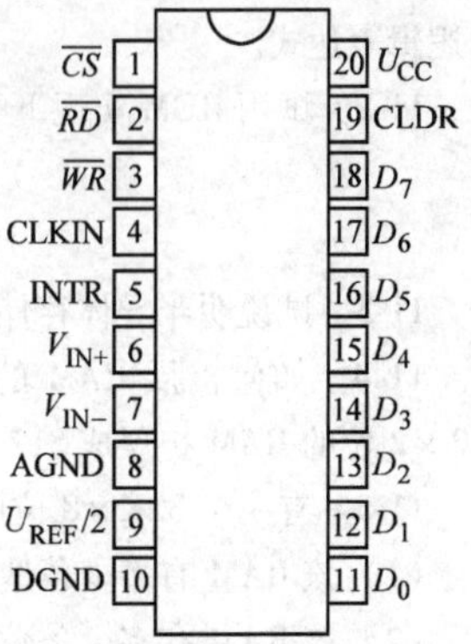

$\overline{WR}$：写信号输入端，接收微机系统或其他数字系统控制芯片的启动输入端，低电平有效，当 $\overline{CS}$、$\overline{WR}$ 同时为低电平时，启动转换。

$\overline{RD}$：读信号输入端，低电平有效，当 $\overline{CS}$、$\overline{RD}$ 同时为低电平时，可读取转换输出数据。

INTR：转换结束输出信号，低电平有效。输出低电平表示本次转换已完成。该信号常作为向微机系统发出的中断请求信号。

图 11-22　ADC0804 引脚图

$\overline{CS}$	1		20	U_{CC}
$\overline{RD}$	2		19	CLDR
$\overline{WR}$	3		18	D_7
CLKIN	4		17	D_6
INTR	5		16	D_5
V_{IN+}	6		15	D_4
V_{IN-}	7		14	D_3
AGND	8		13	D_2
$U_{REF}/2$	9		12	D_1
DGND	10		11	D_0

11.4.4 A/D 转换器的主要技术指标

1. 分辨率

A/D 转换器的分辨率是指输出数字量变化一个最低有效为 LSB 所对应的输入模拟电压的变化量。例如输入模拟电压的变化范围为 0～10V，输出为 10 位数码，则分辨率为

$$\frac{\Delta U}{2^n - 1} = \frac{10}{2^{10} - 1}V \approx 9.77mV$$

分辨率与 A/D 转换器输出二进制数的位数有关，位数越多，分辨能力越高，误差越小，转换精度越高。

2. 转换误差

转换误差通常是以输出误差的最大值形式给出。它表示 A/D 转换器实际输出的数字量和理论上的输出数字量之间的差别。常用最低有效位的倍数表示。

3. 转换时间

转换时间是指 A/D 转换器从转换控制信号到来开始，到输出端得到稳定的数字信号所经过的时间。A/D 转换器的转换时间与转换电路的类型有关。不同类型的转换器转换速度相差甚远。其中并行比较 A/D 转换器的转换速度最高，8 位二进制输出的单片集成 A/D 转换器转换时间可达到 50ns 以内，逐次比较型 A/D 转换器次之，它们多数转换时间在 10～50μs 以内，间接 A/D 转换器的速度最慢，如双积分 A/D 转换器的转换时间大都在几十至几百毫秒之间。在实际应用中，应从系统数据总的位数、精度要求、输入模拟信号的范围以及输入信号极性等方面综合考虑 A/D 转换器的选用。

习　题

11-1　如图 11-23 所示，A、B、C 为地址输入，X、Y 是数据输出。该 ROM 的容量是多少？写出 X、Y 的逻辑表达式。

11-2　试用 ROM 实现下列函数：

$$Y_0 = \overline{A}\,\overline{B} + AC$$
$$Y_1 = \overline{A}B + BC$$

11-3　试说明半导体存储器 RAM 的基本结构和工作原理。

11-4　如何扩展 RAM 的位线？如何扩展 RAM 的字线？试用 512×2 位的 RAM 扩展成 512×4 位的 RAM，画出接线图。

11-5　有一个 32K×8 位的 RAM，试问：

（1）该 RAM 有多少条地址线；

（2）该 RAM 有多少条数据线。

11-6　RAM 的容量为 256×8，请问该 RAM 共有多少个存储单元? 有几条地址线？几条数据线？

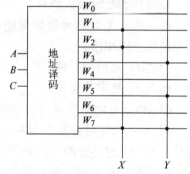

图 11-23　习题 1 图

11-7　若 4 位倒 T 形电阻网络 D/A 转换器的参考电压 $U_R = 8V$，$R_F = R$，试求 $D_3D_2D_1D_0 = 1011$ 时对应的输出电压值。

11-8　若 8 位倒 T 形电阻网络 D/A 转换器的参考电压 $U_R = 6V$，$R_F = R$，试求 $D_7D_6D_5D_4D_3D_2D_1D_0 = 10110001$ 时对应的输出电压值。

11-9　12 位倒 T 形电阻网络 D/A 转换器的参考电压 $U_R = 6V$，$R_F = R$，输出电压的变化范围是多少？

11-10　4 位的数字信号能否使用 8 位的 D/A 转换器，请问应该怎样连接？

第 12 章 集成 555 定时器及其应用

集成 555 定时器是一种多用途的中规模集成电路。通常只需外接少量阻容元件便可构成施密特触发器、单稳态触发器和多谐振荡器等。此外，它还可组成其他多种实用电路。由于 555 定时器使用方便、灵活，有较强的负载能力和较高的触发灵敏度，因此，在自动控制、仪器仪表、家用电器、电子玩具等许多领域得到了广泛的应用。

本章主要讨论集成 555 定时器的工作原理、功能和由 555 定时器构成的多谐振荡器、施密特触发器、单稳态触发器等。

12.1 集成 555 定时器

目前生产的 555 定时器有双极型和 CMOS 两种类型，其型号分别有 NE555（或 5G555）和 C7555 等多种。它们的结构及工作原理基本相同。通常，双极型 555 定时器具有较大的驱动能力，而 CMOS 定时器具有低功耗、输入阻抗高等优点。555 定时器工作的电源电压很宽，并可承受较大的负载电流。

12.1.1 集成 555 定时器的结构

555 定时器内部结构的简化原理电路如图 12-1a 所示。它由分压器、两个电压比较器 C_1 和 C_2、基本 RS 触发器、放电晶体管 V 以及缓冲器 G 组成。555 定时器逻辑符号如图 12-1b 所示。555 定时器的引脚 1 是接地端 GND，引脚 2 是低电平触发端（也称触发端），引脚 3 是输出端 OUT，引脚 4 是复位端 $\overline{R_D}$，引脚 5 是电压控制端，引脚 6 是高电平触发端（也称阈值端），引脚 7 是放电端，引脚 8 是直流电源端 U_{CC}。

1. 电阻分压器

电阻分压器由 3 个 $5k\Omega$ 的电阻串联组成，提供两个参考电压，这也是 555 名称的由来。

1）当 5 脚悬空时，比较器 C_1 参考电压为（2/3）U_{CC}，加在 C_1 的同相输入端，比较器 C_2 参考电压为（1/3）U_{CC}，加在 C_2 的反相输入端。

2）若 5 脚外接电压，比较器 C_1 参考电压和比较器 C_2 参考电压应根据电路计算。

2. 电压比较器 C_1 和 C_2

由集成运算放大器组成电压比较器 C_1 和 C_2，比较器的输出控制 RS 触发器和放电晶体管 V 的状态。如果运算放大器反相输入端的电位为 U_-，同相输入端的电位为 U_+，则有

当 $U_- < U_+$ 时，比较器输出高电平

当 $U_- > U_+$ 时，比较器输出低电平

3. 基本 RS 触发器

由两个与非门组成基本 RS 触发器，电压比较器 C_1 和 C_2 的输出是基本 RS 触发器的两个输入信号。

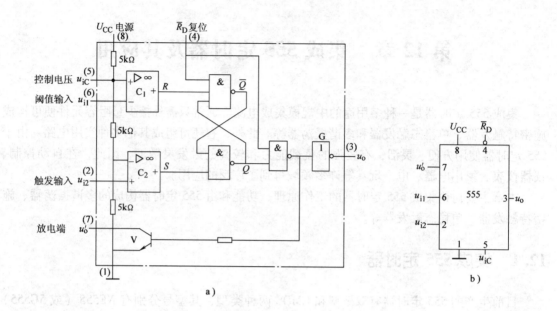

图 12-1　555 定时器原理图及管脚图

a）原理图　b）管脚图

4. 放电晶体管 V

放电晶体管 V 主要用来构成放电回路，当基本 RS 触发器的 $\overline{Q}=0$ 时，V 截止，引脚 7 与引脚 1 "地" 之间无通路。当基本 RS 触发器的 $\overline{Q}=1$ 时，V 导通，引脚 7 与引脚 1 "地" 之间导通，此时如果引脚 7 与引脚 1 间接有外接电容器，则将通过 V 放电。

5. 缓冲器 G

缓冲器 G 是由反相器构成，以提高输出驱动能力。

由其组成可以看出，555 定时器是一个模拟和数字混合集成电路。

12.1.2　集成 555 定时器的工作原理

图 12-1a 中引脚 4 $\overline{R_{\mathrm{D}}}$ 为复位输入端，当 $\overline{R_{\mathrm{D}}}$ 为低电平时，不管其他输入端的状态如何，输出 u_{o} 为低电平。只有当 $\overline{R_{\mathrm{D}}}$ 为高电平时，输出的状态将由引脚 2 低电平触发端和引脚 6 高电平触发端电压的大小来决定，因此在正常工作时，应将引脚 4 接高电平。

当 $u_{\mathrm{i}1}<(2/3)\ U_{\mathrm{CC}}$，$u_{\mathrm{i}2}<(1/3)\ U_{\mathrm{CC}}$ 时，比较器 C_1 输出高电平，比较器 C_2 输出低电平，基本 RS 触发器被置 1，放电晶体管 V 截止，输出端 u_{o} 为高电平。

当 $u_{\mathrm{i}1}>(2/3)\ U_{\mathrm{CC}}$，$u_{\mathrm{i}2}>(1/3)\ U_{\mathrm{CC}}$ 时，比较器 C_1 输出低电平，比较器 C_2 输出高电平，基本 RS 触发器被置 0，放电晶体管 V 导通，输出端 u_{o} 为低电平。

当 $u_{\mathrm{i}1}<(2/3)\ U_{\mathrm{CC}}$，$u_{\mathrm{i}2}>(1/3)\ U_{\mathrm{CC}}$ 时，基本 RS 触发器 $R=1$、$S=1$，触发器状态不变，电路亦保持原状态不变。综合上述分析，可得 555 定时器功能表如表 12-1 所示。如果在电压控制端（引脚 5）施加一个外加电压（其值在 $0\sim U_{\mathrm{CC}}$ 之间），比较器的参考电压将发生变化，电路相应的阈值、触发电平也将随之变化，进而影响电路的工作状态。

表 12-1　555 定时器功能表

输　入			输　出	
高电平触发端（u_{i1}）	低电平触发端（u_{i2}）	复位（$\overline{R_D}$）	输出（u_o）	放电管 V
×	×	0	0	导通
$< \frac{2}{3}U_{CC}$	$< \frac{1}{3}U_{CC}$	1	1	截止
$> \frac{2}{3}U_{CC}$	$> \frac{1}{3}U_{CC}$	1	0	导通
$< \frac{2}{3}U_{CC}$	$> \frac{1}{3}U_{CC}$	1	不变	不变

12. 2　多谐振荡器

多谐振荡器是一种自激振荡器电路，该电路在接通电源后无需外接触发信号就能产生一定频率和幅值的矩形脉冲或方波。由于矩形脉冲中含有丰富的高次谐波，故称为多谐振荡器。多谐振荡器没有稳态，具有两个暂稳态，在自身因素的作用下，电路就在两个暂稳态之间来回转换，故又称它为无稳态电路。多谐振荡器常用作脉冲信号源。本节只讨论用 555 构成的多谐振荡器。

12. 2. 1　电路组成

由 555 定时器构成的多谐振荡器如图 12-2 所示，电路中将高电平触发端和低电平触发端并接后接到 R_2 和 C 的连接处，R_1、R_2 和 C 为外接电阻和电容，它们均被称为定时元件。

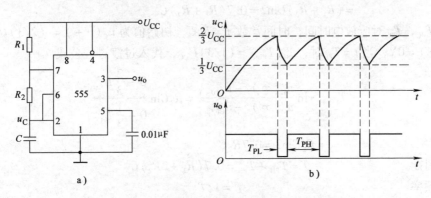

图 12-2　555 定时器构成的多谐振荡器电路及工作波形
a）555 定时器构成的多谐振荡器电路　b）工作波形

12. 2. 2　工作原理

由于接通电源瞬间，电容 C 来不及充电，电容器两端电压 $u_C = 0$，故高电平触发端与低电平触发端均为低电平，RS 触发器置 1（$Q = 1$，$\overline{Q} = 0$），输出 u_o 为高电平，放电晶体管 V 截止。这时，电源经 R_1、R_2 对电容 C 充电，使其电压 u_C 按指数规律上升，当 u_C 上升到

$(2/3)U_{CC}$ 时，则 RS 触发器置 0（$Q=0$，$\overline{Q}=1$），输出 u_o 为低电平，放电晶体管 V 导通，我们把 u_C 从（$1/3$）U_{CC} 上升到（$2/3$）U_{CC} 这段时间内电路的状态称为第一暂稳态，其维持时间 T_{PH} 的长短与电容的充电时间有关。充电时间常数 $\tau_{充}=(R_1+R_2)C$。

由于放电晶体管 V 导通，电容 C 通过电阻 R_2 和放电管放电，电路进入第二暂稳态。其维持时间 T_{PL} 的长短与电容的放电时间有关，放电时间常数 $\tau_{放}=R_2C$。随着 C 的放电，u_C 下降，当 u_C 下降到（$1/3$）U_{CC} 时，RS 触发器置 1（$Q=1$，$\overline{Q}=0$），输出 u_o 为高电平，放电晶体管 V 截止，电容 C 放电结束，U_{CC} 再次对电容 C 充电，电路又翻转到第一暂稳态。如此反复，则输出可得矩形波。

由以上分析可知：电路靠电容 C 充电来维持第一暂稳态，其持续时间即为 T_{PH}。电路靠电容 C 放电来维持第二暂稳态，其持续时间为 T_{PL}。电路一旦起振后，u_C 电压总是在（$1/3\sim2/3$）U_{CC} 之间变化。图 12-2b 为工作波形。

12.2.3 主要参数

首先计算电路的振荡周期 T。

根据 $u_C(t)$ 的波形图可以确定振荡周期

$$T=T_{PH}+T_{PL}$$

T_{PH}、T_{PL} 时间的求取可以通过过渡过程公式，先求 T_{PH}，T_{PH} 对应充电时间，时间常数 $\tau=(R_1+R_2)C$，初始值为 $u_C(0+)=(1/3)U_{CC}$，无穷大值 $u_C(\infty)=U_{CC}$，当 $t=T_{PH}$ 时，$u_C(T_{PH})=(2/3)U_{CC}$，代入过渡过程公式，可得

$$T_{PH}=\tau\ln\frac{u_C(\infty)-u_{C(0+)}}{u_C(\infty)-u_{C(T_{PH})}}=(R_1+R_2)C\ln\frac{U_{CC}-\dfrac{1}{3}U_{CC}}{U_{CC}-\dfrac{2}{3}U_{CC}}$$

$$=(R_1+R_2)C\ln2=0.7(R_1+R_2)C$$

再求 T_{PL}，T_{PL} 对应放电时间，时间常数 $\tau=R_2C$，初始值为 $u_C(0+)=(2/3)U_{CC}$，无穷大值 $u_C(\infty)=0\mathrm{V}$，当 $t=T_{PL}$ 时，$u_C(T_{PL})=(1/3)U_{CC}$，代入过渡过程公式

$$T_{PH}=\tau\ln\frac{u_C(\infty)-u_{C(0+)}}{u_C(\infty)-u_{C(T_{PL})}}=R_2C\ln\frac{0-\dfrac{2}{3}U_{CC}}{0-\dfrac{1}{3}U_{CC}}$$

$$=R_2C\ln2=0.7R_2C$$

振荡周期 $$T=T_{PH}+T_{PL}=0.7(R_1+2R_2)C$$

振荡频率 $$f=1/T$$

显然，改变 R_1、R_2 和 C 的值，就可以改变振荡器的频率。如果利用外接电路改变 5 引脚的电位，则可以改变多谐振荡器触发端的电平，从而改变振荡周期 T。图 12-2a 所示的多谐振荡器电路，由于电容充、放电途径不同，因而 C 的充电和放电时间常数不同，使输出脉冲的宽度 T_{PH} 和 T_{PL} 也不同，在实际应用中，常常需要调节 T_{PH} 和 T_{PL}。在此，引进占空比的概念。输出脉冲的占空比为

$$q=\frac{T_{PH}}{T}=\frac{T_{PH}}{T_{PH}+T_{PL}}\times100\%=\frac{R_1+R_2}{R_1+2R_2}\times100\%$$

　　由于 555 内部的比较器灵敏度较高，而且采用差分电路形式，它的振荡频率受电源电压和温度变化的影响较小。图 12-2 所示电路的 $T_{PL} \neq T_{PH}$，而且占空比固定不变。如果将电路改成如图 12-3 所示的形式，电路利用 VD_1、VD_2 单向导电特性将电容 C 充、放电回路分开，再加上电位器调节，便构成了占空比可调的多谐振荡器。图中，U_{CC} 通过 R_A、VD_1 向电容 C 充电，充电时间为 $t_{PH} \approx 0.7R_A C$。电容 C 通过 VD_2、R_B 及 555 中的晶体管 V 放电，放电时间为

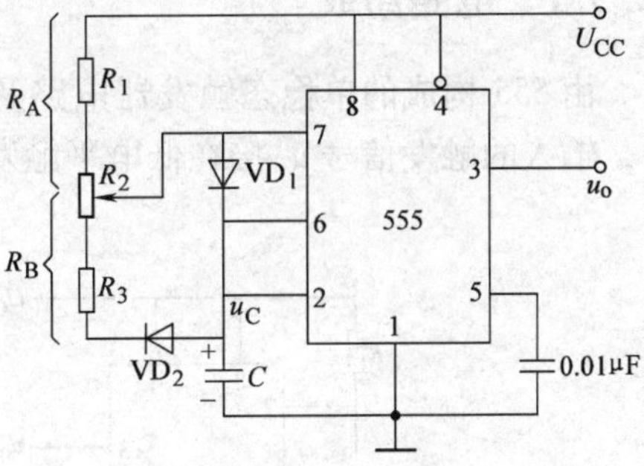

$$t_{PL} \approx 0.7R_B C$$

　　因而振荡频率为

$$f = \frac{1}{T} = \frac{1}{T_{PH} + T_{PL}} = \frac{1.43}{(R_A + R_B)C}$$

　　可见，这种振荡器输出波形的占空比为

$$q = \frac{R_A}{R_A + R_B} \times 100\%$$

　　如果调节电位器使 $R_A = R_B$，可以获得 50% 的占空比，即输出对称的矩形波。

图 12-3　占空比可调的方波发生器

　　例 12-1　指出如图 12-4 所示电路中控制扬声器鸣响与否和调节音调高低的分别是哪个电位器？欲提高音调频率，又该如何调节？

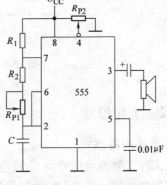

图 12-4　例 12-1 的图

　　解： 调节 R_{P2} 可以控制 4 脚 $\overline{R_D}$ 为 0 或 1，从而控制振荡器工作与否，因此能控制扬声器鸣响与否。调节 R_{P2} 使触头左移至适当位置，可使 4 脚 $\overline{R_D} = 1$，使扬声器鸣响。

　　R_1、R_2、R_{P1} 和 C 共同构成定时元件，因此调节 R_{P1} 可调节音调高低。欲提高音调，即增加振荡频率，则应减小 R_{P1}，因此触点应下移。

12.3　单稳态触发器

　　单稳态触发器在数字电路中一般用于定时（产生一定宽度的矩形波）、整形（把不规则的波形转换成宽度、幅度都相等的波形）以及延时（把输入信号延迟一定时间后输出）等。单稳态触发器有如下的特点：

　　1）电路有一个稳定状态和一个暂稳状态。

　　2）在外来触发信号作用下，电路由稳态翻转到暂稳态。

　　3）暂稳态是一个不能长久保持的状态，由于电路中 RC 延时环节的作用，经过一段时间后，电路会自动返回到稳态，并在输出端获得一个脉冲宽度为 t_w 的矩形波。在单稳态触发器中，输出的脉冲宽度 t_w 就是暂稳态的维持时间，其长短取决于电路的参数值。本书只讨论用 555 构成的单稳态触发器。

12.3.1　电路组成

由 555 构成的单稳态触发器电路及工作波形如图 12-5 所示。图中 R、C 为外接定时元件，输入的触发信号 u_i 接在低电平触发端。

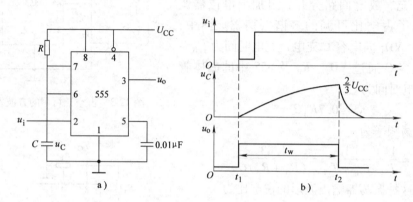

图 12-5　单稳态触发器电路图及工作波形

a）单稳态触发器电路图　b）工作波形

12.3.2　工作原理

1. 电路的稳态

稳态时，触发器信号 u_i 为高电平，因电容未充电，故 6 脚为低电平，根据 555 定时电路工作原理可知，基本 RS 触发器处于保持状态。接通电源时，可能 $Q = 0$，也可能 $Q = 1$。如果 $Q = 0$，$\overline{Q} = 1$，放电管 V 导通，电容 C 被旁路而无法充电。因此电路就稳定在 $Q = 0$，$\overline{Q} = 1$ 的状态，输出 u_o 为低电平；如果 $Q = 1$，$\overline{Q} = 0$，那么放电管 V 截止，因此接通电源后，电路有一个逐渐稳定的过程：即电源 $+ U_{CC}$ 经电阻 R 对电容 C 充电，电容两端电压 u_C 上升。当电容两端电压 u_C 上升到 $(2/3) U_{CC}$ 后，6 脚为高电平，则基本 RS 触发器又被置 0（$Q = 0$、$\overline{Q} = 1$），输出 u_o 变为低电平，放电管 V 导通，电容 C 放电到 0，电路进入稳定状态。

即无触发器信号（u_i 为高电平）时，电路处于稳定状态，输出低电平。

2. 在外加触发信号作用下，电路从稳态翻转到暂稳态

在 u_i 负脉冲作用下，低电平触发端得到低于 $(1/3) U_{CC}$ 触发信号，由于电容还未充电，$u_C = 0$，故基本 RS 触发器翻转为 1 态，即 $Q = 1$，$\overline{Q} = 0$，输出 u_o 为高电平，放电晶体管 V 截止，电路进入暂稳态，定时开始。

在暂稳态期间，电源 $+ U_{CC} \to R \to C \to$ 地，对电容充电，充电时间常数 $\tau = RC$，u_C 按指数规律上升。

3. 自动返回过程

当电容两端电压 u_C 上升到 $(2/3) U_{CC}$ 后，6 端为高电平（此时触发脉冲已消失，2 端为高电平），则基本 RS 触发器又被置 0（$Q = 0$、$\overline{Q} = 1$），输出 u_o 变为低电平，放电晶体管 V 导通，定时电容 C 充电结束，即暂稳态结束。

4. 恢复过程

由于放电晶体管 V 导通，电容 C 经放电管放电，u_C 迅速下降到 0。这时，6 端为低电

平，2 端为高电平，基本 RS 触发器状态不变，保持 $Q=0$，$\overline{Q}=1$，输出 u_o 为低电平。电路恢复到稳态时的 $u_C=0$，u_o 为低电平的状态。当第二个触发脉冲到来时，又重复上述过程。工作波形图如图 12-5b 所示。

可见，输入一个负脉冲，就可以得到一个宽度一定的正脉冲输出，其脉冲宽度取决于电容器由 0 充电到 $(2/3)U_{CC}$ 所需要的时间。

注意，为了使电路正常工作，要求外加触发脉冲 u_i 的宽度应小于输出脉宽 t_w，且负脉冲 u_i 的数值一定要低于 $(1/3)U_{CC}$。

12.3.3　输出脉冲宽度 t_w

输出脉冲宽度 t_w 是单稳态触发器的一个主要参数。输出脉冲宽度 t_w，也就是暂稳态的维持时间，暂稳态时间可以通过过渡过程公式来求取。根据如图 12-5b 所示曲线，可以用电容 C 上的电压曲线确定三要素，初始值为 $u_C(0+)=0\text{V}$，无穷大值 $u_C(\infty)=U_{CC}$，$\tau=RC$，设暂稳态的时间为 t_w，当 $t=t_w$ 时，$u_C(t_w)=(2/3)U_{CC}$。代入过渡过程三要素公式

$$u_C(t)=u_C(\infty)+\left[u_C(0+)-u_C(\infty)\right]e^{-\frac{t}{\tau}}$$

可得

$$t_w=\tau\ln\frac{u_C(\infty)-u_{C(0+)}}{u_C(\infty)-u_{C(t_w)}}=RC\ln\frac{U_{CC}-0}{U_{CC}-\frac{2}{3}U_{CC}}$$

$$=RC\ln3=1.1RC$$

这种电路产生的脉冲宽度可从几个微秒到数分钟，精度可达 0.1%。输出脉冲宽度 t_w 与定时元件 R、C 大小有关，而与电源电压、输入脉冲宽度无关，改变定时元件 R 和 C 可改变输出脉宽 t_w。通常 R 的取值在几百欧至几兆欧之间，电容取值为几百皮法到几百微法。

例 12-2　用上述单稳态电路，输出是定时时间为 1s 的正脉冲，$R=27\text{k}\Omega$，试确定定时元件 C 的取值。

解：$t_w=1.1RC$

故　　　$C=\dfrac{t_w}{1.1R}=\dfrac{1}{1.1\times27}\mu\text{F}=33.7\mu\text{F}$，可取标称值 $33\mu\text{F}$。

12.3.4　单稳态触发器的应用

1. 脉冲整形

由于单稳态触发器一经触发，电路就从稳态进入暂稳态，暂稳态的时间只与定时元件 R、C 大小有关，输出电平的高低与此时输入信号状态无关，如果有一不规则的信号输入单稳态触发器后，输出就成为一矩形波（见图 12-6），可达到脉冲整形的目的。

2. 脉冲定时

由于单稳态触发器能产生一定宽度的矩形输

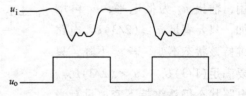

图 12-6　脉冲整形

出脉冲，若利用这个矩形输出脉冲去控制某个电路，就可以使它在 t_w 时间内动作或不动作。

如果利用单稳态触发器输出脉冲去控制一个与门，就可以在这个矩形输出脉冲宽度的时间内，让另一个频率很高的脉冲信号 u_A 通过，而在其他时间 u_A 不能通过，如图 12-7 所示。

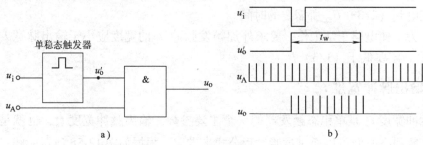

图 12-7　脉冲定时

a）电路　b）波形

如果单稳态触发器的脉宽 $t_w = 1s$，那么，输出 u_o 的脉冲个数就是输入信号 u_A 的频率，再配合计数器、显示译码电路等就可以构成频率测量电路了。

12.4　施密特触发器

施密特触发器是数字系统中常用的电路之一，它可以把变化缓慢的脉冲波形变换成为数字电路所需要的矩形脉冲，同时具有较强的抗干扰能力。同样，本书只介绍由集成定时器 555 构成的施密特触发器。

12.4.1　电路组成

如图 12-8a 所示电路是用 555 构成的施密特触发器。它将高电平触发端 6 脚和低电平触发端 2 脚连接在一起作为电路输入端。

12.4.2　工作原理

当输入信号 $u_i < (1/3)U_{CC}$ 时，低电平触发端作用，输出 u_o 为高电平；若 u_i 增加，使得 $(1/3)U_{CC} < u_i < (2/3)U_{CC}$ 时，电路维持原态不变，输出 u_o 仍为高电平；如果输入信号增加到 $u_i \geqslant (2/3)U_{CC}$ 时，高电平触发端作用，输出 u_o 为低电平；u_i 再增加，只要满足 $u_i \geqslant (2/3)U_{CC}$ 电路维持该状态不变。若 u_i 下降，只要满足 $(1/3)U_{CC} < u_i < (2/3)U_{CC}$，电路状态仍然维持不变；只有当 $u_i = (1/3)U_{CC}$ 时，触发器再次置

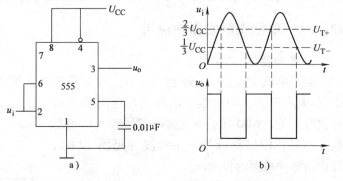

图 12-8　555 构成的施密特触发器

a）电路　b）工作波形

1, 电路又翻转回输出为高电平的状态, 工作波形如图 12-8b 所示。

12.4.3　主要参数

1. 上限阈值电压 U_{T+}

我们把 u_i 上升过程中, 使施密特触发器状态翻转, 输出电压由高电平翻转为低电平时, 所对应的输入电压称为上限阈值电压, 用 U_{T+} 表示, 其值为

$$U_{T+} = (2/3)U_{CC}$$

2. 下限阈值电压 U_{T-}

如果在 u_i 下降过程中, 使施密特触发器状态翻转, 输出电压由低电平翻转为高电平时, 所对应的输入电压称为下限阈值电压, 用 U_{T-} 表示, 其值为

$$U_{T-} = (1/3)U_{CC}$$

3. 回差电压 ΔU_T

回差电压又叫滞回电压, 定义为上限阈值电压 U_{T+} 与下限阈值电压 U_{T-} 的差值

$$\Delta U_T = U_{T+} - U_{T-}$$

由上可知, 如图 12-8a 所示电路的回差电压 ΔU_T 为

$$\Delta U_T = U_{T+} - U_{T-} = \frac{2}{3}U_{CC} - \frac{1}{3}U_{CC} = \frac{1}{3}U_{CC}$$

图 12-9a 所示为施密特触发器的符号, 图 12-9b 所示为输出电压与输入电压的关系曲线, 称为施密特触发器的电压传输特性。从曲线中可看出电路的回差特性。回差特性是施密特触发器的固有特性。在实际应用中, 可根据实际需要增大或减小回差电压 ΔU_T。在如图 12-8 所示电路中, 如将引脚 5 外接控制电压 U_{IC}, 改变 U_{IC} 的大小, 可以调节回差电压的范围。如果在 555 定时器的放电管 V 输出端 (引脚 7) 外接一电阻, 并与另一电源 U_{CC} 相连, 则由 u_o 输出的信号可实现电平转换。

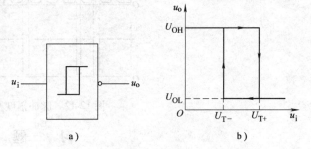

图 12-9　施密特触发器的符号和传输特性
a) 符号　b) 传输特性

注意: 在施密特触发器中, 外加信号的高电平必须大于 $(2/3)U_{CC}$, 低电平必须小于 $U_{CC}/3$, 否则电路不能翻转。

12.4.4　施密特触发器的应用

1. 波形的变换

利用施密特触发器将正弦波、三角波变换成方波, 只要输入信号的幅度大于上限阈值电压 U_{T+}, 即可在施密特触发器的输出端得到同频率的矩形脉冲信号, 如图 12-10 所示电路把三角波变换成了方波。

2. 脉冲整形

将一个不规则的或者在信号传送过程中受到干扰而变坏的波形经过施密特电路, 可以得到良好的波形, 这就是施密特电路的整形功能, 如图 12-11 所示。

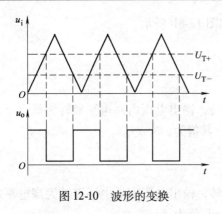

图 12-10 波形的变换

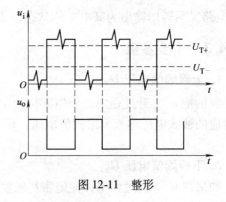

图 12-11 整形

3. 幅度鉴别

利用施密特触发器输出状态取决于输入信号 u_i 幅度的工作特点，可以用它来作为幅度鉴别电路。例如，输入信号不等的一串脉冲，需要消除幅度较小的脉冲，而保留幅度大于 U_{T+}，只要将施密特触发器的正向阈值电压 U_{T+} 调整到规定的幅度，这样，幅度超过 U_{T+} 的脉冲就使电路动作，有脉冲输出；而对于幅度小于 U_{T+} 的脉冲，电路则无脉冲输出，从而达到幅度鉴别的目的。波形如图 12-12 所示。

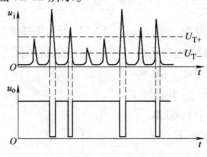

图 12-12 脉冲幅度鉴别

习　题

12-1　试说明 555 定时器构成的多谐振荡器的是工作原理。说明占空比可调的多谐振荡器中增加了什么元件，其原理又是怎样的？

12-2　555 定时器构成的单稳态触发器的输入信号是"1"有效还是"0"有效？其输出端的暂稳态和稳态分别是什么？试说明单稳态触发器的触发并回稳的工作过程是怎样的？单稳态触发器对触发信号的时间长度有何要求？

12-3　555 定时器构成的施密特触发器的参数回差电压指的是什么？回差电压可以通过改变 555 定时器的哪个引脚信号来改变？

12-4　如图 12-13 所示的电路是一个简易触摸开关电路。只要用手触摸一下金属片，发光二极管就会点亮。经过一定时间后，发光二极管将会熄灭。试说明其工作原理，并求出发光二极管能亮多长时间？

12-5　图 12-14 所示的电路是一个门铃电路。试说明 555 定时器接成何种电路？并说明其工作原理。

12-6　555 定时器构成的多谐振荡器如图 12-15 所示。试求振荡周期 T、振荡频率 f、占空比 q。

12-7　图 12-16 所示的电路是由 555 定时器构成施密特触发器。试分别求出其上限阈值电压、下限阈值电压、回差电压。

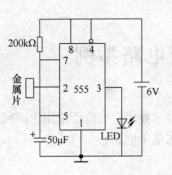

图 12-13　习题 4 图

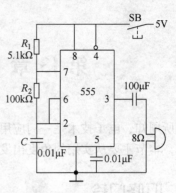

图 12-14　习题 5 图

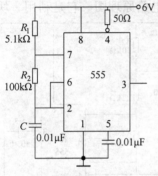

图 12-15　习题的 6 图

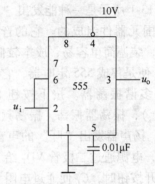

图 12-16　习题 7 图

12-8　图 12-17 所示的电路为救护车扬声器的信号产生电路。已知 $U_{CC} = 12V$ 时，555 定时器输出的典型高、低电平分别为 11V 和 0.2V。试分析该信号产生电路的工作原理，并分别画出两个 555 定时器的输出波形。

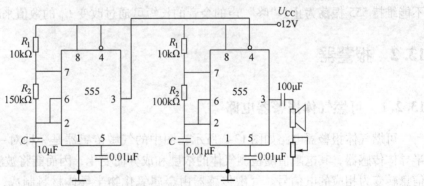

图 12-17　习题 8 图

第 13 章　实用电子电路举例

众所周知，电子技术是一门应用非常广泛的现代科学技术，已广泛应用于国民经济的各个领域，本节主要从实用的角度出发，介绍一些常用的电子电路。

13.1　叮咚门铃

如图 13-1 所示是一种能发出"叮、咚"声门铃的电路原理图。它是利用一块集成 555 电路和外围元器件组成的。它的音质优美逼真，装调简单容易、成本较低，图中的 IC 便是集成 555 定时器，它构成无稳态多谐振荡器。按下按钮 SB（装在门上），振荡器振荡，振荡频率约 700Hz，扬声器发出"叮"的声音。与此同时，电源通过二极管 VD_1 给 C_1 充电。放开按钮时，C_1 便通过电阻 R_1 放电，维持振荡。但由于 SB 的断开，电阻 R_2 被串入电路，使振荡频率有所改变，大约为 500Hz，扬声器发出"咚"的声音。直到 C_1 上电压下降到不能维持 555 振荡为止。"咚"声的余音的长短可通过改变 C_1 的数值来改变。

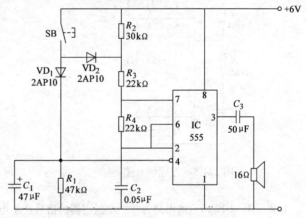

图 13-1　叮咚门铃的电路原理图

13.2　报警器

13.2.1　可燃气体报警器电路

可燃气体报警器电路如图 13-2 所示，图中的气敏传感器是一种对一定种类气体敏感的半导体传感器，其电阻值随检测气体的浓度和成分而变化，因而能将被测气体的浓度或成分信息转变为相应的电信号。气敏传感器由金属氧化物半导体材料制成，在一定的温度条件下，当遇到可燃气体时，金属氧化物半导体的电阻值将会变得很小。反之，当无可燃气体时，传感器电阻阻值将变大。

如图 13-2 所示电路中的 IC 为集成运算放大器，在电路中作比较器用。RP_2 为报警器的设置电位器，RP_1 为报警灵敏度调节电位器。当有煤气泄漏时，传感器内阻减小，RP_1 的输出电压一旦高出 RP_2 的输出电压，运放输出低电平使晶体管导通，蜂鸣器 HA 发出报警声，同时报警灯 VL_2 亮。

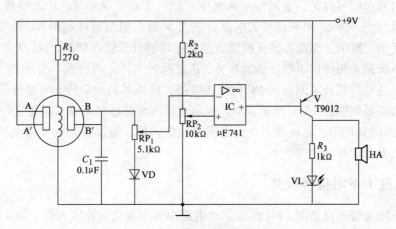

图 13-2　可燃气体报警器电路

13.2.2　简易低水位报警器

简易低水位报警器电路如图 13-3 所示，本报警器能在水位降低时自动报警，适用于监测水箱的水位。本电路由电源电路、水位监测电路、报警电路 3 个部分构成。

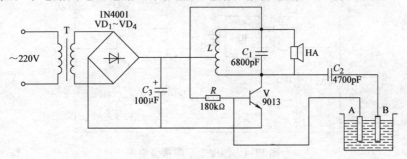

图 13-3　简易低水位报警器

电源电路由变压器 T、整流二极管 $VD_1 \sim VD_4$ 和滤波电容 C_3 组成。水位监测电路由伸入水箱中的两根金属棒 A、B 和电容 C_2 组成。金属棒的最下端的位置为水箱的低水位极限位置，用来检测水位是否在金属棒以下。

报警电路由晶体管 V、电感 L、电容 C_1、正反馈电阻 R 以及蜂鸣器 HA 组成，V、L、C_1、R 构成一个振荡器电路。

220V 交流电经 T 降压后，再经 $VD_1 \sim VD_4$ 组成的桥式整流电路整流，由 C_3 滤波后，得到直流工作电压供电路使用。

接通电源后，电源电压经电感 L 的抽头分成两路。一路向上经 L 的上半部分通过 R 加到 V 基极，向 V 提供基极电流。另一路向下经 L 的下半部分，加到 V 集电极，向 V 提供集电极反偏电压，V 进入到放大状态。

这一电路存在两个反馈电路：一个是正反馈电路，由 L 的上半部分和 R 构成；一个是负反馈电路，由 C_2 和两根金属棒之间的水体电阻构成。

电路电容 C_1 与电感 L 组成并联谐振电路，谐振频率为报警器的发声频率。

当水箱内的水位较高时，金属棒浸入水中、相当于在金属棒 A、B 之间接入一个电阻。这个电阻阻值较小，与 C_2 串联后接入电路，成为 V 集电极与基极间的 RC 负反馈电路，形成强烈的负反馈，抵消了振荡器的正反馈，迫使振荡器处于停振状态，HA 无声。

当水位下降到金属棒以下时，金属棒 A、B 之间的水体不再存在，金属棒 A、B 间的电阻也不存在，这样就断开了原有的 RC 负反馈电路。振荡器经由 L 的上半部分和 R 构成的正反馈电路，振荡器起振，HA 发出报警声，提示水箱内水位已经下降，需要进行补充。

出于 C_2 的隔直作用，所以没有直流电流流过金属棒，金属棒不会发生电镀现象，所以金属棒的使用寿命较长。

13.2.3　温度上下限报警电路

温度上下限报警电路如图 13-4 所示。此电路中采用集成运算放大器 a 与 b 间的电位差，来检测温度上下限，晶体管 V_1 和 V_2 根据运算放大器输出状态导通或截止。如果 $U_a > U_b$，则 V_1 导通，VL_1 发光显示告警；$U_a < U_b$ 时，V_2 导通，VL_2 发光告警；$U_a = U_b$ 时，V_1 和 V_2 都截止，VL_1 和 VL_2 都不发光。

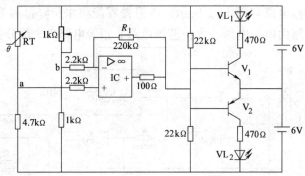

图 13-4　温度上下限报警电路

13.2.4　停电和来电报警电路

停电和来电报警电路如图 13-5 所示。K_{1-1} 为继电器 K_1 的一组常开触头，K_{1-2} 为一组常闭触头。S 是停电和来电报警的功能开关。变压器 T 与整流二极管 VD、滤波电容 C_1、限流电阻 R_1 和继电器 K_1 组成停电、来电检测电路。集成电路 IC 便是 555 集成定时器，它与外

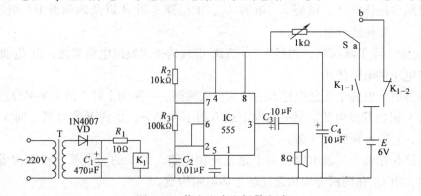

图 13-5　停电和来电报警电路

围元件组成振荡器电路。

当来电时，220V 交流电经变压器 T 降压后，由 VD 整流，再由 C_1 滤波后，得到直流电压，经 R_1 使 K_1 得电吸合。停电时继电器 K_1 失去工作电压而释放。

IC 组成多谐振荡器电路。振荡器的振荡频率由 R_2、R_3、C_2 确定。当电路得到工作电压时，电路起振，发出报警声。

当开关 S 置于"a"的位置时，报警器处于来电报警状态。此时继电器 K_1 的触头 K_{1-1} 断开，振荡器电路无工作电压，电路不工作振荡器停振。来电时继电器 K_1 得电吸合，触头 K_{1-1} 接通，电池 E 上的电压经 K_{1-1} 和 S 加到振荡器电路，振荡器起振，扬声器发出报警声，提醒工作人员注意。

当 S 置于"b"的位置时，报警器处于停电报警状态。此时，由于有电存在，继电器 K_1 吸合，触头 K_{1-2} 为断开状态，切断了振荡器的工作电压，振荡器停振。当停电时，K_1 失电而释放。K_{1-2} 恢复成接通状态，接通了振荡器的电源，电池 E 的电压经 K_{1-2} 和 S 接到振荡器电路，振荡器起振，扬声器发出报警声，提醒工作人员注意。

13.3　光控照明电路

光控照明电路如图 13-6 所示，当光敏二极管 2CU2B 受到光照时，其内阻变小，555 定时器的引脚 2 和引脚 6 电压高于 $2U_{CC}/3$，引脚 3 输出低电平，继电器处于断开状态，灯不亮。当晚上光敏二极管 2CU2B 得不到光照或光照微弱时，其内阻变大，555 定时器的引脚 2 和引脚 6 电压低于 $U_{CC}/3$，引脚 3 输出高电平，继电器获电吸合，灯点亮。为了防止继电器断开时产生较高的电动势而损坏 555 定时器，增加 VD_5、VD_6 对电路加以保护。

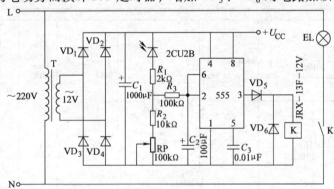

图 13-6　光控照明电路

13.4　低失真 10W 音频功率放大器

采用运放与多个晶体管构成的 10W 功率放大器如图 13-7 所示。图中虽采用元器件较多，但输出失真度非常低。电路中运放 A 用于电压放大，晶体管 $V_2 \sim V_7$ 用于电流放大，V_1 用于调整晶体管 $V_2 \sim V_7$ 的偏置。$V_2 \sim V_7$ 的电流放大级为推挽工作状态，接成达林顿结构的射极跟随器，晶体管 V_4 和 V_6，V_5 和 V_7 并联连接。

功率放大器的元件选择如下：根据输出功率 P_o 和负载阻抗 Z_L 求出电源电压。对于图

13-7 所示电路，$P_o = 10\text{W}$，$Z_L = 8\Omega$，若输出电压的有效值为 U_o，则

$$P_o = \frac{U_o^2}{Z_L}, \quad U_o = \sqrt{P_o Z_L} = \sqrt{10 \times 8}\text{V} = 8.94\text{V}$$

输出电压的峰—峰值电压 $U = 2\sqrt{2} \times 8.94\text{V} = 25.3\text{V}$。

采用双电源供电时，考虑 4V 的电压裕量，选用 17V 的电源电压。根据输出 $P_o = 10\text{W}$ 的功率，可求出晶体管电流为

$$I_o = \sqrt{\frac{P_o}{Z_L}} = 1.12\text{A}$$

最大电流为

$$I_{omax} = \sqrt{2} \times 1.12\text{A} = 1.58\text{A}$$

末级采用两个晶体管并联，每个晶体管的电流约为 800mA。若晶体管 $V_4 \sim V_7$ 的电流放大系数为 60，当集电极电流为 800mA 时，基极电流为 13mA，V_2 和 V_3 的发射极总电流为 26mA。若 V_2 和 V_3 的电流放大系数为 100，需要 260μA 基极电流。V_1 的集电极电流作为 V_2 和 V_3 的基极电流，应为 260μA 的 10 倍左右，即 2mA。V_1 的基极电流为集电极电流的 1/10 就能稳定工作，此处为 180μA。因为末级为互补达林顿连接，偏置电压必为 $4U_{BE}$，即 2.4V。

运放 IC 用于电压放大，加有负反馈，放大倍数为可由 R_1 和 R_2 设定。输入电容 C_1 用于防止自激振荡。考虑到电路散热。无信号时，用电位器 RP$_1$ 调整 $V_4 \sim V_7$ 的静态电流使其各为 10mA。$R_8 \sim R_{11}$ 是两个晶体管并联连接时的均流电阻，基极各自接入 47Ω 电阻，发射极各自接入 0.22Ω 电阻。

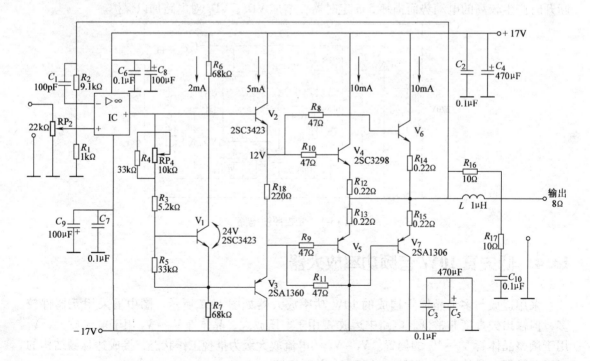

图 13-7　低失真 10W 音频功率放大器电路

13.5 家电密码开关电路

该密码开关共设 10 个输入按键，其中 4 个为有效按键，6 个键为伪码按键，电路如图 13-8 所示。由密码输入按键，密码控制电路和执行电路组成。

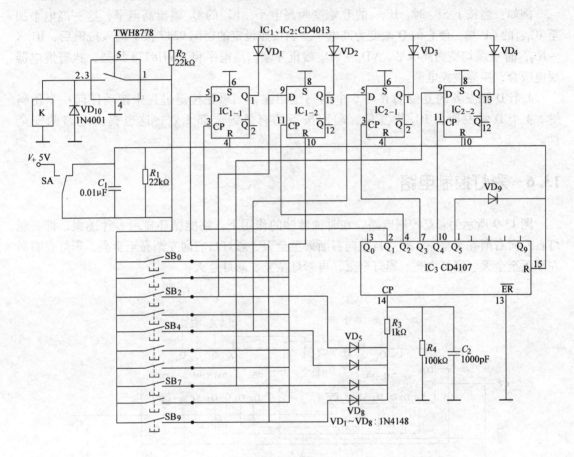

图 13-8 家电密码电路

密码输入按键。由 10 个按键组成，其中 SB_9、SB_2、SB_7、SB_4 为有效按键，即预置密码为 9274，其余 6 个键为伪码按键。

由十进制计数器 CD4017 和双 D 触发器 CD4013 以及 $VD_1 \sim VD_4$ 组成的控制门组成密码控制电路。密码按键 SB_9、SB_2、SB_7、SB_4 与 $VD_5 \sim VD_8$、R_3、C_2 组成密码按键的脉冲输入电路。当按照密码顺序 9274 按动按键时，计数器 IC_3 的计数脉冲输入端输入计数脉冲，它的输出端按 Q_1-Q_2-Q_3-Q_4 的顺序依次输出高电平。图中 $VD_5 \sim VD_8$ 为隔离二极管，R_4 为 C_2 的放电回路，当按下按键时，电源经按键 $VD_5 \sim VD_8$，通过 R_3 向 C_2 充电并向计数器输入计数脉冲，当松开按键后，C_2 通过 R_4 放电，为下次的按键输入作准备。

由 4 个 D 触发器 $IC_{1-1} \sim IC_{2-2}$ 和二极管 $VD_1 \sim VD_4$ 组成的与门电路是功率开关电路 TWH8778 的控制电路，当 4 个 D 触发器的 Q 端均为高电平时，与门电路输出高电平将功率开关 TWH8778 接通。4 个 D 触发器的 D 端受 4 个密码键的控制，当按下 4 个密码键时，4 个 D 端被置为高电平。4 个 D 触发器的 CP 端受计数器 IC3 的输出 $Q_1 \sim Q_3$ 的控制，当按下某一密码键时，一方面使它对应的 D 触发器的 D 端变为高电平，另一方面使计数器的对应的 Q 端输出高电平，这一高电平加至 D 触发器的 CP 端，从而使它的 Q 端输出高电平。

例如：当按下 SB_9 时，IC_{1-1} 的 D 端变为高电平，IC_3 的 Q_1 输出高电平，这一高电平加至 IC_{1-1} 的 CP 端，使它的 Q 端变为高电平。当按照设定的密码 9247 按下输入按键后，$IC_{1-1} \sim IC_{2-2}$ 的 Q 端均变为高电平，$VD_1 \sim VD_4$ 截止并输出高电平将 TWH8778 接通，执行继电器通电吸合，接通被控电源。

4 个 D 触发器的复位端 R 与 6 个伪码键相连，如果在按键过程中按动任何一个伪码键，4 个 D 触发器与 IC_3 均复位，前面按下的有效键全部无效，这也提高电路的安全性。

13.6　彩灯控制电路

图 13-9 所示为彩灯控制电路。在时钟脉冲的作用下，它能循环显示 8 种图案，即：彩灯自左向右渐亮至全亮、彩灯自左向右渐灭至全灭、彩灯自右向左渐亮至全亮、彩灯自右向左渐灭至全灭、彩灯全亮、彩灯全灭、再彩灯全亮、彩灯全灭。

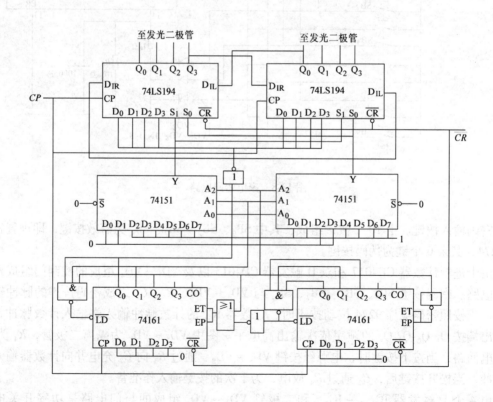

图 13-9　彩灯控制电路

　　由图 13-9 可见，电路主要由双向移位寄存器 74LS194、十六进制计数器 74161 以及八选一数据选择器 74151 组成。两片 74LS194 用于实现彩灯图案，两片 74161，一片用来记录移位次数，另一片是用来控制数据选择器地址输入端，并由其输出 Q_0 的状态提供左、右移位时的串入数码和并行置数时的并灯数码；而两片 74151 则是用来产生左移、右移和并行置数控制信号的。因为彩灯图案有 8 种，故而与之对应的寄存器工作方式亦应有 8 种，第 1、第 2 种图案由寄存器右移 1 和 0 完成；第 3、第 4 种图案由寄存器左移 1 和 0 完成；第 5 到第 8 种图案由寄存器并入相应数据完成。

13.7　数字钟

　　数字钟的组成如图 13-10 所示，由石英晶体振荡器、分频器、计数器、译码器、显示器和校时电路组成，石英晶体振荡器产生的信号经过分频器作为秒脉冲，秒脉冲送入计数器计数，计数结果通过"时"、"分"、"秒"译码器显示时间。

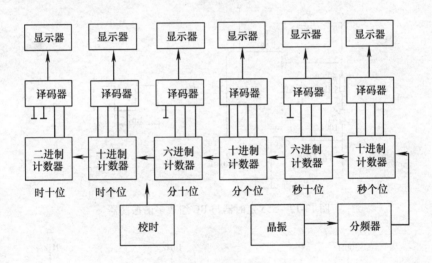

图 13-10　原理框图

1. 振荡器

　　数字钟应具有标准的时间源，用它产生频率稳定的 1Hz 脉冲信号，称为秒脉冲，因此振荡器是计时器的核心，振荡器的稳定度和频率的精准度决定了计时器的准确度，所以通常选用石英晶体来构成振荡器电路。电路如图 13-11 所示，把石英晶体串接于由非门 1、2 组成的振荡电路里，非门 3 是振荡器整形缓冲级，该电路输出频率为 100kHz。

　　一般来说，振荡器的频率越高，计时的精度就越高，但耗电量将增大。如果精度要求不高，采用集成电路 555 定时器与 RC 组成多谐振荡器，如图 13-12 所示，设振荡频率 $f = 1000Hz$，R_3 为可调电位器，微调 R_3，输出频率为 1000Hz。

2. 分频器

　　由于石英晶体振荡器产生的频率很高，要得到秒脉冲，需要用分频电路，如果振荡器输出频率为 100000Hz 要得到秒脉冲，需要对此信号进行 10^5 分频，选用 5 个十进制计数器通过级联来实现。如果振荡器输出频率为 1000Hz，需要对此信号进行 10^3 分频。十进制计数器的集成电路很多，用 74LS90 实现的电路如图 13-13 所示。74LS90 的功能可查看相关的文献。

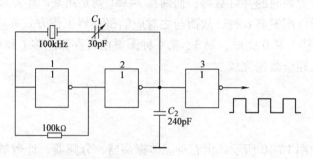

图 13-11　石英晶体振荡电路

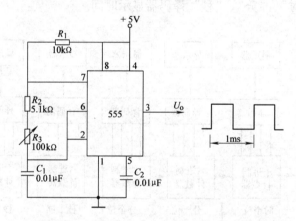

图 13-12　555 定时器与 RC 组成多谐振荡器

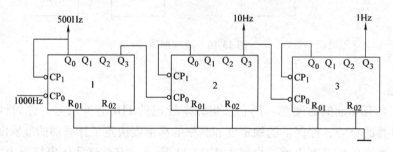

图 13-13　用 74LS90 实现的分频电路

3. 计数器

由原理图可看出，显示'时'、'分'、'秒'，需要 6 片中规模计数器。分、秒位时，各为六十进制计数器，时位为二十四进制计数器，六十进制计数器和二十四进制计数器都选用 74LS90 集成电路来实现。实现的方法采用反馈归零法六十进制和二十四进制计数器如图 13-14 和图 13-15 所示。

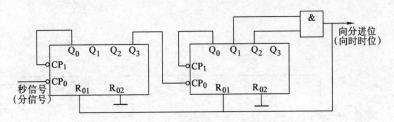

图 13-14　用 74LS90 六十进制计数器

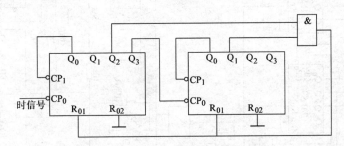

图 13-15　用 74LS90 二十四进制计数器

4. 译码和显示电路

译码和显示电路是将"秒"、"分"、"时"计数器中每块集成电路的输出状态（8421 代码）翻译成七段数码管能显示十进制数所要求的电信号，然后经数码管，把相应的数字显示出来。译码器可采取 74LS48（可驱动共阴极数码管）或 74LS247（可驱动共阳极数码管），74LS48 的输入端和计数器对应的输出端相连，74LS48 的输出端和七段显示器的对应段相连。

5. 校正电路

当刚接通电源或计时出现误差时，都需要对时间进行校正。校正电路如图 13-16 所示。其中，S_1、S_2 分别是时校正、分校正开关。不校正时，S_1、S_2 开关是闭合的。当校正时位时，需把 S_1 开关打开，然后用手拨动 S_3 开关，来回拨动一次，就能使时位增加 1，根据需要去拨动开关的次数，校正完毕后把 S_1 开关合上。校分位和校时位方法一样，故不再叙述。

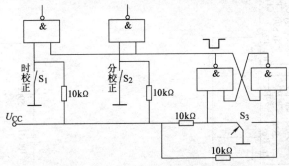

图 13-16　校正电路

6. 原理总图

原理总图如图 13-17 所示。

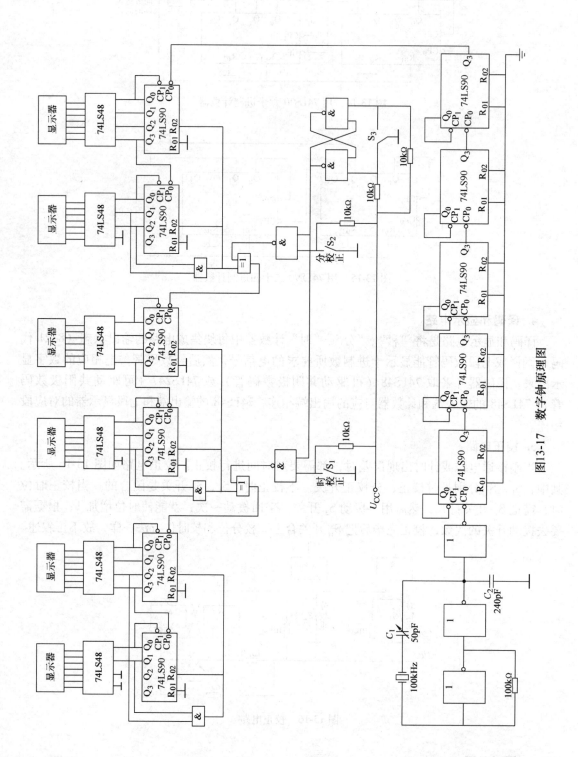

图13-17　数字钟原理图

13.8 简易镍镉电池充电器

简易镍镉电池充电器电路如图 13-18 所示。该充电器的电源电路由降压变压器 T、整流二极管 $VD_1 \sim VD_4$、滤波电容 C_3 和稳压集成电路 A 组成。

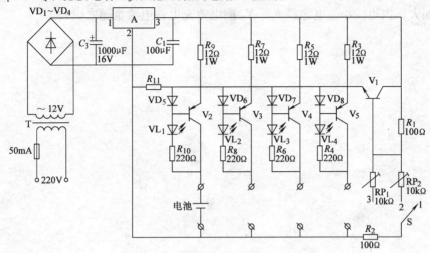

图 13-18 简易镍镉电池充电器电路

220V 交流电经变压器 T 降压后,得到 12V 的低压交流电压,经由 $VD_1 \sim VD_4$ 整流电路整流后,再由 C_3 滤波,在 C_3 的两端得到电源电压经三端集成电路 A 稳压后,输出稳定的电源电压供电路使用。

电路中的 V_1、R_1、R_{11}、RP_1、RP_2 和开关 S 组成控制和充电电流调节电路。R_1 与 RP_1 或 RP_2 构成 V_1 的偏置电路,向 V_1 提供偏置电流。其中 R_1 为上偏置电阻,如果 RP_1 或 RP_2 接入电路时,RP_1 或 RP_2 则为 V_1 的下偏置电阻。R_{11} 为 V_1 的发射极电阻。充电部分的电路分由晶体管 $V_2 \sim V_5$、二极管 $VD_5 \sim VD_8$、发光管 $VL_1 \sim VL_4$ 以及电阻 $R_3 \sim R_{10}$ 组成。充电电路分为 4 路,均为相同的电路,可单独工作也可同时工作。

下面对其中一路来说明其工作原理,其余各路以此类推。

当电池未接入电路时,从 A 输出的电源电压加到 V_1 集电极,同时经 R_1 加到 V_1 的基极,由发射极输出,加到 R_{11} 到地构成回路,形成 V_1 的基极电流,V_1 导通,其发射极电流在 R_{11} 上形成电压降,此电压降加到 VD_5 的正极,经 VD_5 加到 V_2 基极。

电源电压经 R_9 加到 V_2 发射极,不能构成 V_2 基极电流回路,不能形成 V_2 基极电流,V_2 截止。此时 V_2 基极电压比 R_{11} 上的电压略高,VD_5 处于反偏状态而截止。

当将需要充电的电池接入时,由于电池电压很低,R_{10} 的下端由原来的悬浮状态,转变为接通状态,并且为低电压。由于 V_2 的基极电压比电池电压高,VL_1 得到正向偏置处于导通状态。内于二极管两端导通压降不变,负极电压下降时,正极电压也下降,所以 V_2 的基极电压也随之降低。V_2 的基极电压下降后,电源电压经 R_9、V_2 发射极、V_2 基极、VL_1 正极、VL_1 负极 R_{10} 到电池构成回路,形成 V_2 基极电流,V_2 导通,电源经 R_9 与导通后的 V_2 向电池充电。由于 V_2 基极电压因电池电压的原因下降时,VD_5 负极电压低于 R_{11} 上的电压降，也就是 V_1 有发射极电压时，VD_5 导通，电流流过发光管 VL_1，VL_1 导通发光，指示此时为充电状态。

当开关 S 处于 2、3 位置时，R_1 与 RP_1 或 RP_2 构成分压电路，使 V_1 基极电压下降，基极电流减小，V_1 内阻增大，但仍处于线性放大状态，R_{11} 上的压降也随之减小，通过 VD_5 的钳位作用（此时 VD_5 仍处于线性导通状态），使 V_2 基极电压下降，V_2 基极电流增大，V_2 的导通能力加大，内阻减小，电源经 R_9、V_2 向电池充电，电流也随之增大。

第 14 章　可编程逻辑器件与编程技术

可编程逻辑器件（Programmable Logic Device，PLD）是20世纪70年代发展起来的一种新型逻辑器件，是允许用户编程（配置）实现所需逻辑功能的电路，它与分立元件相比，具有速度快、容量大、功耗小和可靠性高等优点。由于集成度高，设计方法先进现场可编程，可以设计各种数字电路，因此，在通信、数据处理、网络、仪器、工业控制、军事和航空航天等众多领域内得到了广泛应用。

利用 PLD 器件设计数字系统具有以下优点：

（1）减少系统的硬件规模　单片 PLD 器件所能实现的逻辑功能大约是 SSI/MSI 逻辑器件的4~20倍，因此使用 PLD 器件能大大节省空间，减小系统的规模，降低功耗，提高系统可靠性。

（2）增强逻辑设计的灵活性　使用 PLD 器件可不受标准系列器件在逻辑功能上的限制，修改逻辑可在系统设计和使用过程的任一阶段中进行，并且只需通过对所用的某些 PLD 器件进行重新编程即可完成，给系统设计者提供了很大的灵活性。

（3）缩短系统设计周期　由于 PLD 用户的可编程特性和灵活性，用它来设计一个系统所需时间比传统方法大大缩短。同时，在样机设计过程中，对其逻辑功能修改也十分简便迅速，无需重新布线和生产印制板。

（4）简化系统设计，提高系统速度　使用 PLD 的与或结构来实现任何功能，比用 SSI/MSI 器件所需逻辑级数少，简化了系统设计，提高系统速度。

（5）降低成本　使用 PLD 设计系统，由于所用器件少，器件的测试及装配工作量大大减少，可靠性得到提高，加上避免修改逻辑带来的重新设计和生产等一系列问题，有效地降低了系统的成本。

14.1　PLD 电路的表示方法

14.1.1　基本的 PLD 结构

如图 14-1 所示，它是一个基本的 PLD 结构框图，其主体是由与门阵列和或门阵列所组成。为了适应各种输入关系，与门阵列的输入端都设置有输入缓冲电路，从而使输入信号有足够的驱动能力，并产生互补的原变量和反变量，PLD 可以由或门阵列直接输出，也可以通过寄存器等输出电路输出。不同类型的 PLD 结构差异较大，但它们的共同之处是都有一个与门阵列和或门阵列。PLD 结构复杂，由于逻辑电路的一般表示法很难描述可编程逻辑器件的内部电路，为了清晰地表示 PLD，人们约定了一些

图 14-1　PLD 的结构框图

图形和符号，主要有以下几种。

1. 导线交叉点上的连接方式

导线交叉点上的连接方式共有 3 种情况，如图 14-2 所示。其中"．"表示固定连接，已由生产厂家连接好，不可以编程改变。"×"表示可编程连接，它依靠用户编程来实现接通或断开连接，如果用户需要将其断开，可擦除"×"点，如果用户需要保持接通，则仍用"×"表示，交叉点上既无"×"，也无"．"是处于断开状态。

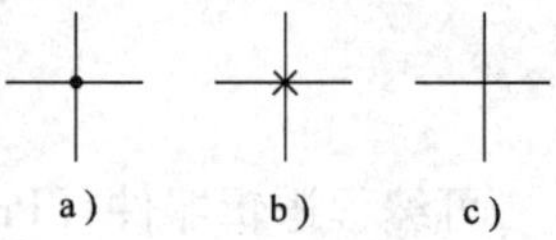

图 14-2　阵列交叉
点上的连接方式
a）固定连接　b）可编程连接
c）无任何连接

2. PLD 缓冲器的表示方法

PLD 电路采用如图 14-3 所示的带互补输出结构的输入缓冲器，它有两个输出端，分别是输入的原码 A 和反码 $\overline{A}$。

PLD 的三态输出缓冲器如图 14-4 所示，当三态控制信号（$EN/\overline{EN}$）为 0/1 时，缓冲器处于禁止状态，输出与输入无关，呈现高阻态；当三态控制信号（$EN/\overline{EN}$）为 1/0 时，缓冲器处于正常工作状态，输出 B 是输入 A 的反码，即 $B=\overline{A}$。三态输出缓冲器常被用作 PLD 的输出缓冲电路。

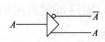

图 14-3　PLD 的输入缓冲器

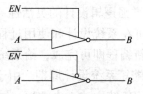

图 14-4　PLD 的三态输出缓冲器

3. PLD 中的逻辑门的表示方法

（1）PLD 的与门表示法　一个 4 输入端与门的 PLD 表示法如图 14-5a 所示。A、B、C、D 称为输入项，图中与门输出表达式 $L_1=ABCD$。

一个 3 输入端与门如图 14-5b 所示。

如图 14-6 所示，与门 G_1 对应的所有输入项均被编程接通，输出项恒等于 0，这种状态为与门编程的默认状态，如图 14-6a 所示。可以在与门 G_1 中划一个"×"取代各输入项对应的"×"，其图形符号如图 14-6b 所示。

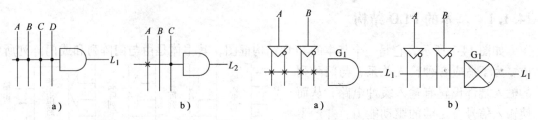

图 14-5　PLD 的与门表示法
a）$L_1=ABCD$　b）$L_2=AC$

图 14-6　门输出项恒等于 0 的简化画法
a）与门输出项等于 0　b）简化画法

（2）PLD 的或门表示法　一个 4 输入端或门如图 14-7a 所示，一个 3 输入端或门如图 14-7b 所示。

例14-1 电路如图14-8所示，试写出 Y、Z 的表达式。

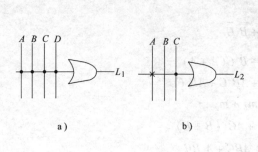

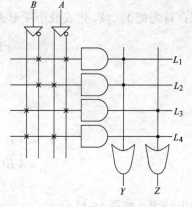

图14-7 PLD 的或门表示法
a) $L_1 = A + B + C + D$ b) $L_2 = A + C$

图14-8 例14-1的电路

解：4个与门的输出分别为

$$L_1 = \bar{A}\,\bar{B} \quad L_2 = A\,\bar{B} \quad L_3 = \bar{A} B \quad L_4 = AB$$

两个或门的输出分别为

$$Y = L_1 + L_2 = \bar{A}\,\bar{B} + A\,\bar{B}$$

$$Z = L_3 + L_4 = \bar{A} B + AB$$

PLD 电路由与门门阵列和或门阵列两种基本的门阵列组成。其最终逻辑功能由用户编程决定，PLD 依据可编程部位的不同可分为 PROM、PLA、PAL、GAL 等多种结构，下面介绍一下这些结构。

14.1.2 可编程只读存储器

可编程只读存储器（PROM）是20世纪70年代初最先问世的 PLD 器件，PROM 的基本结构是由固定的与门阵列和可编程的或门阵列组成的，如图14-9所示。当输入有 n 个变量时，与门阵列就会有 2^n 个输出，每个与门的输出分别代表函数的一个最小项。或门阵列是可编程的，若 PROM 有 M 个输出，则或门阵列包含有 M 个可编程的或门，每个或门有 2^n 个输入与项可供选择，由用户编程来选定。所以，在 PROM 的输出端，输出表达式是最小项之和的与或标准式。此种结构的与门阵列利用率低，易造成硬件的浪费。如图14-10所示电路，分析可得

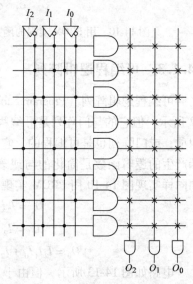

$$O_2 = \bar{I_2} I_1 I_0 + I_2 \bar{I_1}\,\bar{I_0} + I_2 I_1 I_0$$

$$O_1 = \bar{I_2}\,\bar{I_1} I_0 + I_2 \bar{I_1}\,\bar{I_0} + I_2 I_1 I_0$$

$$O_0 = \bar{I_2} I_1 \bar{I_0} + \bar{I_2} I_1 I_0 + I_2 I_1 \bar{I_0} + I_2 I_1 \bar{I_0}$$

例14-2 用 PROM 实现一组逻辑函数

$$Y_1 = \bar{A} B C + B\,\bar{C}$$

图14-9 PROM 的基本结构

$$Y_2 = \overline{A}\,\overline{B} + AC$$

解： 首先把 Y_1、Y_2 化成最小项形式

$$Y_1 = \overline{A}BC + B\,\overline{C}$$
$$= \overline{A}BC + B\,\overline{C}(A + \overline{A})$$
$$= \overline{A}BC + AB\,\overline{C} + \overline{A}B\,\overline{C}$$
$$= m_3 + m_6 + m_2$$
$$Y_2 = \overline{A}\,\overline{B}\ (C + \overline{C})\ + AC\ (B + \overline{B})\cdot$$
$$= \overline{A}\,\overline{B}C + \overline{A}\,\overline{B}\,\overline{C} + ABC + A\,\overline{B}C$$
$$= m_1 + m_0 + m_7 + m_5$$

画电路图，如图 14-11 所示。

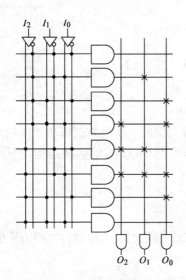

图 14-10　用 PROM 实现的函数

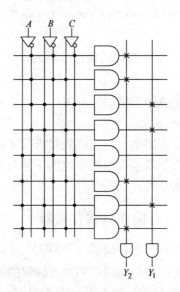

图 14-11　用 PROM 实现一组逻辑函数

14.1.3　可编程逻辑阵列

可编程逻辑阵列（Programmable Logic Array，PLA）的基本结构类似于 PROM，如图 14-12 所示，但它的与门阵列是可编程的，与阵列不是全译码方式，它只产生函数所需要的乘积项；或门阵列也是可编程的，它选择所需要的乘积项来实现"或"功能，在 PLA 的输出端产生的逻辑函数是简化的与或表达式。因而阵列的规模比输入数相同的 PROM 小得多，如同样实现图 14-10 用 PROM 实现的函数，如用 PLA 实现，以上函数可简化为

$$O_2 = \overline{I_2}I_1I_0 + I_2\overline{I_1}\,\overline{I_0} + I_2\overline{I_1}I_0 = I_2\overline{I_1} + \overline{I_2}I_1I_0$$
$$O_1 = \overline{I_2}\,\overline{I_1}I_0 + I_2\overline{I_1}\,\overline{I_0} + I_2\overline{I_1}I_0 = I_2\overline{I_1} + \overline{I_1}I_0$$
$$O_0 = \overline{I_2}I_1\overline{I_0} + \overline{I_2}I_1I_0 + I_2\overline{I_1}I_0 + I_2I_1\overline{I_0} = I_2\overline{I_1}I_0 + \overline{I_2}I_1 + I_1\overline{I_0}$$

电路如图 14-13 所示，但由于 PLA 编程缺少高质量的支撑软件和编程工具，所以应用不广泛。

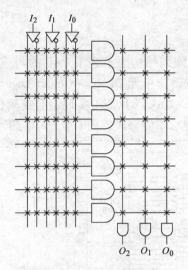

图 14-12　PLA 的阵列结构

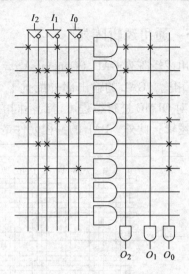

图 14-13　用 PLA 实现的函数

14.1.4　可编程阵列逻辑器件

可编程阵列逻辑器件（PAL）是 20 世纪 70 年代后期推出的 PLD 器件。它采用可编程与门阵列和固定连接或门阵列的基本结构形式，一般采用熔丝编程技术实现与门阵列的编程。如图 14-14 所示。这种结构比 PROM 灵活，便于完成多种逻辑功能，同时又比 PLA 工艺简单，易于编程和实现。但由于 PAL 的结构（包括输入、输出、乘积项数目以及输出结构）已由制造厂固定，不同型号的 PAL 器件具有不同的结构，要实现不同的逻辑电路就要选择不同型号的 PAL 器件，这给设计带来了不便。

如要实现下列函数

$$O_2 = \overline{I_2}I_1 + I_2\overline{I_1} \qquad O_1 = \overline{I_1}\ \overline{I_0}$$

编程后的逻辑图如图 14-15 所示。

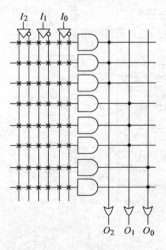

图 14-14　PAL 的阵列结构

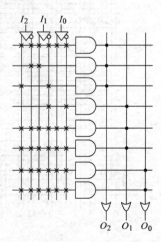

图 14-15　PAL 实现函数

14.1.5　通用逻辑阵列

通用逻辑阵列 GAL（General Array Logic）在基本阵列结构上沿袭了 PAL 的与或结构，与 PAL 相比，GAL 的输出部分配置了可组态的输出逻辑宏单元 OLMC（Output Logic Macro Cell），对 OLMC 进行编程可得到不同的输出结构，同一 GAL 芯片即可实现组合逻辑也可实现时序逻辑；此外，PAL 的编程元件是熔丝，一旦编程后不能修改，而 GAL 采用了 E^2CMOS

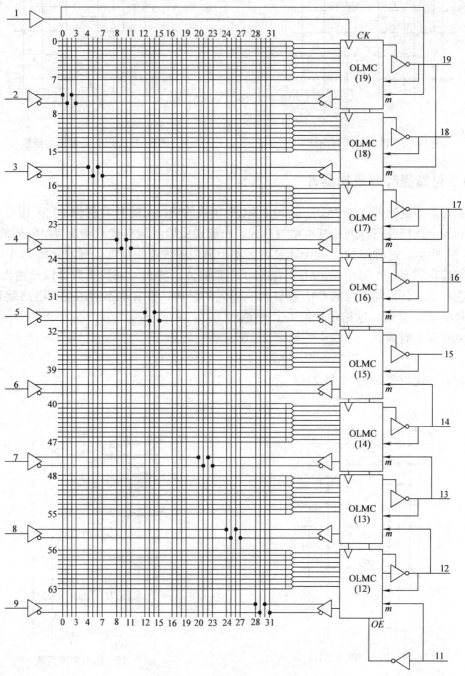

图 14-16　GAL16V8 的逻辑结构图

工艺，可多次编程。GAL 比 PAL 更灵活，功能更强，应用更方便，几乎能替代所有的 PAL 器件。下面以 GAL16V8 为例，说明 GAL 的电路结构。

GAL16V8 是 20 脚器件，器件型号中的 16 表示最多有 16 个引脚作为输入端，器件型号中的 8 表示器件内含有 8 个 OLMC，最多可有 8 个引脚作为输出端。图 14-16 为 GAL16V8 的逻辑结构图，由 5 部分组成：

1）8 个输入缓冲器（引脚 2 ~ 9 作固定输入）。

2）8 个输出缓冲器（引脚 12 ~ 19 作为输出缓冲器的输出），从 8 个三态非门输出。

3）8 个输出逻辑宏单元（OLMC12 ~ 19，或门阵列包含在其中）；其工作模式由用户编程选择。

4）可编程与门阵列（由 8×8 个与门构成，形成 64 个乘积项，每个与门有 32 个输入端）。

5）8 个输出反馈/输入缓冲器（即中间一列 8 个缓冲器）。

6）以上 5 个组成部分外，该器件还有一个系统时钟 CK 的输入端（引脚 1），一个输出三态控制端 OE（引脚 11）一个电源 U_{CC} 端和一个接地端（引脚 20 和引脚 10，图中未画出。通常 $U_{CC} = 5V$）。

14.1.6 现场可编程门阵列

现场可编程门阵列（FPGA）是 20 世纪 80 年代出现的一种新型可编程逻辑器件。具有保密性好、体积小、重量轻、可靠性高的特点，FPGA 属高密度的 PLD，其集成度非常高，多用于大规模逻辑电路的设计。

FPGA 由若干独立的可编程逻辑模块组成，用户可以通过编程将这些模块连接成所需要的数字系统。因为这些模块的排列形式和门阵列中单元的排列形式相似，所以沿用了门阵列的名称。

目前，虽然生产现场可编程门阵列器件的厂家较多，且产品种类也很多，但是它们的基本组成大致相似，这里以 Xilinx 公司的 XC4000E 系列为例，介绍 FPGA 的内部结构及各模块的功能。

FPGA 的结构示意图如图 14-17 所示。它主要由可编程逻辑模块（Configurable Logic Blicks，CLB）、输入/输出模块（IOB，Input/Output Blocks）、可编程连线资源 3 个部分组成。

可编程逻辑模块（CLB）是 FPGA 的重要组成部分，CLB 是实现各种逻辑功能的基本单元，其中包括组合逻辑、时序逻辑、RAM 及各种运算功能。CLB 以 $n \times n$ 阵列形式分布在 FPGA 中，同一系列中不同型号的 FPGA，其阵列规模不同，可编程的输入/输出模块（IOB）是芯片外部引脚数据与内部数据进行交换的接口电路，通过编程可将 I/

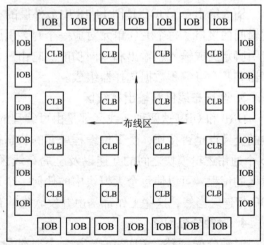

图 14-17 FPGA 的结构示意图

O 引脚设置成输入、输出和双向等不同功能。IOB 分布在芯片的四周；CLB 之间的空隙部分是布线区、分布着可编程连线资源，这些资源包括金属导线、可编程开关点和可编程开关矩阵。金属导线以纵横交错的栅格状结构分布在两个层面（一层为横向线段，一层为纵向线段），有关的交叉点上连接着可编程开关或可编程开关矩阵，通过对可编程开关和可编程开关矩阵的编程实现 CLB 与 CLB 之间、CLB 与 IOB 之间、以及全局信号与 CLB 和 IOB 之间的连接。

14.1.7　在系统可编程逻辑器件

在系统可编程逻辑器件（ispPLD）是 20 世纪 90 年代初推出的一种新型可编程逻辑器件，这种器件的最大特点是编程时不需要专门的编程器，也不需要将它从所在的电路板上取下，而是在系统板上进行编程。前面所介绍的各种器件编程时，都必须将器件插到编程器上，由编程器产生高压脉冲完成编程工作。

ispPLD 有低密度和高密度两种类型，高密度比低密度复杂得多，功能也更强，也称为复杂可编程逻辑器件（CPLD），ispLSI1016 为高密度在系统可编程逻辑器件，下面以 ispLSI1016 为例简单介绍 CPLD 的电路结构和工作原理。

图 14-18a 所示为 ispLSI1016 电路结构框图，它由全局布线区（Global Routing Pool，GRP），输出布线区（Output Routing Pool，ORP）、16 个通用逻辑模块（Generic Logic Block，GLB）、32 个输入输出单元（Input Output Cell，IOC）、输入总线（Input Bus）、时钟分配单元和在系统编程控制电路（图中未画出）几部分组成。整个结构以全局布线区为中心，在其左右两侧形成两个对称的、结构完全相同的大模块。图 14-18b 所示为 ispLSI1016 的引脚图，共有 44 个引脚，其中 32 个为 I/O 引脚，4 个专用引脚，集成密度为 2000 等效门。

1. 通用逻辑模块

GLB 位于 GRP 的两边，每边 8 块，共 16 块，通用逻辑模块由与阵列、乘积项共享的或逻辑阵列、输出逻辑宏单元和功能控制 4 部分组成，这种结构形式与 GAL 类似，但又在 GAL 的基础上作了若干改进，使得组态时具有更大的灵活性。

2. 输入输出单元

输入输出单元 IOC 是图 14-18 中最外层的小方块，它是 ispLSI1016 外部封装引脚和内部逻辑间的接口。每个 I/O 单元对应一个封装引脚，通过对 I/O 单元中可编程单元的编程，可将引脚定义成输入、输出和双向功能。它由三态输出缓冲器、输入缓冲器、输入寄存器/锁存器和几个可编程数据选择器组成。

3. 全局布线区和输出布线区

GRP 和 ORP 这两种布线区都是由可编程的矩阵网络组成的。它们的每条纵线和每条横线的交叉点是否接通，受 1 位编程单元的状态控制。通过对全局布线区的编程，可以实现对 16 个通用逻辑模块之间的互连以及全局布线区与输入输出单元之间的连接。通过对输出布线区的编程，可以使每个大模块中的任何一个通用逻辑模块 GLB 与任何一个输入/输出单元 IOC 相连。当然，这些工作都是由开发软件的布线程序自动完成。

4. 时钟分配网络

时钟分配网络（CDN）产生 5 个时钟脉冲：CLK_0、CLK_1、CLK_2、$IOCLK_0$、$IOCLK_1$、CLK_0、CLK_1、CLK_2 作为 GLB 的时钟信号，$IOCLK_0$、$IOCLK_1$ 提供给 IOC，CDN 的输入信号

由 3 个专用输入端 Y_0、Y_1、Y_2 提供，其中兼有时钟和复位功能。

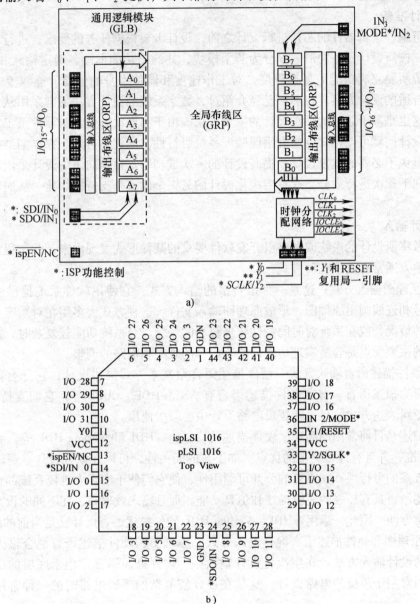

图 14-18 ispLSI1016 芯片的电路结构和引脚

a) ispLSI1016 的电路结构 b) ispLSI1016 芯片的引脚

14.2 可编程逻辑器件的设计

14.2.1 可编程逻辑器件的设计流程

可编程逻辑器件的设计是指利用开发软件和编程工具对器件进行开发的过程。它包括设计准备、设计输入、设计处理和器件编程 4 个步骤以及相应的功能仿真、时序仿真和器件测试 3 个设计验证过程。

1. 设计准备

在对可编程逻辑器件的芯片进行设计之前，设计者要根据任务的要求，进行功能描述及逻辑划分，按所设计任务的形式划分为若干模块，并画出功能框图，确定输入和输出管脚。再根据系统所要完成功能的复杂程度，对工作速度和器件本身的资源、连线等方面进行权衡，选择合适的设计方案。在前面已经介绍过，数字系统的设计方法通常采用从顶向下的设计方法，这也是基于芯片的系统设计的主要方法。由于高层次的设计与器件及工艺无关，而且在芯片设计前就可以用软件仿真手段验证系统可行性，因此它有利于在早期结构设计中发现错误，避免不必要的重复设计，提高设计的一次成功率。自顶向下的设计采用功能分割的方法从顶向下逐次进行划分，这种层次化设计的另一个优点是支持模块化，从而可以提高设计效率。

2. 设计输入

设计者将所设计的系统或电路以开发软件要求的某种形式表现出来，此过程称为设计输入。设计输入通常有以下几种方式：

（1）原理图输入方式　这是一种最直接的输入方式，它使用软件系统提供的元器件库及各种符号和连线画出原理图，形成原理图输入文件。这种方式大多用在对系统及各部分电路很熟悉的情况，或在系统对时间特性要求较高的场合。当系统功能较复杂时，输入方式效率低，它的主要优点是容易实现仿真，便于信号的观察和电路的调整。

（2）硬件描述语言输入方式　硬件描述语言用文本方式描述设计，它分为普通硬件描述语言和行为描述语言。普通硬件描述语言有 ABEL-HDL、CUPL 等，它们支持逻辑方程、真值表等逻辑表达方式，目前在逻辑电路设计中已较少使用。

行为描述是目前常用的高层次硬件描述语言，有 VHDL 和 Verilog HDL 等，它们都已成为 IEEE 标准，并且有许多突出的优点：如工艺的无关性，可以在系统设计、逻辑验证阶段便可确立方案的可行性；如语言的公开可利用性，使它们便于实现大规模系统的设计等；同时硬件描述语言具有较强的逻辑描述和仿真功能，而且输入效率高，在不同的设计输入库之间转换非常方便。因此，运用 VHDL、Verilog HDL 硬件描述语言设计已是当前的趋势。

（3）原理图和硬件描述语言混合输入方式　原理图和硬件描述语言混合输入方式是一种层次化的设计输入方法。在层次化设计输入中，硬件描述语言常用于底层的逻辑电路设计，原理图常用于顶层的电路设计。这是在设计较复杂的逻辑电路时的一种常用的描述方式。

（4）波形输入方式　波形输入主要用于建立和编程波形设计文件及输入仿真向量和功能测试向量。波形设计输入适合于时序逻辑和有重复性的逻辑函数。系统软件可以根据用户的输入输出波形自动生成逻辑关系。

3. 设计处理

这是器件设计中的核心环节。通过设计、编译软件将对设计输入文件进行逻辑化简、综合和优化，并适当地用一片或多片器件自动进行适配，最后产生编程用的编程文件。

（1）语法检查和设计规则检查　设计输入完成之后，在编译过程首先进行语法检验，如检查原理图有无漏连信号线、信号有无双重来源、文本输入文件中的关键字有无输错等各种语法错误，并及时列出错误信息报告供设计者修改；然后进行设计规则检验，检查总的设计有无超出器件资源或规定的限制并将编译报告列出，指明违反规则情况供设计者纠正。

（2）逻辑优化和综合　化简所有的逻辑方程和用户自建的宏，使设计所占用的资源最少。综合的目的是将多个模块设计文件合并为一个网表文件，并使层次化设计平面化（即展平）。

（3）适配和分割　确定优化以后的逻辑能否与器件中的宏单元和 I/O 单元适配，然后将设计分割为多个适配的逻辑小块形式映射到器件相应的宏单元中。如果不能装入一片器件时，可以将整个设计自动分割成多块并装入同一系列的多片器件中去。

（4）布局和布线　布局和布线工作是在设计检验通过以后由软件自动完成的，它能以最优的方式对逻辑元件布局，并准确地实现元件间的互连。布线以后软件会自动生成布线报告，提供有关设计中各部分资源的使用情况等信息。

（5）生成编程数据文件　设计处理的最后一步是产生可供器件编程使用的数据文件。对 CPLD 来说，是产生熔丝图文件，即 JEDEC 文件（电子器件工程联合制定的标准格式，简称 JED 文件）；对于 FPGA 来说，是生成位数据文件（Bitstream Generation）。

4. 设计校验

设计校验过程包括功能仿真和时序仿真，这两项工作是在设计处理过程中间同时进行的。功能仿真又称为前仿真，此时的仿真没有延时信息，对于初步的功能检测非常方便。仿真前，要先利用波形编辑器或硬件描述语言等建立波形文件或测试向量（即将所关心的输入信号组合成序列），仿真结果将会生成报告文件和输出信号波形，从中便可以观察到各个节点的信号变化。若发现错误，则返回设计输入中修改逻辑设计。时序仿真又称后仿真或延时仿真。由于不同器件的内部延时不一样，不同的布局、布线方案也给延时造成不同的影响，设计后，对系统和各模块，分析其时序关系，估计设计的性能以及消除竞争冒险是必要的。这是和器件实际工作情况基本相同的仿真。

5. 器件编程

器件编程是指将编程数据下载到可编程逻辑器件中去。对 CPLD 器件来说是将 JED 文件"下载（Down Load）"到 CPLD 器件中去，对 FPGA 来说是将位流数据 BG 文件"配置"到 FPGA 中去。

器件编程需要满足一定的条件，如编程电压、编程时序和编程算法等。较早的 CPLD 器件和一次性编程的 FPGA 需要专用的编程器完成器件的编程工作。采用在系统可编程技术的器件）则不需要专用的编程器，只要一根下载编程电缆就可以了。基于 SRAM 的 FPGA 还要由 EPROM、Flash Memory 或其他专配置芯片进行配置。

数字系统设计分为硬件设计和软件设计，但是随着计算机技术、超大规模集成电路的发展和硬件描述语言（Hardware Description Language，HDL）的出现，软、硬件设计之间的界限被打破，数字系统的硬件设计可以完全用软件来实现，只要掌握了 HDL 就可以设计出各种各样的数字逻辑电路。

所谓硬件描述语言，就是利用人和计算机都能识别的一种语言来描述硬件电路的功能、信号连接关系及定时关系，它可以比电原理图更能表示硬件电路的特性。

ABEL-HDL 是一种早期的硬件描述语言。在可编程逻辑器件的设计中，可方便准确地描述所设计的电路逻辑功能。它支持逻辑电路的多种表达形式，其中包括逻辑方程、真值表和状态图。ABEL 语言和 Verilog 语言同属一种描述级别，但 ABEL 语言的特性受支持的程度远远不如 Verilog。Verilog 是从集成电路设计中发展而来，语言较为成熟，支持的 EDA 工具很多。而 ABEL 语言从早期可编程逻辑器件（PLD）的设计中发展而来。ABEL-HDL 被广泛用于各种可编程逻辑器件的逻辑功能设计，由于其语言描述的独立性，因而适用于各种不同规模的可编程器的设计。ABEL-HDL 可用于较大规模的 FPGA/CPLD 器件功能设计。ABEL-HDL 还能对所设计的逻辑系统进行功能仿真，ABEL-HDL 的设计也能通过标准格式设计转换文件转换成其他设计环境，如 VHDL、Verilog-HDL 等。

本书采用当前较流行的开发软件 isp Synario，选用 Lattice 公司生产的 ispLSI1016 芯片为例来说明 PLD 器件的设计过程。

14.2.2　PLD 器件的设计过程

1. 选择器件

根据所设计的电路的输入、输出端数、寄存器和门电路数进行统计，并对电路的速度、功耗和接口要求选择器件，如选择 ispLSI1016 芯片，此芯片前面已介绍过。

2. ABEL-HDL

ABEL 软件与其他计算机语言一样，有一些关键字及一些规定。

基本的运算表示：表 14-1 所示列出了 ABEL-HDL 常用的逻辑运算符号，常用关键字功能表如表 14-2 所示。

表 14-1　ABEL-HDL 常用的逻辑运算符

运　算　符	功　　能	示　　例	说　　明
!	取反	$!A$	$\overline{A}$
#	或运算	$A\#B$	$A+B$
&	与运算	$A\&B$	AB
\$	异或运算	$A\ \$\ B$	$A\oplus B$
=	赋值	$A=B$	将 B 赋给 A
= =	数值相等	$A==1$	判断数字相等
! =	数值不等	$A!=1$	判断数字不等

表 14-2　ABEL-HDL 关键词功能表

关键词	作　　用
Module	说明模块开始，与 END 相对应
End	说明模块结束
Title	说明模块的名称（可以省略）
Equations	表明与器件相关的方程式的开始
Pin	说明器件的输入输出引脚
Test _ vectors	用于仿真器件的内部模型，并进行编程器件的功能测试
Truth _ table	表示器件逻辑器件功能表的开始

下面通过一个例子说明 ABEL 语言的使用。

例如，用 PLD 实现一组函数 $P=AB$；$Q=A+B$；$R=\overline{AB}$；$S=A\ \overline{B}+\overline{A}B$

以下是 ABEL 语言源文件：

MODULE GATS　　　　　　　"模块定义,是 ABEL 语言不可缺少的内容,GATS 为模块名

A,B PIN 4,5;　　　　　　　"定义输入引脚,PIN 是关键字,把 A、B 定义 4、5 脚

P,Q PIN 6,7;　　　　　　　"定义 6、7 引脚为输出引脚

R,S PIN 8,9；

EQUATIONS	"关键字,表示下面一段为逻辑描述段
P = A&B	"实现 P = AB,"&"表示逻辑与
Q = A#B	"实现 Q = A + B,"#"表示逻辑或
R = !（A&B）；	"实现 R = $\overline{AB}$,"!"表示逻辑非
S = A&! B#! A&B；	"实现 S = A $\overline{B}$ + $\overline{A}$B
TEST _ VECTORS（[A,B] – >[P,Q,R,S]）	"测试向量,用于模拟逻辑功能和检查
[0,0] –>[. X. ,.X. ,.X. ,. X.]；	". X. 为任意项
[0,1] –>[. X. ,.X. ,.X. ,.X.]；	
[1,0] –>[. X. ,.X. ,.X. ,. X.]；	
[1,1] –>[. X. ,.X. ,.X. ,. X.]；	
END GATS	"关键字，表示 MODULE GATS 结束

仿真波形如图 14-19 所示。

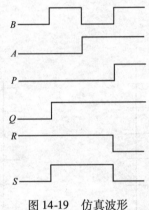

图 14-19　仿真波形

习　题

14-1　试写出如图 14-20 所示 PLD 电路输出端 Y、Z 的表达式。

14-2　用可编程只读存储器 PROM 实现下列函数，PROM 如图 14-21 所示。

$$O_2 = \overline{I_2}I_1I_0 + I_2\overline{I_1}\ \overline{I_0} + I_2\overline{I_1}I_0 + I_2I_1\ \overline{I_0}$$

$$O_1 = \overline{I_2}\ \overline{I_1}I_0 + \overline{I_2}I_1I_0 + I_2\overline{I_1}I_0$$

$$O_0 = \overline{I_2}I_1\overline{I_0} + \overline{I_2}I_1I_0 + I_2\ \overline{I_1}I_0 + I_2I_1\overline{I_0}$$

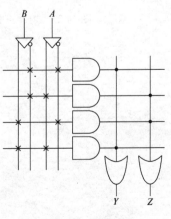

图 14-20　习题 1 图

14-3　如图 14-22 所示电路为已编程好的 PLA 阵列图，试写出所实现的逻辑函数。

14-4　如图 14-23 所示电路为已编程好的 PAL 阵列图，试写出所实现的逻辑函数。

14-5　用 PAL 的阵列结构实现下列函数，PAL 的阵列结构如图 14-24 所示。

$$O_2 = I_1I_0 + \overline{I_1}\ \overline{I_0}$$

$$O_1 = \overline{I_2}I_0 + \overline{I_1}I_1$$

$$O_0 = \overline{I_2}I_1\overline{I_0}$$

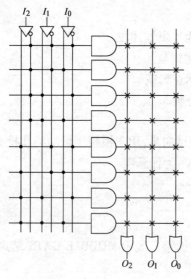

图 14-21　习题 2 图

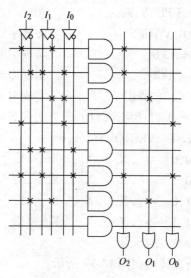

图 14-22　习题 3 图

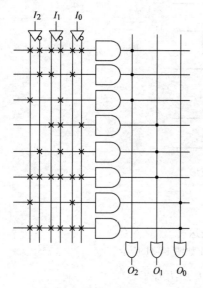

图 14-23　习题 4 图

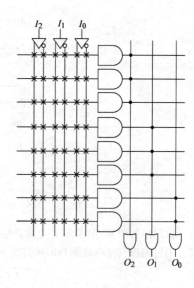

图 14-24　习题 5 图

第15章 Multisim 9 的初步应用

Multisim 9 是美国国家仪器有限公司（NI）推出的以虚拟仪器为基础的仿真工具，适用于模拟和数字电路板的设计工作。它包含了电路原理图的图形输入、电路硬件描述语言输入方式，并且具有丰富的仿真分析能力。由于 Multisim 9 具有仿真功能强大、元器件参数没有个体差异、元器件库门类型号齐全、元器件取用数量无限制的优点，并且避免了因操作不当导致实验设备和元器件的损坏，理想化了实验过程，结果准确、直观、易保存，因此它堪称是最理想的虚拟实验室，目前已被许多高校引入辅助教学和实践。

15.1 Multisim 9 的安装及界面简介

15.1.1 Multisim 9 的安装

Multisim 9 的安装过程简述如下：

1）安装该程序需要大约 300MB 的硬盘空间，在安装前请退出其它正在运行的应用程序。

2）双击安装程序"setup. exe"，出现欢迎界面后，单击"Next"继续安装。

3）阅读授权协议，单击"Yes"同意该协议以继续安装，单击"No"则将会退出安装程序。

4）输入姓名、公司、序列号（注：需要向 NI 公司购买），单击"Next"继续安装。

5）选择程序更新方式（默认显示所有更新消息），单击"Next"继续安装。

6）隐私协议说明（默认匿名收集部分计算机信息，可不允许收集，点掉对勾即可），单击"Next"继续安装。

7）选择 Multisim 9 的安装位置（注：默认将会安装在操作系统所在的硬盘），单击"Next"开始安装程序。

8）等待主程序安装结束后，弹出共享组件安装程序（注：可选装）。

9）安装结束时程序会要求重启计算机（注：也可选则不重启）。

另外，安装结束后第一次启动程序时，会提示输入"Release Code"，此代码需要向 NI 公司购买。（注：不输入将有 5 天试用时间限制）

15.1.2 Multisim 9 的界面简介

从"开始菜单"中找到 Multisim9 的图标并启动。其软件主界面如图 15-1 所示，界面中各个部分的功能简介如下：

1）菜单栏：包括"File"（文件）、"Edit"（编辑）、"View"（查看）、"Place"（放置）、"Simulate"（仿真）、"Transfer"（传递）、"Tools"（工具）、"Reports"（报告）、"Options"（选项）、"Windows"（窗口）、"Help"（帮助）等菜单。

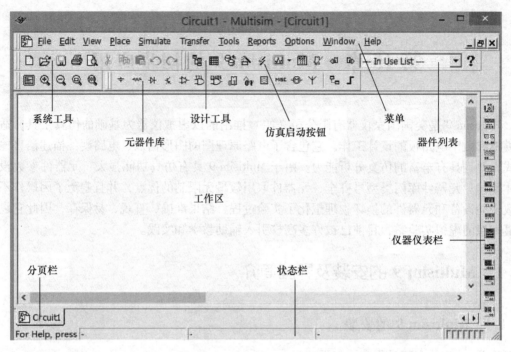

图 15-1　Multisim 9 软件界面

2）系统工具栏：包括"New"创建新文件、"Open"打开已保存文件、"Save"保存，"Print"打印以及"Zoom"放大缩小等常用 Windows 工具栏按钮。

3）设计工具栏：包括"Toggle Project Bar"（层次项目栏）、"Toggle Spreadsheet View"（层次电子数据表格）、"Database Management"（数据库管理）、"Create Component"（元器件编辑）、"Run/Stop Simulation"（运行/停止仿真）、"Show Grapher"（图形编辑）、"Analysis"（分析）、"Postprocessor"（后分析）等按钮。

4）电路器件列表给出了当前电路所使用的全部元器件，方便我们进行查看。

5）仿真启动按钮是"Run/Stop Simulation"（运行/停止仿真）菜单的快捷键。

6）元器件库是选取电路所需元器件的地方，包含"Source"电源、"Basic"基本元器件、"Diode"二极管、"Transistor"晶体管、"Analog"（模拟元件）、"TTL"TTL 集成器件，"CMOS"CMOS 集成器件、"Miscellaneous Digital"其他数字器件、"Mixed"数模混合器件、"Indicator"指示器、"RF"射频元器件、"Electromechanical"电机元器件、"Place Hierarchical Block"设置层次栏、"Place Bus"放置总线等按钮。

7）工作区是放置、连接元器件和仪器仪表，建立电路的地方。

8）仪器仪表栏是选取常用仪器仪表的地方，包含"Multimeter"万用表、"Function Generator"信号发生器、"Wattmeter"功率计、"Oscilloscope"两通道示波器、"Four Channel"四通道示波器、"Bode Plotter"波特图示仪、"Frequency Counter"频率计、"Word Generator"字发生器、"Logic Converter"逻辑转换仪、"Logic Analyzer"逻辑分析仪、"IV-Analyzer"IV 分析仪、"Distortion Analyzer"失真分析仪、"Spectrum Analyzer"频谱分析仪、"Network Analyzer"网络分析仪、"Agilent Function Generator"Agilent 信号发生器、"Agilent Multimeter"Agilent 万用表、"Agilent Oscilloscope"Agilent 示波器、"Dynamic Measurement

Probe"实时测量探针等仪器仪表。

9）分页栏可以帮助我们在当前多个被打开的电路之间进行切换。

10）状态栏可以显示有关当前操作或者鼠标所指条目的信息。

15.2　Multisim 9 的仿真步骤

本节将通过仿真比较常用的反相比例运算电路来说明使用 Multisim 9 进行仿真的步骤以及基本操作：

1）新建电路：单击设计工具栏中 □ 按钮或者选择菜单 File 中的 New 命令来完成。

2）放置元器件和仪器仪表：首先到左侧单击元器件库中 ⫶ 按钮，在弹出的窗口中选择 OPAMP_3T_VIRTUAL 然后单击 OK 回到工作区把集成运放放置到合适位置。然后按照上述方法再从基本元器件中依次取一个 $100k\Omega$ 电阻和两个 $10k\Omega$ 电阻以及一个 GROUND 放到合适位置。接着到右侧仪器仪表中单击 ▦ 按钮并把它放到工作区合适位置，这是一台信号发生器，我们把它当做信号源。最后到右侧仪器仪表中单击 ▦ 按钮并把它放到工作区合适位置，这是一台示波器，我们用它来观测输出波形。放置完成以后如图 15-2 所示。

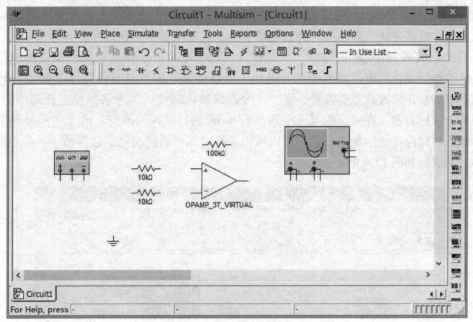

图 15-2　放置元器件和仪器仪表

3）调整元器件布局：为了使电路布线合理、整洁美观，工作区中的元器件布局是很重要的。图中集成运放 U1，电阻 R_3 和函数发生器 XFG1 均需要调整。单击 U1，在它上面单击鼠标右键，在弹出的菜单中选择 Flip Vertical 进行垂直翻转，使集成运放同相输入端在上，反相输入端在下。然后单击 R_3，在它上面点鼠标右键，在弹出的菜单中选择 90 Clockwise 进行顺时针 90° 翻转。最后单击 XFG1，在它上面单击鼠标右键，在弹出的菜单中选择 Flip Horizongtal 进行水平翻转，使其 + 输出端在左，－输入端在右。完成后如图 15-3 所示。

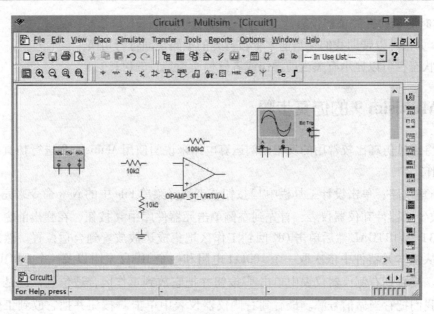

图 15-3　调整元器件布局

4）连接电路：Multisim 可以自动完成连线，也可以手工完成。大部分连线都可以用自动连线完成。自动连线只要单击选择的起始引脚，然后把鼠标移到目标引脚再次单击，Multisim 会自动生成两个引脚间的连线。生成连线后也可以单击选择其中某一段连线进行拖动调整连线的路径或者更改连线的颜色等操作。当需要额外的节点时，可以单击菜单 PLACE 中的 JUNCTION 并放置到需要位置。需要改变连线颜色时可以单击选择要进行改变的连线，在上面单击鼠标右键，在弹出的菜单中选择 COLOR 进行颜色的改变。由于在示波器上显示的波形颜色和对应连线的颜色一致，所以可以选择对比鲜明的颜色，这样易于区分不同节点的波形。完成后如图 15-4 所示。

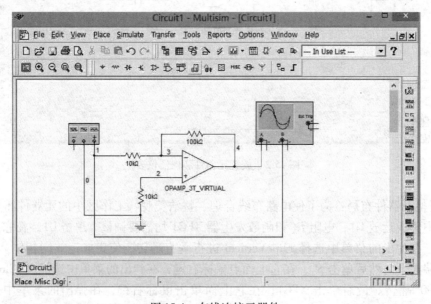

图 15-4　布线连接元器件

5）进行仿真：首先双击函数发生器 XFG1，将输出信号设为正弦波，频率 1kHz，波幅 1V。然后双击示波器 XSC1，为了很好的显示结果，将时间分辨率（Timebase 中的 Scale）调整为 1ms/Div，A 通道幅度设置为 5V/Div，B 通道幅度设置为 1V/Div。设置好后，单击仿真启动按钮开始仿真，双击示波器出现输入和输出信号波形。A 通道是输出波形，波幅 10V；B 通道是输入波形，波幅 1V。A 和 B 通道的波形频率相同形状相反，这和我们计算的该反相比例运算电路的电压放大倍数为 $A_u = -10$ 的结论一致。示波器 XSC1 波形如图 15-5 所示。

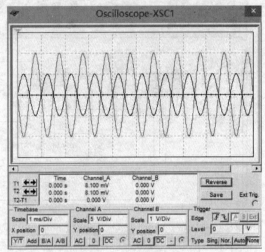

图 15-5　示波器显示波形

6）设置标题栏：单击菜单 PLACE 中的 Title Block，在弹出的对话框中选择 example1 并将它放置到工作区右下角的合适位置。然后在它上面双击鼠标左键，在弹出的菜单中修改相关信息，确认无误后单击 OK。完成后如图 15-6 所示。

Title: 反相比例运算电路			
Size: B	Document N: 0001		Revision: 1.0
Date:　2013−07−10		Sheet　1　of　1	

图 15-6　标题栏

7）保存电路：单击设计工具栏中 ▣ 按钮或者选择菜单 File 中的 Save 命令。在弹出的对话框中填写电路的文件名和保存路径后单击 OK 就可以了。

8）替换元件：打开我们之前保存的电路，在反馈电阻上面双击，然后单击弹出的窗口左下角的 REPLACE，选择一个 200kΩ 的电位器，单击 OK。调整替换元件的摆放布局及连线。结果如图 15-7 所示。单击仿真开启按钮再次开始仿真，在仿真过程中，每按键盘的 A 一次，电位器电阻增大 5%，同时观察示波器波形的变化。如果想减小电位器电阻，请先按下键盘的 Caps Lock 键，此时每按 A 键一次，电阻减少 5%。

9）产生报告：Multisim 可以自动生成当前电路的材料清单、元件细节报告、数据库列表。例如本电路中，我们可以单击菜单 Reports 中的 Bill Materials，来生成该电路的材料清单，如图 15-8 所示。

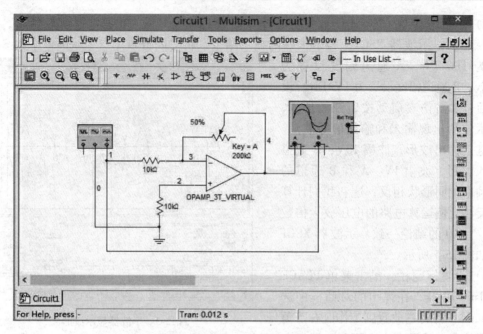

图 15-7　比例系数可调的反相比例运算电路

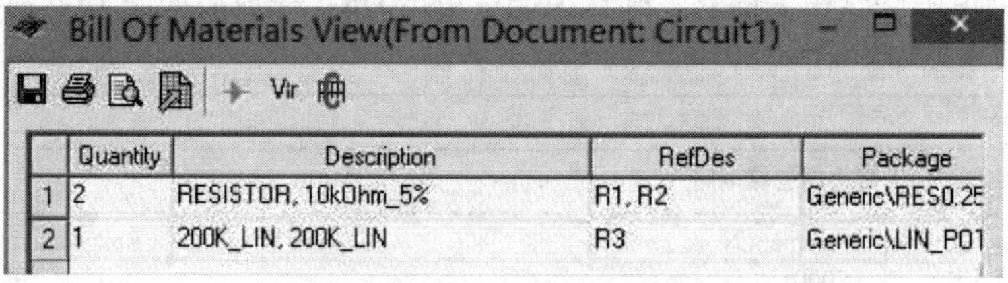

图 15-8　材料清单报表

15.3　Multisim 9 的仿真实例

　　本节列举了部分经典的、常用的电子电路的仿真实例，给出了仿真结果并进行简单的分析说明。特别说明，该仿真软件所用元器件符号标准为 "ANSI"（俗称美标），与我国国标 "GB" 并不一致，为保持仿真软件的 "原汁原味"，并未修改元器件符号。另外篇幅所限，不能呈现给读者更多仿真实例。读者可通过访问我们的教学网站获取更多教学资料。

　　1）二极管双向限幅电路如图 15-9 所示，结果如图 15-10 所示。结果显示，输出信号的大小被限制在 ±3.6V（直流电源 3V 加二极管导通电压 0.6V），超过此限制数值的信号都被削掉了。

　　2）二极管单向半波整流电路如图 15-11 所示，输出波形如图 15-12 所示。显然，利用二极管的单向导电性，将在正负半周双向脉动的交流输入信号整成只在正半周单向脉动的信号。

　　3）半波整流电容滤波电路如图 15-13 所示，输出波形如图 15-14 所示。与图 15-11 所示电路相比加了滤波电容，对比图 15-12 的结果可知，电容在输入信号达到波峰后开始取代它向负载电阻放电，放电时间取决于放电时间常数 $\tau = R1 \cdot C1$，这时平均输出电压明显增大了。

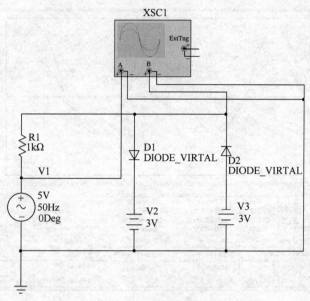

图 15-9　二极管双向限幅电路

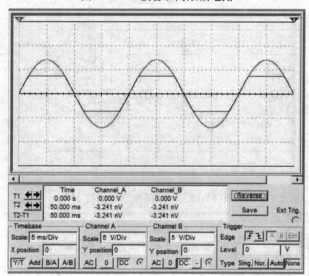

图 15-10　仿真结果

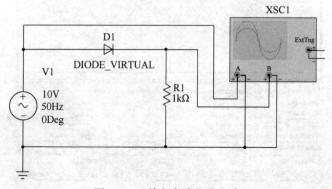

图 15-11　单向半波整流电路

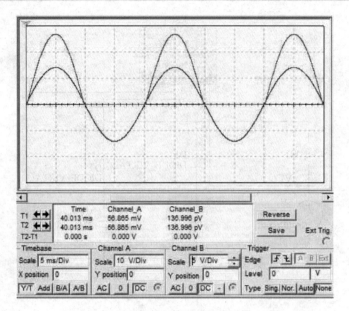

图 15-12　仿真结果

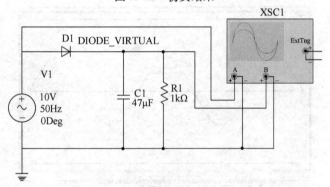

图 15-13　半波整流电容滤波

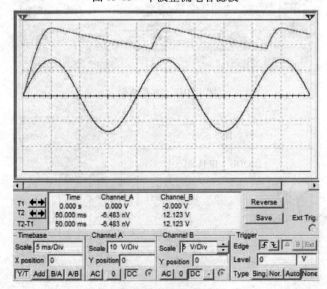

图 15-14　仿真结果

　　4）负反馈放大电路改善波形失真的实例如图 15-15 所示，开关打开无负反馈时仿真结果如图 15-16 所示；开关闭合有负反馈时仿真结果如图 15-17 所示。显然，开环时输出端电压达到集成运放的饱和值，输出波形失真严重；闭环时输出端波形明显改善不存在失真，但放大作用也随之下降了。

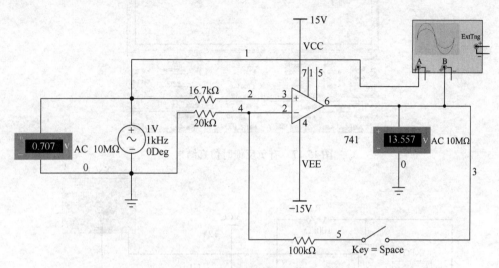

图 15-15　负反馈放大电路

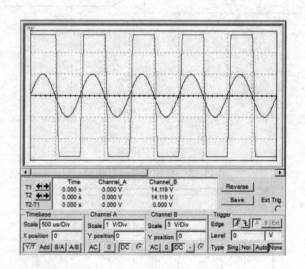

图 15-16　无负反馈时仿真结果

　　5）反相积分运算电路如图 15-18 所示，输入信号为矩形波时仿真结果如图 15-19 所示；输入信号为正弦波时仿真结果如图 15-20 所示。显然，输入信号为矩形波时，经过积分输出变为三角波；输入信号为正弦波时，经过积分输出变为余弦波。

　　6）由集成运放 741 组成的单限电压比较器如图 15-21 所示，输入信号为正弦波时仿真结果如图 15-22 所示。显然，输入信号为正弦波时，输入信号大于 2V 时引起输出波形跳变，经过电压比较器输出变为矩形波，矩形波幅度被稳压管限制在 ±3.55V。

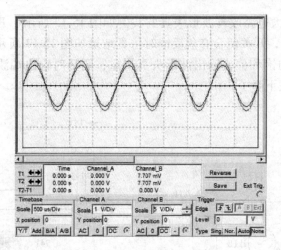

图 15-17   有负反馈时仿真结果

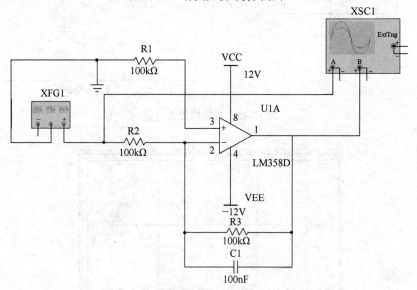

图 15-18   反相积分运算电路

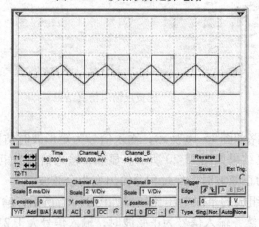

图 15-19   输入矩形波时仿真结果

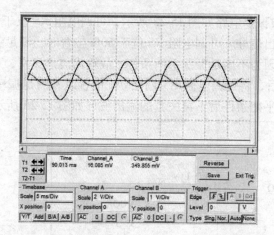

图 15-20　输入信号为正弦波时仿真结果

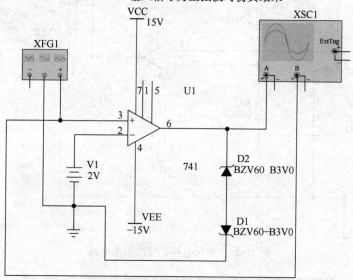

图 15-21　单限电压比较器

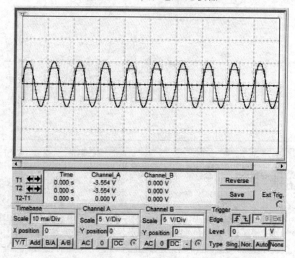

图 15-22　输入信号为正弦波时仿真结果

7）文氏电桥正弦波振荡电路如图 15-23 所示，可调电阻 R5 位于 0% 位置时，因为不满足起振条件，所以无输出信号。可调电阻 R5 位于 50% 位置时，满足了起振条件，所以输出逐渐产生正弦信号，但因为不满足振荡平衡条件，故输出波形失真，起振后失真的输出波形如图 15-24 所示。起振后，将可调电阻 R5 调回 0% 位置时，满足振荡平衡条件，输出正弦波光滑不再失真，满足平衡条件后不再失真的输出波形如图 15-25 所示。

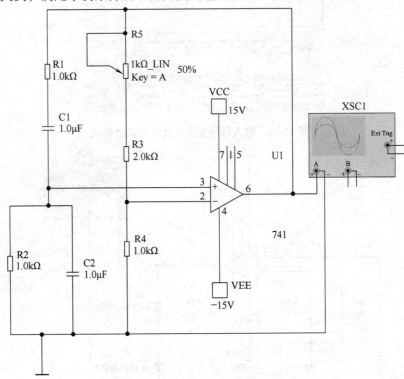

图 15-23　文氏电桥正弦波振荡电路

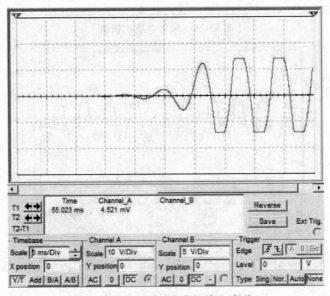

图 15-24　起振后失真的输出波形

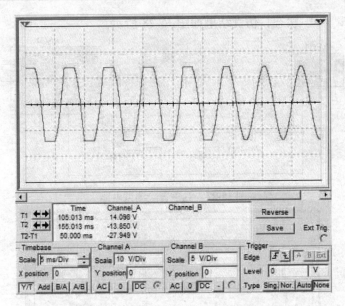

图 15-25　满足平衡条件后不再失真的输出波形

8）简单行驶安全警示电路如图 15-26 所示。变量 A 代表行驶状态，"1"为行驶、"0"为停止；变量 B 代表车门状态，"1"为关好车门、"0"为未关好车门；变量 C 代表安全带状态，"1"为系好安全带、"0"为未系好安全带；输出变量 Y 代表报警提示，"1"为报警、"0"为安全无报警提示。图示仿真结果对应着汽车行驶中未系好安全带，输出报警提示的情况。

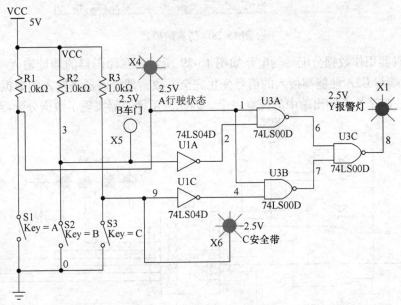

图 15-26　简单行驶安全警示电路

9）竞争冒险测试电路如图 15-27 所示。图示逻辑电路的输出理论上应该恒为逻辑"1"，但由于到达与非门的两路信号所经过的路径不同，两者之间产生时间延迟，最终输出端出现了不应该有的逻辑"0"状态，仿真结果如图 15-28 所示。

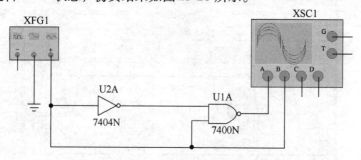

图 15-27　竞争冒险测试电路

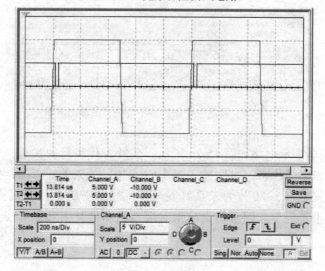

图 15-28　仿真结果

10）译码器用作数据分配器的电路如图 15-29 所示。在译码器的地址输入"101"组合时，Y5 输出端与 G2A 使能端接入的信号变化完全一致，即译码器将输入的数据在地址信号控制下，可分配至 8 个输出端中的任意一个。因此，用译码器实现了数据分配器的功能。

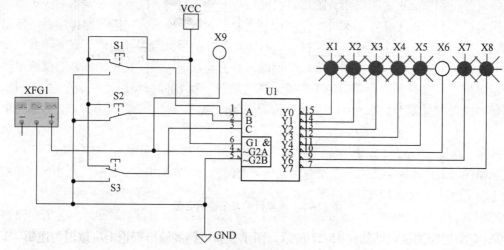

图 15-29　译码器用作数据分配器的电路

11）计数器直接清零的仿真电路如图 15-30 所示，计数器用 74LS160 或者 74LS161 皆可。直接清零的仿真结果如图 15-31 所示，计数器同步置零的仿真电路如图 15-32 所示。同步置零的仿真结果如图 15-33 所示。比较这两个结果，显然直接清零时 QB 的"1"一闪而过，时间极其短暂，体现出直接清零时与 CP 时脉无关的特点；而同步置零时，QB 的"1"停留一个完整 CP 时脉周期，体现出同步置零时与 CP 时脉有关的特点。

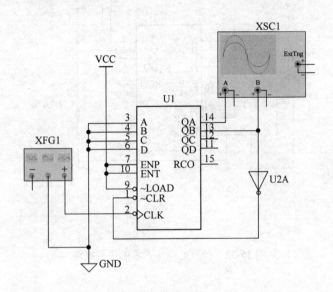

图 15-30　计数器直接清零的仿真电路

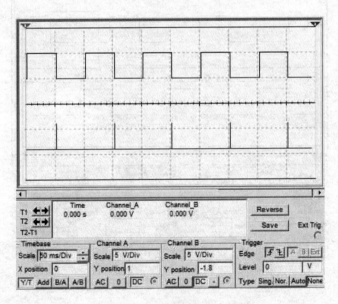

图 15-31　直接清零的仿真结果

12）集成 555 定时器构成的多谐振荡电路如图 15-34 所示，仿真结果如图 15-35 所示。显然输出高电平时，电容 C1 充电；显然输出低电平时，电容 C1 放电。

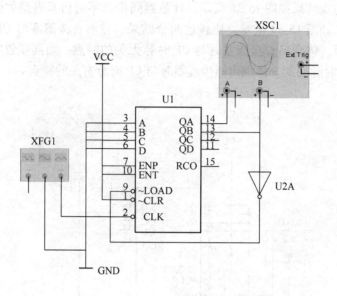

图 15-32 计数器同步置零的仿真电路

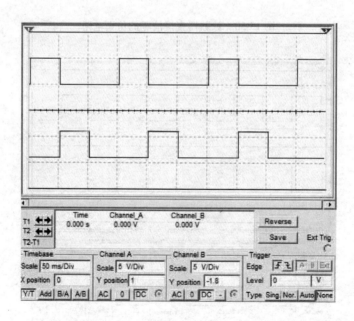

图 15-33 同步置零的仿真结果

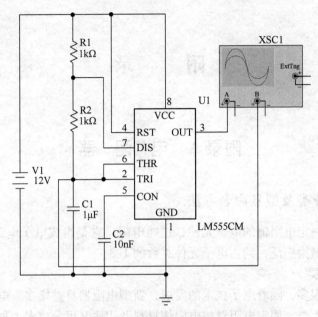

图 15-34　集成 555 定时器构成的多谐振荡电路

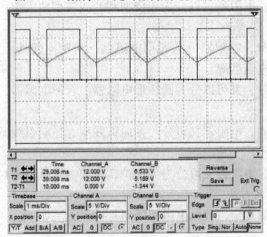

图 15-35　仿真结果

附　录

附录A　电　阻　器

A.1　电阻器的分类及型号命名方法

电阻器是具有一定电阻值的电子元件，也叫电阻。它是组成电子电路不可缺少的元件，在电子设备中应用最为广泛，约占电子元件总数的1/3。

1. 电阻器的分类

电阻器的种类很多，随着电子技术的发展，新型电阻器日益增多。电阻器分为固定电阻器和可变电阻器两大类。固定电阻器按电阻体材料及用途又可分成多个种类：

按电阻体材料来分，电阻器可以分为线绕型和非线绕型两大类。非线绕型的电阻又分为薄膜型和合成型两类。

按电阻器的用途来分，电阻器分为通用电阻器、精密电阻器、高阻电阻器、功率型电阻、高压电阻器和高频电阻器等。

按电阻器的结构来分，又可以分为圆柱形电阻器、管形电阻器、圆盘形电阻器以及平面形电阻器等。

按引出线形式的不同，电阻器又可分为轴向引线型、径向引线型、同向引线型及无引线型等。

按保护方式的不同，电阻器又可分为无保护、涂漆、塑压、密封和真空密封等类型。

2. 电阻器的型号命名方法

根据我国有关标准的规定，我国电阻器的型号命名方法如下：

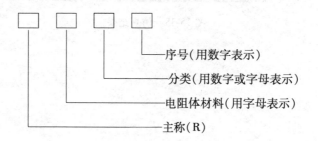

序号（用数字表示）

分类（用数字或字母表示）

电阻体材料（用字母表示）

主称（R）

第一部分为主称，用字母 R 表示。

第二部分为电阻体材料，用字母表示，如表 A-1 所示。

表 A-1　电阻器体材料部分的符号和意义

符号	H	I	J	N	G	S	T	X	Y	F
含义	合成碳膜	玻璃铀膜	金属膜	无机实心	沉积膜	有机实心	碳膜	线绕	氧化膜	复合膜

第三部分为分类特征，用数字或字母表示，如表 A-2 所示。

表 A-2　电阻器分类特征部分的符号和意义

符号	1	2	3	4	5	6	7	8	9	G	J	I	T	X
意义	普通	普通	超高频	高阻	高温	高湿	精密	高压	特殊	高功率	被漆	精密	可调	小型

第四部分为序号，用数字表示，以区别外形尺寸和性能参数。

电阻型号举例：RJ73 型精密金属膜电阻器

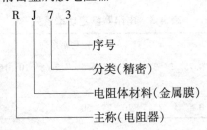

A.2　电阻器的单位及换算

$$1k\Omega = 1 \times 10^3 \Omega$$
$$1M\Omega = 1 \times 10^3 k\Omega$$
$$1G\Omega = 1 \times 10^3 M\Omega = 1 \times 10^6 k\Omega = 1 \times 10^9 \Omega$$
$$1T\Omega = 1 \times 10^3 G\Omega = 1 \times 10^9 k\Omega = 1 \times 10^{12} \Omega$$

A.3　电阻器的标称阻值

为了便于生产和使用，国家统一规定了一系列阻值作为电阻器（电位器）阻值的标准值，这一系列阻值叫做电阻的标称阻值，简称标称。电阻器的标称值为表 A-3 所列数字的 10^n 倍，其中，n 为正整数、负整数或 0。

表 A-3　电阻器（电位器）的标称阻值

系　列	精度等级	标　称　阻　值
E_{24}	I	1.0　1.1　1.2　1.3　1.5　1.6　1.8　2.0　2.2　2.4　2.7　3.0　3.3　3.6　3.9　4.3　4.7 5.1　5.6　6.2　6.8　7.5　8.2　9.1
E_{12}	II	1.0　1.2　1.5　1.8　2.2　2.7　3.3　3.9　4.7　5.6　6.8　8.2
E_6	III	1.0　1.5　2.2　3.3　4.7　6.8

市场上成品电阻器的精度大都为 I、II 级，III 级的很少采用。精密电阻器（电位器）的标称阻值为 E_{192}、E_{96}、E_{48} 系列，其精度等级分别为 005、01 或 00、02 或 0，仅供精密仪器或特殊电子设备使用。表 A-4 为电阻器（电位器）精度等级所对应的允许偏差，除表中规定外，精密电阻器的允许偏差可分为：±2%、±1%、±0.5%、±0.2%、±0.1%、±0.05%、0.02% 以及 ±0.01% 等。

表 A-4　电阻器（电位器）精度等级与允许偏差的关系

精度等级	005	01 或 00	02 或 0	I	II	III
允许偏差	±0.5%	±1%	±2%	±5%	±10%	±20%

A. 4　电阻器的额定功率

电阻器的额定功率通常是指在正常的（如温度、大气压等）气候条件下，电阻器长时间连续工作所允许消耗的最大功率。

电阻器的额定功率系列如表 A-5 所示。对于同一类电阻器，额定功率的大小决定它的几何尺寸，额定功率越大，其外形尺寸也就越大。

表 A-5　电阻器额定功率系列

类别	额定功率系列
线绕电阻器	0.05　0.125　0.25　0.75　2　3　4　5　6　6.5　7.5　8　10　16　25　40　50　75　100　150　250　500
非线绕电阻器	0.05　0.125　0.25　0.5　1　2　5　10　25　50　100

在电路图中表示电阻器的功率时，采用的符号如图 A-1 所示。

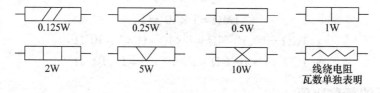

0.125W	0.25W	0.5W	1W
2W	5W	10W	线绕电阻瓦数单独表明

图 A-1　电阻器额定功率电路符号

A. 5　电阻器的规格标识方法

1. 直标法

直标法就是将电阻器的类别、标称阻值、允许偏差以及额定功率直接标注在电阻器的外表面上，如图 A-2 所示。

图 A-2a 表示标称值为 20kΩ、允许偏差为 ±0.1%、额定功率为 2W 的线绕电阻器；图 A-2b 则表示标称值为 1.2kΩ、允许偏差为 ±10%、额定功率为 0.5W 的碳膜电阻器。

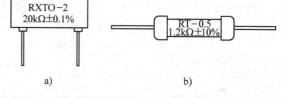

RXTO-2
20kΩ±0.1%

RT-0.5
1.2kΩ±10%

a)　　　　　　b)

图 A-2　电阻器规格直标法例子

2. 色标法

色标法指的是采用不同颜色的色带或色点，标志在电阻器的表面上，来表示电阻器的电阻值的大小以及允许偏差。小型化的电阻器都采用这种标注方法，各种颜色所对应的数值如表 A-6 所示。

表 A-6　电阻器色标法各种颜色所表示的意义

颜　色	有效数字	倍乘数 $n(10^n)$	允许偏差(%)
棕	1	1	±1
红	2	2	±2

（续）

颜　色	有效数字	倍乘数 $n(10^n)$	允许偏差(%)
橙	3	3	—
黄	4	4	—
绿	5	5	±0.5
蓝	6	6	±0.2
紫	7	7	±0.1
灰	8	8	—
白	9	9	—
黑	0	0	—
金	—	-1	±5
银	—	-2	±10
无	—	—	±20

注：$n = 0$，±1，±2，…

色标法又有两位有效数字（四环）和三位有效数字（五环）两种，其固定电阻器色环标志数值识别如图 A-3 所示。

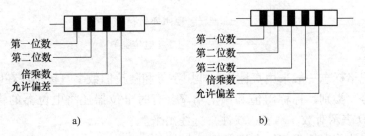

图 A-3　电阻器的色标法

a）一般电阻　b）精密电阻

例如，某电阻器四环颜色依次为红、红、黑、金，则它的电阻值为 $22 \times 10^0 \Omega = 22\Omega$，允许偏差为 ±5%。另一电阻器的五环颜色依次为棕、紫、红、金、棕，则它为精密电阻器，其阻值为 $172 \times 10^{-1}\Omega = 17.2\Omega$，允许偏差为 ±1%。

A.6　电位器

电位器是常用的可调电子元件，它是由可变电阻器发展而来的，在电子设备中应用得非常广泛。

电位器的类型很多，从形状上分有圆柱形、长方体形等多种形状；从材料上分有碳膜、合成膜、金属玻璃釉、有机导电体和合金电阻丝等多种电阻体材料；从结构上分有直滑式、旋转式、带紧缩装置式、带开关式、单联式、多联式、多圈式、微调式和无接触式等。电路中进行一般调节时，常采用价格低廉的碳膜电位器，而在精确调节时，宜采用多圈电位器或精密电位器，如图 A-4 所示为一些电位器的外形。

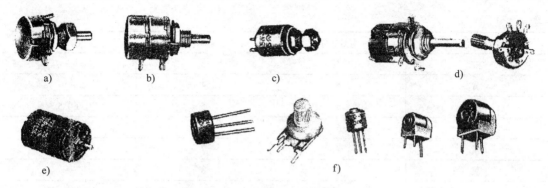

图 A-4　一些电位器的外形

a）单联电位器　b）双联电位器　c）锁紧式电位器　d）带开关的电位器

e）多圈电位器　f）预调电位器

电位器的型号命名方法与电阻器相同，主体符号为 W，如多圈电位器 WXD2 各部分意义为

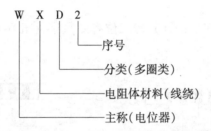

电位器的规格标志一般采用直标法，即用字母和阿拉伯数字直接标注在电位器上，内容有电位器的型号、类别、标称阻值和额定功率。有时电位器还将电位器的输出特性的代号（Z 表示指数、D 表示对数、X 表示线性）标注出来。

电位器的标称值和精度等级参见表 A-3 和表 A-4。

附录 B　电　容　器

B.1　电容器的分类及型号命名方法

电容器也是组成电子电路不可缺少的元件，在电子设备中应用十分广泛，电路中所占比例仅次于电阻器。首先介绍电容器的分类和型号命名方法。

1. 电容器的分类

电容器的种类很多，按照电容器绝缘介质材料的不同可分为气体介质电容器、无机固体介质电容器、有机固体介质电容器、复合介质电容器、液体介质电容器和电解介质电容器。每一种介质电容器又包括许多种类。

按调节性来分，电容器可以分为固定电容器、可变电容器和微调电容器 3 类，其中固定电容器使用最多。可变电容器常见的有空气介质电容器和塑料薄膜电容器；微调电容器也叫半可变电容器，一般使用的有空气介质、陶瓷介质和有机薄膜介质等微调电容器。

2. 电容器的型号命名方法

根据我国有关标准的规定，我国电容器的型号命名方法如下：

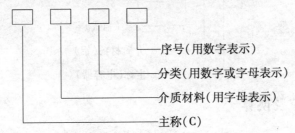

第一部分为主称，用字母 C 表示。

第二部分为介质材料，用字母表示，如表 B-1 所示。

表 B-1　电容器介质材料部分的符号和意义

介质材料符号	含　义	介质材料符号	含　义
A	钽电解	L	涤纶
B	聚苯乙烯	N	铌电解
C	高频陶瓷	O	玻璃膜
D	铝电解	Q	漆膜
E	其他材料电解	S，T	低频陶瓷
G	合金电解	V，X	云母纸
H	复合介质	Y	云母
I	玻璃釉	Z	纸介
J	金属化纸介		

第三部分为分类特征，用数字或字母表示，如表 B-2 所示。

表 B-2　电容器分类特征部分的符号和意义

符　号	各类电容器中的意义			
	瓷介电容器	云母电容器	有机薄膜电容器	电解电容器
1	圆片	非密封	非密封	箔式
2	管形	非密封	非密封	箔式
3	叠片	密封	密封	烧结粉、液体
4	独石	密封	密封	烧结粉、液体
5	穿心	—	穿心	—
6	支柱等	—	—	—
7	—	—	—	无极性
8	高压	高压	高压	—
9	—	—	特殊	特殊
G	高功率	—	—	—
W	微调	微调	—	小型

第四部分为序号，用数字表示，以区别外形尺寸和性能参数等。

还有以上表格中没有包含的电容器类型表示符号。

电容器型号举例：CD11 型铝电解电容器

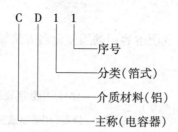

B.2 电容器的单位及换算

$$1 \text{ 法拉}(F) = 1 \times 10^{3} \text{ 毫法}(mF)$$
$$= 1 \times 10^{6} \text{ 微法}(\mu F)$$
$$= 1 \times 10^{9} \text{ 纳法}(nF)$$
$$= 1 \times 10^{12} \text{ 皮法}(pF)$$

皮法过去曾称微微法。

B.3 电容器的标称容值

为了便于生产和使用，国家统一规定了一系列容量标准，这一系列的容量值叫做电容器的标称值或标称容量。在实际生产工程中，生产出来的电容器容量与标称值之间的偏差，规定了允许范围，即允许偏差。

表 B-3 和表 B-4 列出了一些电容器的标称值容量系列及允许偏差。

表 B-3 铝电解电容器的标称容量及允许偏差

标称容量/μF	允许偏差（%）	
	专用电容器	一般电容器
1，2，2.5，4，5，8，10，16，20，25，32，40，50，100，150，200，500，1000，2000，5000	（1） -10 ~ +50（工作电压≤500V） （2） -10 ~ +30（工作电压>50V）	（1） -10 ~ +100（工作电压≤50V） （2） -10 ~ +50（工作电压>50V） （3） -20 ~ +50（工作电压>50V，标称容量<10 μF）

表 B-4 固定电容器标称容量及允许偏差

系列	E_{24}	E_{12}	E_6	E_3
允许偏差（%）	±5	±10	±20	> ±20
标称容量/μF	1.0	1.0	1.0	1.0
	1.1，1.2	1.2	—	—
	1.3，1.5	1.5	1.5	—
	1.6，1.8	1.8	—	—
	2.0，2.2	2.2	2.2	2.2
	2.4，2.7	2.7	—	—
	3.0，3.3	3.3	3.3	—
	3.6，3.9	3.9	—	—
	4.3，4.7	4.7	4.7	4.7
	5.1，5.6	5.6	—	—
	6.2，6.8	6.8	6.8	—
	7.5，8.2	8.2	—	—
	9.1	—	—	—

B.4　电容器的额定电压

电容器的额定电压通常是指在规定的温度范围内等条件下，能够连续可靠的工作所能承受的最高直流电压值或交流电压的有效值。额定电压的大小与电容器所使用的绝缘介质和环境温度有关，国家规定电容器的额定电压值系列如表 B-5 所示。

表 B-5　电容器的额定电压系列　　　　　　　　　（单位：V）

1.6	4	6.3	10	16	25	(32)	40
(50)	63	100	(125)	160	250	(300)	400
(450)	500	630	1000	1600	2000	2500	3000
4000	5000	6300	8000	10000	15000	20000	25000
30000	35000	40000	45000	50000	60000	80000	100000

注：表中带括号的仅为电解电容器使用。

B.5　电容器的规格标识方法

1. 直标法

直标法就是将电容器的主要参数和技术指标用字母或阿拉伯数字直接标注在电容器的外表面上。一般次序为商标、型号、工作温度组别、工作电压、标称容量及允许偏差等。上述指标不一定全标出。

例如　某电容器标有　CB41 250V 2000pF ±5%

示例标志内容是：CB41 型精密聚苯乙烯薄膜电容器，其工作额定电压为 250V，标称电容量为 2000pF，允许偏差为 ±5%。

2. 文字符号法

文字符号法就是将文字和数字符号按照一定规律组合起来，在电容器表面标志出电容器的主要特性参数。

对于电容器的容量，国际电工委员会推荐使用以下表示方法：

1) 用 2~4 个阿拉伯数字表示电容器容量有效数字，用字母表示数值的量级 p、n、μ 或 m。

例如　1p2　　表示 1.2pF
　　　　3μ3　　表示 3.3μF
　　　　220n　　表示 220nF = 0.22μF

2) 用阿拉伯数码表示，一般用 3 位，前两位是电容器容量的有效数字，第 3 位是倍乘数，但第 3 位是 9 时，表示 $\times 10^{-1}$，单位是 pF。

例如　102　　表示 10×10^2pF = 1000pF
　　　　104　　表示 10×10^4pF = 100000pF = 0.1μF
　　　　223　　表示 22×10^3pF = 22000pF = 0.022μF
　　　　129　　表示 12×10^{-1}pF = 1.2pF

3. 色标法

色标法就是采用不同颜色的色带或色点，按规定标志在电容器的表面上，来表示电容器的标称容量、允许偏差和工作电压等主要参数。标志的颜色符号与电阻器采用的相同，按规定，其单位是皮法（pF）。

电解电容器的工作电压有时也采用色标法，6.3V 用棕色，10V 用红色，16V 用灰色。色点标注在正极。在使用电解电容器时，其正负极性不允许接错，当极性接反时，可能因电解液的反向极化，引起电解电容器的爆裂，影响人身与设备的安全。

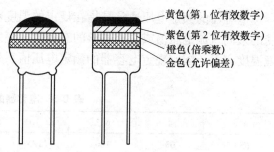

黄色(第1位有效数字)
紫色(第2位有效数字)
橙色(倍乘数)
金色(允许偏差)

图 B-1　电容器的色标法

电容器的色标示例：

标称电容量为 0.047μF、允许偏差为 ±5% 的电容器的表示方法如图 B-1 所示。

附录 C　半导体分立器件

C.1　半导体分立器件的命名方法

半导体分立器件二极管和晶体管的命名方法如下，其各部分表示符号及意义如表 C-1 所示。

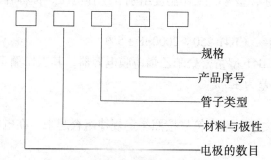

规格

产品序号

管子类型

材料与极性

电极的数目

表 C-1　半导体分立器件命名方法

第一部分		第二部分		第三部分	
符号	意义	符号	意义	符号	意义
2	二极管	A B C D	N 型，锗材料 P 型，锗材料 N 型，硅材料 P 型，硅材料	P V W C Z L S K	小信号管 混频检波管 电压调整管和电压基准管 变容管 整流管 整流堆 隧道管 开关管
3	晶体管	A B C D	PNP 型，锗材料 NPN 型，锗材料 PNP 型，硅材料 NPN 型，硅材料	X G D A T Y B J	低频小功率管 高频小功率管 低频大功率管 高频大功率管 闸流管 体效应管 雪崩管 阶跃恢复管

C.2 常用半导体分立器件的管脚识别

1. 二极管管脚正负极目测识别方法

1）在二极管外壳上有二极管符号的，二极管正负极与所标符号一致，如图 C-1a 所示。

2）在二极管外壳上标有银线的一端为正极，另一端为负极，如图 C-1b 所示。

3）在二极管外壳上标有红点的一端为正极，另一端为负极，如图 C-1c 所示。

若没有标记，可以用万用表的欧姆挡来判别二极管的正、负极。

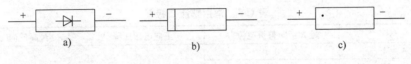

图 C-1　二极管极性的识别

2. 晶体管管脚的目测识别方法

1）识别半圆形底面的晶体管时，将管脚朝下，把切面朝着自己，从左至右分别是 E、B、C，如图 C-2a 所示。

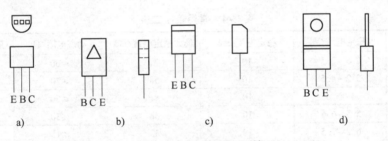

图 C-2　晶体管管脚的识别

2）识别管体带三角形孔的晶体管时，将管脚朝下，把印有型号的一面朝着自己，从左至右分别是 B、C、E，如图 C-2b 所示。

3）识别顶面带切角的晶体管时，将管脚朝下，把切角朝着自己，从左至右分别是 E、B、C，如图 C-2c 所示。

4）识别带散热片的晶体管时，将管脚朝下，把印有型号的一面朝着自己，从左至右分别是 B、C、E，如图 C-2d 所示。

需要注意的是有个别厂商生产的晶体管不符合以上规律，比如 9012、9013、9014 和 9015 就有如图 C-3 所示的两种排列方式，因此，为安全起见，在使用晶体管时最好先用万用表来确定管脚排列，避免装错返工。

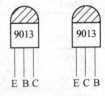

图 C-3　9013 管脚的两种排列

C.3 部分常用半导体分立器件

常用二极管如表 C-2 和表 C-3 所示，常用稳压二极管如表 C-4 所示，常用小功率晶体管如表 C-5 所示。

表 C-2　常用检波二极管

型　号	最大整流电流/mA	最大整流时的正向压降/V	最高反向工作电压/V
2AP1	16		20
2AP2	16		30
2AP3	25		30
2AP4	16	<1.2	50
2AP5	16		75
2AP6	12		100
2AP7	12		100

表 C-3　常用整流二极管

型　号	最大正向整流电流/A	正向电压压降/V	最高反向工作电压/V
2CZ52A ~ M	0.1		
2CZ53A ~ M	0.3		
2CZ54A ~ M	0.5	≤1.0	25 ~ 1000
2CZ55A ~ M	1		
2CZ56A ~ M	3		
2CZ57A ~ M	5	≤0.8	
2CZ32B	1.5	≤1.0	50
2CZ32C	1.5		100

表 C-4　常用稳压二极管

型号	稳定电压/V	稳定电流/mA	最大稳定电流/mA	动态电阻/Ω	最大耗散功率/W
2CW51	2.5 ~ 3.5	10	71	≤60	0.25
2CW52	3.2 ~ 4.5	10	55	≤70	0.25
2CW53	4 ~ 5.8	10	41	≤50	0.25
2CW54	5.5 ~ 6.5	10	38	≤30	0.25
2CW55	6.2 ~ 7.5	10	33	≤15	0.25
2CW56	7 ~ 8.8	10	27	≤15	0.25
2CW57	8.5 ~ 9.5	10	26	≤20	0.25
2CW58	9.2 ~ 10.5	10	23	≤25	0.25
2CW59	10 ~ 11.8	5	20	≤30	0.25
2CW60	11.5 ~ 12.5	5	19	≤40	0.25

表 C-5　常用小功率晶体管

型号	P_{CM}/mW	I_{CM}/mA	$U_{(BR)CEO}$/V	$\bar{\beta}$	f_T/MHz
3AX31A	125	125	12	40 ~ 480	0.5
3AX31B	125	125	18	40 ~ 480	0.5
3AX31C	125	125	24	25 ~ 70	0.5
3AX31D	125	125	12	—	—
3AX51A	100	100	12	40 ~ 150	0.5
3AX52A	150	150	12	40 ~ 150	0.5
3AX53A	200	200	12	30 ~ 200	0.5
3AX55A	500	500	20	30 ~ 150	0.2
3AX81A	200	200	10	40 ~ 200	—
3AX81B	200	200	15	40 ~ 270	—

（续）

型号	P_{CM}/mW	I_{CM}/mA	$U_{(BR)CEO}/V$	$\bar{\beta}$	f_T/MHz
3CX201A	300	100	15	≥50	—
3CX301A	300	300	15	≥50	—
3CX701A	700	500	15	≥50	—
3AG11	100	10	15	≥20	20
3AG53C	50	10	15	30~180	100
3DG4A	300	30	15	20	200
3DG4F	300	30	20	20	250
3DG12B	700	300	45	20	200
3DG12E	700	300	60	40	300
3DG6A	100	20	15	25~270	100
3DG6B	100	20	20	25~270	150
3DG8A	200	20	15	25~270	100

附录 D　半导体集成电路

D.1　半导体集成电路的命名方法

半导体集成电路的命名方法如下，其各部分表示符号及意义（部分）如表 D-1 所示。

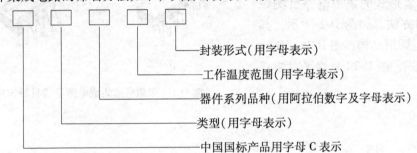

封装形式（用字母表示）

工作温度范围（用字母表示）

器件系列品种（用阿拉伯数字及字母表示）

类型（用字母表示）

中国国标产品用字母 C 表示

表 D-1　半导体集成电路命名方法（部分）

第一部分		第二部分		第三部分	第四部分		第五部分	
符号	意义	符号	意义		符号	意义	符号	意义
C	国家标准	T	TTL	器件代号（系列品种）	C	0~70℃	F	多层陶瓷扁平
		H	HTL		G	-25~70℃	B	塑料扁平
		E	ECL		L	-25~85℃	H	黑瓷扁平
		C	CMOS		E	-40~85℃	D	多层陶瓷双列直插
		M	存储器		R	-55~85℃	J	黑瓷双列直插
		μ	微型机电路		M	-55~125℃	P	塑料双列直插
		F	线性放大器				S	塑料单列直插
		W	稳压器				K	金属菱形
		B	非线性电路				T	金属圆形
		J	接口电路					
		AD	A/D 转换器					
		DA	D/A 转换器					

其中数字集成电路 TTL 和 MOS 的子系列如表 D-2 所示。

表 D-2 数字集成电路 TTL 和 MOS 系列

系列	子系列	名称	型号	速度/nS	功耗/mW
TTL	TTL	标准 TTL	54/74 × × ×	10	10
	HTTL	高速 TTL	54/74H × × ×	6	22
	STTL	肖特基 TTL	54/74S × × ×	3	19
	LSTTL	低功耗肖特基 TTL	54/74LS × × ×	9.5	2
	ALSTTL	先进低功耗肖特基 TTL	54/74ALS × × ×	4	1
MOS	CMOS	互补场效应晶体管		125	0.00125
	HCMOS	高速系列	CC4 × × ×	8	2.5
	HCOMST	兼容 TTL 的高速系列		8	2.5

D.2 双列直插集成电路管脚目测识别方法

双列直插式集成电路的识别标记多为半圆凹口，也有的用金属封装标记或凹坑标记。这类集成电路引脚排列方式是从标记开始，沿逆时针方向依次为 1、2、3、…，如图 D-1 所示。

其他封装形式的集成电路目测识别管脚号的方法，如图 D-2 所示，其中图 D-2a 是圆形结构；图 D-2b、D-2c 是单列直插式；图 D-2d 是扁平封装双列型。

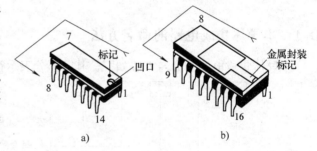

图 D-1 双列直插集成电路管脚目测识别

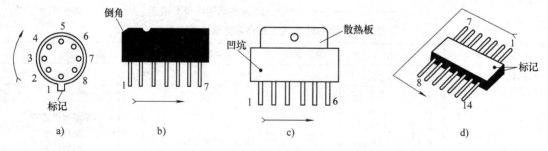

图 D-2 集成电路引脚排列图的识别

D.3 常用半导体集成电路

常用半导体集成电路中，通用型集成运算放大器、三端固定正稳压器件、数字集成电路如表 D-3、表 D-4、表 D-5 所示。

表 D-3　通用型集成运算放大器

型　号	开环差模增益 A_{udo}/dB	共模抑制比 K_{CMR}/dB	最大电源电压 (V_{CC}、V_{EE}) /V	备　注
F001	66~68	70~80	+12、-6	低增益
μA702	66~68	70~80	+12、-6	低增益
F003	80~86	65~90	±15	中增益
F007，5G24	100~106	80~86	±15	高增益
LM741，μA741，cA741	100~180	80~90	±15	高增益
LM358	100	85	32 或 16	单电源双运放
LM324，μA324	100	65~80	±32 或 ±16	双电源四运放

表 D-4　三端固定正稳压器件

参数名称	单　位	7805	7806	7809	7812	7815	7818	7824
输入电压	V	10	11	14	19	23	27	33
输出电压	V	5	6	9	12	15	18	24
电压调整率	mV	7.6	8.6	10	8	6.6	10	11
输出噪声	μV	10	10	10	10	10	10	10
输出电阻	mΩ	17	17	18	18	19	19	20
峰值电流	A	2.2	2.2	2.2	2.2	2.2	2.2	2.2

表 D-5　数字集成电路

型　号	名　称	型　号	名　称
7400	四2输入端与非门	74161	4 位二进制计数器
7404	六反相器	74162	十进制同步加法计数器
7408	四2输入端与门	74175	四上升沿 D 触发器
7411	三3输入端与门	74190	十进制可逆计数器
7420	二4输入端与非门	74192	十进制同步可逆计数器
7427	三3输入端或非门	74194	4 位双向移位寄存器
7432	四2输入端或门	74290	二-五-十进制计数器
7442	BCD-十进制译码器	4002	双4输入或非门
7448	BCD-7 段译码器	4008	4 位全加器
7473	双下降沿 JK 触发器	4013	双 D 触发器
7474	双上升沿 D 触发器	4020	14 位二进制行波进位计数器
7483	4 位全加器	4027	双 JK 触发器
7485	4 位数值比较器	4028	BCD-十进制译码器
7486	四2输入端异或门	4049	六反相缓冲器
74112	双下降沿 JK 触发器	4050	六同相缓冲器
74138	3 线-8 线译码器/分配器	4060	14 位二进制行波进位计数器
71147	10 线-4 线优先编码器	4072	双4输入或门
74148	八输入优先级编码器	4099	8 位地址锁存器
74153	双四选一数据选择器	4510	BCD 加/减计数器
74160	十进制同步加法计数器	4518	双同步加法计数器

参 考 文 献

[1] 唐介. 电工学 [M]. 北京：高等教育出版社，2005.

[2] 秦曾煌. 电工学（下）[M]. 北京：高等教育出版社，2004.

[3] 刘润华. 电工电子学 [M]. 东营：石油大学出版社，2003.

[4] 杨素行. 模拟电子技术基础简明教程 [M]. 北京：高等教育出版社，2006.

[5] 廖先芸. 电子技术实践与训练 [M]. 北京：高等教育出版社，2005.

[6] 黄继昌. 电子元器件应用手册 [M]. 北京：人民邮电出版社，2004.

[7] 霍亮生. 电子技术基础 [M]. 2 版. 北京：清华大学出版社，2011.

[8] 刘炳海. 电子技术基础 [M]. 北京：国防工业出版社，2011.

[9] 沈长生. 常用电子元器件使用一读通 [M]. 北京：人民邮电出版社，2002.

[10] 李效芳. 电子技术基础 [M]. 西安：西安电子科技大学出版社，2010.

[11] 杨少昆，高兰恩. 数字电子技术 [M]. 北京：中国水利水电出版社，2004.

[12] 朱定华. 电子电路测试与实验 [M]. 北京：清华大学出版社，2004.

[13] 张亚华. 电子电路计算机辅助分析与辅助设计 [M]. 北京：航空工业出版社，2004.

[14] 王皑. 电子电路仿真设计 [M]. 西安：西安电子科技大学出版社，2004.

[15] 杨茂宇，王俐. 电工电子技术基础实验 [M]. 上海：华东理工大学出版社，2005.

[16] 赵家贵. 电子电路设计 [M]. 北京：中国计量出版社，2005.

[17] 陈永甫. 电子电路智能化设计实例与应用 [M]. 北京：电子工业出版社，2002.

[18] 荆西京. 模拟电子电路实验技术 [M]. 西安：第四军医大学出版社，2004.

[19] 关惠铭，赵红梅. 电工与数字电子技术实验 [M]. 北京：地震出版社，2004.

[20] 茆有柏. 电子技术基础与技能 [M]. 北京：机械工业出版社，2010.

[21] 刘修文. 实用电子电路设计制作 300 例 [M]. 北京：中国水利水电出版社，2005.

[22] 张延琪. 常用电子电路 280 例解析 [M]. 北京：中国电力出版社，2004.

[23] 杨欣，莱·诺克斯，王玉凤. 电子设计从零开始 [M]. 2 版. 北京：清华大学出版社，2010.

[24] 卢结成，高世忻. 电子电路实验及应用课题设计 [M]. 合肥：中国科学技术大学出版社，2002.

[25] 王卫东. 模拟电子电路基础 [M]. 西安：西安电子科技大学出版社，2003.

[26] 王兆安，刘进军. 电力电子技术 [M]. 5 版. 北京：机械工业出版社，2009.

[27] 康晓明. 数字电子技术 [M]. 北京：国防工业出版社，2005.

[28] 李中发. 电子技术 [M]. 北京：中国水利水电出版社，2005.

[29] 杨晓慧，许红梅. 电子技术 EDA 实践教程 [M]. 北京：国防工业出版社，2005.

[30] 周永金. 电工电子技术基础 [M]. 西安：西北大学出版社，2005.

[31] 司淑梅. 电子技术基础 [M]. 上海：复旦大学出版社，2009.

[32] Paul Scherz. 实用电子元器件与电路基础 [M]. 2 版. 夏建生，王仲奕，刘晓晖，等译. 北京：电子工业出版社，2009.